雅众文化　出品

制造东京

[日]藤森照信　著

张微伟　译

中信出版集团 | 北京

图书在版编目（CIP）数据

制造东京 / (日) 藤森照信著；张微伟译 . -- 北京：
中信出版社 , 2021.8
ISBN 978-7-5217-3326-6

Ⅰ . ①制… Ⅱ . ①藤… ②张… Ⅲ . ①城市建筑－建
筑史－东京 Ⅳ . ① TU-093.131

中国版本图书馆 CIP 数据核字 (2021) 第 134155 号

MEIJI NO TOKYO KEIKAKU
by Terunobu Fujimori
© 1982, 2004 by Terunobu Fujimori
Originally published in 1982 by Iwanami Shoten, Publishers, Tokyo.
This Simplified Chinese edition published 2021
by Shanghai Elegant People Books Co., Ltd., Shanghai
by arrangement with Iwanami Shoten, Publishers, Tokyo
Chinese simplified characters translation copyright © 2021 by CITIC Press Corporation

本书仅限中国大陆地区发行销售

制造东京

著　者：[日]藤森照信
译　者：张微伟
出版发行：中信出版集团股份有限公司
　　　　　（北京市朝阳区惠新东街甲4号富盛大厦2座　邮编　100029）
承 印 者：山东临沂新华印刷物流集团有限责任公司

开　本：889mm×1194mm　1/32　　印　张：12.5　　字　数：350千字
版　次：2021年8月第1版　　　　印　次：2021年8月第1次印刷
京权图字：01-2020-6345　　　　　书　号：ISBN 978-7-5217-3326-6
　　　　　　　　　　　　　定　价：79.00元

藤森照信 | 作者

ふじもりてるのぶ

1946年出生于日本长野县，著名建筑家、建筑史学家。东京大学博士毕业，专攻日本近现代建筑史。曾任东京大学生产技术研究所教授、工学院大学教授，现为东京大学名誉教授、工学院大学特任教授、江户东京博物馆馆长。主要建筑作品有高过庵（高過庵）、飞天泥巴船（空飛ぶ泥舟）、柠檬温泉馆（ラムネ温泉館）、烧杉之家（焼杉ハウス）等，代表作有《制造东京》《日本近代建筑》《昭和住宅物语》。

张微伟 | 译者

毕业于普林斯顿大学建筑学院，现从事建筑设计工作，曾作为策展人参加伊斯坦布尔设计双年展、首尔城市建筑双年展、上海当代艺术博物馆"青策计划"等并展出作品，研究方向为媒介、影像与城市。亦是自由撰稿人，曾在《虹膜》等专业电影杂志上发表影评。

目录

*引用资料时，本书留意了以下几点。

一、将原文的旧式假名写法改为新式假名写法。此外，将每处片假名写法改为平假名写法。

二、没有标点符号的引文，适当地添加了标点符号。

三、引文中或许存在笔误或印刷错误，但在不影响理解的前提下，尽量保留了原文。

四、某些表达可能被视为职业歧视，但考虑原文的时代性，尽量保留了原文。

第一章
建设文明开化的城市
——银座砖城规划

不会就这样一步步走向衰落了吧？带着阴郁而沉重的心情，东京又开始向前迈步了。仿佛要与江户之名一同退出历史舞台一般，一部分武士离开都城回到乡下，选择继续留在都城的武士将刻有家族纹章的大刀、甲胄摆放在宅院门前，不再在意家族荣誉。冷风从山手地带吹过下町，失势的御用商人关闭门扇、折好门帘，不知去向。江户每三个人里，就有两个离开了东京，据说人口减少了60万左右。而无法生存下去的人，结局只能是被抛弃。明治元年（1868）十月至次年二月，在街头发现了约300名被饿死的弃婴及约200名被吊死的弃婴。

原佐贺藩士大木乔任留下来的，便是这样的一座东京。新任的东京府知事最初决定将首都改造为田园，大概也是不得已之举。明治二年（1869）八月二十日，"桑茶令"开始实施。按照这一政策的要求，在山手地区无主的武家宅院中，极尽奢华的书院建筑被推倒，假山被破坏，园池被填埋，250年间用剪刀精心修剪的树木也化作了柴火，共计有116 770坪[1]的宅院变成了农田。

1　1坪约为3.3平方米。——译者注（本书如无特别标示，页面下方的注释均为译者注。）

本人受命参与 [1] 一职兼任东京府知事之时，最棘手的便是旧大名及幕府旗下的武家宅院。在东京府的大部分地区，净是围墙倾颓、家屋损毁的寂寥之景。因此，本人思忖在这些荒废的宅院中种上桑茶，开辟一条殖产兴业的道路。这一想法如今看来颇为愚蠢。虽然有"沧海变为桑田"这一说，但要说"都市变为桑田"的话，的确为本人的一大失败……（大木乔任，《奠都当时的东京》，《太阳》，1898 年刊行）

已经半数化为田园的都城，让人想起应仁之乱时的京都，抑或第二次世界大战战败后的东京。而这座城市在明治三年（1870）后才开始恢复生气。明治四年（1871）四月，大木乔任制定了"三厘道"规划：将自江户时代以来最宽不过 10 间 [2] 的街道，在中间划出三四间，试图将人行道与车行道分隔开来；将从高轮开始，经日本桥到筋违桥（现为万世桥）的大街作为主干道，并选择筑地外国人聚居地方向、机关街方向、皇城方向及浅草寺方向作为支路。

"三厘道"之名，来源于向牛车、大八车、大七车、大六车、中车、小车、地车、人力车与马车收取三厘税，以充当主干道的修筑费用。在"桑茶令"还未解除的时期，这种"收费公路"想法的诞生，并非由于东京地皮的价值已经上升到了能够承受新税的水平。这实际上是由于新政府想要满足外国人从横滨到筑地外国人聚居地的商业需求，到机关街的公务需求，以及到浅草寺的游览需求。新政府也希望通过这种方式稍微挽回首都的形象。

1　明治时代赐予藩士的官职之一。
2　"间"为江户时代的计量单位，1 间约为 1.818 米。

在此基础上，仿佛要乘胜追击一般，明治三年从横滨开始动工的新桥—横滨段铁路的建设，也慢慢向首都靠拢。从三厘道的南端入手，也是出于要将铁路的入口打扫干净的心理。从实际成果来看，高轮—新桥、京桥—日本桥两段在明治七年（1874）全部竣工。不过虽说是人车分离，但只是在界线上设置了路缘石，向车辆收税这样麻烦的手续，应该是没有得到执行的。

"山手田园化""下町三厘道"这些一时兴起的政策，终于在明治四年七月，由新的东京府知事由利公正画上了句号。由利公正是一位金融家，因出色实施了明治维新时期的困难战时财政措施而闻名，由此可知，经济是他的强项。他以府厅作为舞台，以大藏省为突破口，推行独特的商业政策。由利公正终止了"桑茶令"，选择振兴商业——他的视线落在了町会所的储备基金（"七分积金"）上。町会所，是江户时代设置的半官半民的市民组织，为饥荒、火灾等做准备，长年储备资金。在幕府倒台后，町会所由町奉行转交东京府代为管辖，但仍然掌握着丰厚的闲置资金。由利公正没有放过这座金山，他将其作为本钱，筹划在新桥边的南金六町地段开设日本最早的银行——东京银行。

这位著名的金融家上任后，东京的街头可谓终于吹来一股暖风。"风向"却并不一致。铁路、三厘道、东京银行，都是从东京南端的银座地区开始建设的。江户时代的银座，是比日本桥低一两个层次的小贩与工匠的城区，乍一看是鳞次栉比的二层高的住宅，其中却混入了山东京传[1]一类的店铺，楼上卖一些通俗文学作品，楼下则为了维持生计，贩卖刻有山东京传商标的烟管、

---

[1] 山东京传是江户后期的浮世绘家、戏作者，后因出版限制而改开烟草店，设计的烟大为流行。

大补丸、送子药等。这种二流地区的土地开始恢复热度，原因无非是该地南侧通了铁路，实现了与国际港横滨的互通；东侧设立了外国人聚居地——运气使然。通往文明的大门，就这样坐落在了银座。

银座附近还聚集了适合镇守"文明之门"的人。由利公正住在木挽町三丁目的筑地河边，河对岸的本愿寺旁则由大隈重信建起了5 000坪的宅院。大隈重信宅被誉为筑地的精英聚集地，井上馨、涩泽荣一等大藏省官员，以及伊藤博文、五代友厚、前岛密等开明派改革先锋，都在此盘腿而坐、谈笑风生，讨论有关铁路、通信、灯塔、度量衡修订等的新制度。此外，神秘的建筑师托马斯·詹姆斯·沃特斯也被大隈重信这位伯乐相中，成为大藏省雇用的外国人，木挽町十丁目也成了沃特斯馆。

"身怀绝技"的人或许正对幕布的升起翘首以待。但明治五年（1872）二月二十六日，从和田仓门内兵部省相邻的房屋飘出的火舌乘着西北风向银座地区舔舐而来，穿过三十间堀，进入木挽町，吞噬了沃特斯馆与由利公正宅，又跨过了筑地河，将大隈重信宅与外国人聚居地全部烧尽。在一夜之间化为灰烬的这座通往文明的大门前，他们决定，要将这片土地重建为一座文明开化之城。"银座砖城规划"由此拉开了序幕。

砖城的来龙去脉

发起者是谁

"银座砖城规划"的发起者是谁，并没有定论。这是因为，作为项目负责人的东京府知事由利公正与作为大藏大辅、负有监督府政之职责的井上馨，在多年后的回忆录中，都认为自己才是规划的核心人物。

由利公正道：

> 这座大都市每年都由于火灾而化作灰烬，实在是太欠考虑了。必须拓宽道路，找出防止火灾扩散的办法，保护人民财产……次日清早，我与太政大臣会面……在与太政大臣的讨论中，我表示，这次在焚毁旧址上建造新房可以用木材，也可以用砖头，但还是希望建成砖房。要建造这座天子脚下的城市，不仅要借政府之力，还需要各界人士配合……太政大臣认为这挺有意思的，可以一试，同时认为大藏省应当尽快接受这一提议……但大藏省以资金困难为由，反对这一提议。
>
> （由利正通编，《子爵由利公正传》）

井上馨则表示：

> 恰巧当时大隈重信、伊藤博文和我都在筑地，人们常称这里是筑地的精英聚集地。银座夕阳西下时分，我们三人共同谈起……商讨着借此机会，把银座的街道拓宽一些……提出这一点之时，恰好也得到了太政大臣的认可。然而东京府知事却极力反对这一提议，表示完全没必要建设一条如此之宽的街道。
>
> ……当下的住房完全做不到防火，因此必须选用砖石……我们最终在这一点上达成一致。（泽田章编，《世外侯事历维新财政谈》）

如此看来，这两位当事人仿佛在争夺主导权。唯有跳出他们的回忆录来看待这件事，才能找出真相。正如双方在回忆录中所一致表明的，银座砖城规划主要包括道路改善与住房的砖结构化两点。从决定这两点的时间来看，内部决定对道路进行改善最早可以追溯到明治五年的二月二十八日，砖结构化则是在二月三十日决定的，在三月二日官方宣布了这两项决定。伴随着只有新任政府才能做到的当机立断，从道路改善到砖结构化方针，其间数日的时间差，是出于何种原因呢？要建造耐火的新城区，光拓宽街道是不够的，住房的不可燃化必不可少，这是个常识。但当时的政府先决定了拓宽道路，几日后才做出砖结构化的决定。显然，这是因为部分相关人士虽然赞成拓宽道路，但对砖结构化依旧持谨慎态度。当时，政府内部熟悉砖结构的，基本限于托马斯·詹姆斯·沃特斯所在的大藏省。考虑到这一点，一些人对未知的材料心生不安也不难理解。

率先提出这一提议的究竟是谁呢？就在火灾发生之后，下面这封从大藏省寄往太政官的禀报书，或许可以提供一点线索：

大藏省禀报 二月

昨日涩泽荣一从五位[1]觐见之际，谏言内所含东京府辖下住房建筑之方法。为避免火灾，若令其拓宽来往道路、采用砖石，则必不会有如此严重之火灾隐忧。此实为至关紧急之事务，故亦已与东京府商谈，及早汇报计划并听取意见。虽仍需加以考虑，但上文所述内容，若以町民[2]每户一己之力，实乃不可达成之事，除设法创办住房出租公司、协同众力建造之外，别无他法。对此仔细考虑之上，昨夜与东京府权参事三岛通庸进行商谈，亦得其认同，但将三岛通庸上述意见向由利公正知事详细讲述后，其表示关于道路拓宽，原本便持同意态度，但住房建造方法之修改会妨害人民自由，反会导致其难以达成，假使创办公司，也看不到可致成功之前景，认为仍需如从前一般，任人民自由选择即可。虽未同意，但今早三岛通庸觐见询问时，同由利公正知事商量直接将上述意思向政府禀报。此外之细节考虑等，亦欲令其知晓，故一并予以报告。

又及，私以为前述之住房建筑方法既无法成立，若唯独将道路拓宽，亦不会有功效。假使按向来之做法，逐渐进行一般修缮，同时设置前述之住房出租公司，

---

1 从五位，日本官职等级之一，对应中国的从五品。

2 町民，指江户时代以来居住在下町（市区）的市民，主要为工匠、商人等。

加之以官府保护，以作为真正之住房建筑，虽于本省来说亦可探讨，但考虑到主要由东京府决定，因此详细情况望向由利公正知事询问。(《大政类典》)

这段引文阐述了道路改善与砖结构化两点内容，以及对砖结构化的审慎观点。或许可以这样理解：昨天觐见太政大臣的大藏少辅涩泽荣一，受太政官之命，向东京府汇报道路改善与砖结构化两大政策，并进行立案。涩泽荣一考虑了各方面的问题，因砖结构化超出了町民个人的能力范围，认为除创建新的建设组织（之后的东京租房公司）外别无他法。于是当晚便与东京府权参事三岛通庸会见，告知了太政官所授命的两项政策，并未有异议。就三岛通庸向由利公正知事所传达之意来看，由利公正知事从一开始便支持道路改善，但对强行推动砖结构这种新的建造方式抱有疑问，认为即便创立了建设组织，也不会有太大的效力。具体请等待知事觐见之时，直接询问结果。

关于由利公正对砖结构化的反对，在三岛通庸的传记中有如下佐证，与《子爵由利公正传》或《世外侯事历维新财政谈》中的记载相比，这段证言的时间明显更接近事情发生的时间，准确度较高：

明治四年十一月七日，本人受命出任东京府六等官职。同月十五日任东京府权参事，明治五年一月十三日受命任从六位。二月二十六日，从兵部省用地丸之内地区开始起火，京桥大半地区烧毁。于是政府为了防火，欲为受灾者建造砖房，特向东京府提供三百万日元资金并先行询问。知事对其有不同意见，并未实施便终止了。唯独（三岛通庸）先生对此建议大为赞赏，与多方辩论，并逐一驳倒，继而亲自推进这件事，他在担任参事一职时，尽心尽力实施此事。

（稿本《三岛通庸子传》）

由此看来，率先提出砖城方案的并不是由利公正。事实恐怕正如井上馨所述，可以认为砖城方案实际上是由筑地的各方人士想出，由作为太政官成员的大隈重信参议[1]与大藏省的井上馨大辅[2]所提出的。

大隈重信与井上馨此前所做出的实绩，或许可以作为辅证。作为新政府首个大型项目而广为人知的大阪造币局建筑群、可以称得上是东京首座砖结构建筑的大藏省分析所，以及一年前刚刚落成的竹桥阵营等，明治初期大多数知名的砖结构建筑，都是由大藏省阵营的大隈重信[3]和井上馨依托托马斯·詹姆斯·沃特斯的出色本领建成的。他们二位是太政官内最主要的砖结构建筑的推动者，因此，凭借这些光荣实绩，将他们视为砖城规划的发起者也并无不妥。

明治五年三月二日，宣布砖城动工的府令公布了。

1　1869 年设于太政官的参与大政的官名。在左右大臣之下，相当于正三位。1885 年废除。

2　官名，八省中辅佐各省厅场馆国务大臣的官职。

3　大隈重信曾担任大藏大辅及大藏卿，故此处称大隈重信属大藏省阵营。——编者注为免除火灾之忧，特发布此令，应逐渐确立以砖石进行一般建造之原则。任何人等皆可就此事提出慎重意见，特此公告……面对烧毁此等严重之城区，应尽快拓宽道路，将住房尽数以砖石建造。（东京府编，《明治壬申布达通书》，明治五年四月刊行）

可以看出，新政府打算未来在东京全境逐渐实现砖结构化。首先要以东京府为业主，以大藏省为监督机关，对本次的烧毁地区进行改造。计划终于安排就绪了。

设计者托马斯·詹姆斯·沃特斯

这项目标远大的事业，究竟应该托付于何人之手呢？仅是擅长建筑设计，或是通晓各种技术手段还不足以完成这项事业，设计者需要拥有城市规划能力，需要精通包括道路、排水、烧砖在内的各类技术，需要拥有统筹协调各种技术与人员的管理才能。就算以今天的眼光来纵览明治建筑史，能符合要求的，也只有大藏省雇用的一位人士。负责建设事务的工部省向内部雇用的外国技术人员征集了方案。以日本"灯塔之父"这一称号身份而闻名的工部省首长理查德·亨利·布伦顿（Richard Henry Brunton）、测量首长科林·亚历山大·麦克韦恩（Colin Alexander McVean）、横滨建筑方 J. 斯梅德利（J. Smedley），以及编制在制铁所下、在幕府末年建造了横须贺制铁所的路易斯·费利克斯·弗劳兰特（Louis Felix Fleaulant）等有名的技术人员响应，在三月便提交了方案。理查德·亨利·布伦顿的方案排在最前面，也可以说是看点最多的方案，然而远比不上托马斯·詹姆斯·沃特斯所做的方案。按照大藏省的意愿，英国人托马斯·詹姆斯·沃特斯如愿当选为设计者。之后，他将弟弟艾伯特·沃特斯（Albert Waters）从伦敦叫来担任助手，又将幕府末年以来的部下希林福特（Shillingford）招进东京府。可谓"合家团聚"。

在建筑史上，有人称从幕府末年到明治十年（1877）的这段时间为"沃特斯时代"。历史书上的托马斯·詹姆斯·沃特斯，是一名神秘的建筑师，他突然出现在幕府末年的长崎，与明治维新擦肩而过，如彗星般绽放出一线光芒后，便抽身离去。或许可以将他视为能够凭借一己之力建设好上海、香港、长崎等城市的大师级人物，但除了知道他是英国人，他的身世、经历及最后的归属均不得而知。他遗留下来的成果尤为出色，涉猎之广泛也令人难以相信。工厂、军营、住宅、大使馆、政府机关等建筑自然不在话下，他还活跃在桥梁、道路等领域。此外，他不仅会制作砖块、水泥，还对港湾、铁路、排水、城市煤气等的设计、建设颇有见解，提出了不少方案（虽未如他所愿）。夸张点说，他对新生的日本所需要的全部基础设施建设均有涉猎。以工厂为例，他不仅了解造纸、铸造、窑业、制糖、印刷、煤气制造等各种门类，还精通选址调查与测量、机器选定与订购、场所布置等，甚至还知道用菜籽油擦拭火山岩可以除锈这样的诀窍，可谓永远不会束手无策。对于不确定性众多、可能性多样的新开发地来说，他无疑是典型的万能技术人员。

对于这样的托马斯·詹姆斯·沃特斯来说，银座砖城这一城市规划，便是其展现自己全部能力的舞台。

为了首都改善之目标，我等若能尽力将此项目付诸成功，则愚以为，今日之东京，亦大可与昔日之江都（江户）相比了……（明治五年三月二十七日托马斯·詹姆斯·沃特斯向东京府建筑局诸君寄呈之书简）

从明治五年三月，到明治八年（1875）十二月期满被解雇为止，这三年半间，"年轻人"（涩泽荣一语）、"大人物"（长谷川为治语）托马斯·詹姆斯·沃特斯将慢慢地"主宰一切"。

火灾之后不出一旬，托马斯·詹姆斯·沃特斯的规划便已成形，于三月十三日公布。谨尝试按照街道和建筑，将内容分别记录。

（一）街道规划

明历"振袖大火"之后，从江户时代以来沉睡了 200 年之久的街道，将伴随着布局整理、道路拓宽、设置人行道这三根指挥棒，迎来巨大的变动。

布局整理

烧毁地区位于三十间堀的两边，在此之前，该地区的街道状况与西侧的银座地区和东侧的木挽町以东地区就有着很大的差别。银座地区是典型的町民居住的商业地段，大部分被分隔为方正规整的书签形状，改建的难点在于里城区的部分道路弯折与死胡同等。木挽町以东地区由于是旧大名旗本的豪宅区，因此在广大的地皮周围，只环绕着少数道路，并不十分适合作为普通城区使用。基于这一情况，规划进行了以下调整：针对银座地区，矫正里城区的弯折道路；针对木挽町以东地区，将过大的街区一分为二，并开辟新的纵横道路，让其变得更像商业区。整体来看，在此次街道的布局中，找不到小公园、广场等道路以外的城市设施，整片烧毁的土地都将被江户时代以来的书签形网格所覆盖。

道路拓宽

此前的市区街道完全用于步行，就连新桥—京桥间的银座大街，也只有7间宽。新的规划以拓宽道路为目标，将明治维新以后登场的马车、人力车等车辆的行驶用路都考虑在内。但要决定作为基准的大街宽度并不是件容易的事。由利公正道："我问了一下外国城市的道路宽度，纽约、华盛顿约为24间，伦敦约为25间。基于这些事实，我认为把银座大街做到25间，把其他的中小道路做到12间、8间左右比较合适……众人皆笑道：'把道路拓宽那么多没有必要。'……在日本，规定乡村道路宽度为4间、江户道路宽度为8间，我觉得，乡村道路在此基础上再增加8间，做到12间才足够。"

对此，井上馨表示："东京府知事反对我们的提议，认为没必要建一条宽得如此夸张的街道。"三岛通庸也说："知事认为新桥街的路宽应该定在8间，但之前在海外居住过的人说，外国道路的宽度达到25间，因此他表示应该将新桥街拓宽到20间，但最终还是定在了15间。"恐怕只能认为，双方争执不下，所以只好各退一步，取了15间这个中间数。以此为基准，与大街交叉的数寄屋桥街则定为10间，其余的横向道路、后街为8间，里巷为3间，街道宽度递减。

设置人行道

因允许车辆进入市区街道，人行道与车行道的分离必不可少。除了3间宽的里巷，15间宽、10间宽、8间宽的街道皆设立了人行道。15间宽的街道左右各设3.5间宽的人行道，车行道宽8间；在车行道和人行道之间种植行道树。

煤气灯

在街道规划中，煤气灯是根据外部的建议略晚一些加入规划的。火灾之后半年，东京修缮联合会提出，为了改变市内黑漆漆的面貌，让街道尽可能明亮一些，从而建设繁华的城市，建议设置路灯。于是按照市内街道的重要性，将煤气灯的设置规划为三个等级：在日本桥大街、本町筋（本町街）等10条主干道上设置煤气灯；在海运桥街等9条次干道上设置现华灯（以液化石油气为燃料）；在7条支路上设置石油灯。东京府采纳了这条建议，追加了在银座大街上设置煤气灯的规划。

（二）建筑规划

与多次讨论的街道规划不同，住房的砖结构化全部交由专家托马斯·詹姆斯·沃特斯负责，确定了大致方针。

所有住房的砖结构化

当时的町家[1]，正面门面设为店面，在后方建造厨房、厕所、走廊等侧屋[2]建筑，在两侧建造仓库、储物间、浴室等附属房屋。这些大小形态不一的建筑，将全部被重建为砖结构（包括石结构，下文同）。

住房大小与道路宽度相称

面朝街道的砖结构住房规模分为三个等级，等级划分根据道路宽度而非地皮大小，即面朝宽阔道路的住房大，面朝狭窄道路的住房小。一级砖结构住房3层高、深5间，墙壁厚度为二砖厚，

1　町家，町民居住的市区住房，多为铺面房，前店后屋。

2　侧屋（日语称"下屋"），指从房屋外墙一侧伸出的半截屋顶下面的空间。

沿15间宽、10间宽道路分布；二级砖结构住房沿8间宽道路分布；三级砖结构住房沿3间宽道路分布。住房的侧屋、附属房屋应与四级砖结构住房相当。

表1　银座砖城的建筑规范[1]（明治五年三月发布）

道路等级	人行道	住房等级（仅限砖石结构）
15间宽 10间宽	左右各3间3尺 左右各2间3尺	一级：3层（高30～40尺，梁高20～30尺）
8间宽	左右各2间	二级：2层（高20～30尺，梁高25尺以下）
3间宽	无	三级：平房（高12～20尺，梁高20尺以下）
		四级：平房（高12尺以下，梁高15尺以下，储物间及仓库等建筑）

　　以上二项是有明文记录的强制条款，所有人必须遵守；房屋向后退界，必须持有政府提供的证明。

　　以下三项则偏向指导性条款，性质上较为宽松：

连排化

　　此前所谓的店面，是作为独立的房屋，占满了用地的沿街面建成的。然而在规划中，各家店面应以街区为单位，形成横向连成一栋、单以一面墙壁隔开的连排房屋。里面的侧屋与附属房屋，可以像以往一样独立成幢。

1　人行道的宽度并未明文规定，这里的数字是从地图上得到的实测值。当初也考虑过对建筑的深度进行规范，但并未实施。另外，建筑上的"尺"，是由东京府将提案人托马斯·詹姆斯·沃特斯的"英尺"按1尺=1英尺的标准进行换算后得到的。即1尺约为0.3048米。——作者注

设置连廊

从一个街角到下一个街角为止的连排店面，应按照住房等级，设置相应大小的连廊。一级砖结构住房应在其 5 间的进深中腾出 1 间的距离作为连廊；三级砖结构住房也应设置 4 尺 5 寸 [1] 的连廊。此外，连廊并非公有设施，是店面的一部分，是由店主无偿向公众提供的。

统一风格

除了规模与结构，统一砖结构住房的风格也是计划的一部分。最终砖结构住房采用了托马斯·詹姆斯·沃特斯擅长的乔治王时代风格。各房屋的室内设计，则交予各户主自由发挥。

如上所述，从道路的分布到屋内物品的摆设，文明开化之城的设计蓝图已绘就。之后，只要将图纸交给建设机构，等待施工即可。可现实并没有这么美好。

1　此处的寸与上文的尺对应，1 尺为 10 寸，故 1 寸约为 0.034 8 米。

东京府与大藏省的斗争

大藏省瞄准了这个机会，计划依托新的建设机构开展造城活动，以此取代一直以来由木工所主导的分散式住房建设。根据涩泽荣一的提议，该机构被命名为"东京租房公司"，是一种由政府与民间共同出资作为本金的公司。该公司负责建设砖结构住房，并以15年分期收款的方式向民间出让，将偿还的利息用作下一轮的建设费用，以逐渐扩大砖结构建筑的范围。比如，甲欲向银座二丁目租借门面2间的土地，以建造进深5间的新店面，那么租房公司在收到委托之后，便会按照托马斯·詹姆斯·沃特斯的建筑规则，建造一座一级砖结构住房，贷予甲。甲入住后，一方面向地主缴纳地租，一方面每月向租房公司缴纳12.6日元的房租（建设费1 500日元，加上利息后除以15年，再除以12月）。15年后，甲付清全额2 268日元时，住宅的所有权便由租房公司让渡给甲。租房公司将利息分配到新建住房中，以继续进行项目。虽然称为"租房公司"，但"东京租房公司"却并非永久经营住房租赁业务的公司，其最终目的是推进住房的砖结构化。

但可惜的是，关于新街道的建设规划，大藏省的方案无法确定，只能做一些推测。《七分积金》（东京都编，1960年刊行）的作者，在追查明治维新以后町会所储备基金的流转过程时，表示"井上馨、涩泽荣一似乎考虑过将其用于银座砖城的建设费用"，"以井上馨的立场，肯定考虑过将町会所的储备基金用于营造、修缮事业"。考虑到町会所储备基金后来的使用方法，大藏省应该曾经计划将储备基金转为街道建设的本金。

在大藏省内负责砖城规划的涩泽荣一，比起托马斯·詹姆斯·沃特斯的设计图内容，对机构建设更感兴趣。他亲手写下的有关东京租房公司的创建草案，遗留下来十多种。在他给井上馨的书信中，通篇也都在表达担心公司的各种事情——对于非建筑师、非技术人员的经济从业人士而言，这样倒是很自然。当时，涩泽荣一为了创办这家会成为"日本新经济之母"的民间公司，发行了《立会略则》，一直致力于向社会普及公司的创建方法。东京租房公司本身或许就是他的实践。大藏省在以砖头代替木头的同时，也在期待着将当时流行的"公司"这种新的经济组织推向社会。

对另一名金融家由利公正来说，东京租房公司与町会所储备基金的挪用一事，是一项重大提议。由利公正面对监督机关的再三指示，顾左右而言他，不同意设立租房公司。其属下的町会所同样认为设立租房公司是件不紧急、不必要之事。大藏省则露出了急色，逼问道：

> 建设公司之创办方法等需要反复进行考量之处，东京府仍存有异义。其实前日在府中，三岛通庸参事已陈述了我方认为可成立之方法。但至今仍未收到府中答复。店面正在空置，时日不断拖延，因而民众会失去方向，产生诸多不满，且（公司之）经营规划也预计无法完成，就此禀告。此外，本省内部资金调配状况也将出现障碍……（明治五年四月十八日井上馨向由利公正发送的"文书"）

此后，面对"情形既如此，东京府如何应对"之类的询问声，由利公正仍保持沉默，不予回应。转眼火灾后已过去两个月，双方维持着大眼瞪小眼的状况，任时光流逝。

东京府方面为何如此顽固呢？由利公正坚持的缘由，要上溯到明治维新。当时他作为政府的财务负责人，为了调配军费，首次发行了纸币，虽然"靠小小纸片夺取了天下"，但由于滥发纸币造成通货膨胀，他受到了以大隈重信为首的"听西洋人的话，读西洋人的书"（由利公正语）人士的非难，被迫辞职。大隈重信在由利公正之后接过了财政的担子，属下集结了井上馨、涩泽荣一，以筑地作为大本营，提出了欧化的政策，开始推进文明开化。明治四年，由利公正经过一段时间的在野后，靠着西乡隆盛的举荐，计划回归大藏卿之位，但受到大藏省内各方人员的坚决反对。伊藤博文认为："如果选三冈（由利公正的旧姓）进入这个年轻班子，必定会让全国人民都紧抱着小纸片横尸路边。"由利公正只好转任东京府知事。之后，由利公正如前文所述，认为应当为振兴东京的商业，以及为自己以金融家身份再次出山做准备，以町会所的储备基金为本金，计划创办"东京银行"。对此，想要确立银行制度，一直在筹备成立第一国立银行的大藏省准备破坏这一计划。涩泽荣一认为："在太政官中，板垣退助大人、西乡隆盛大人等都对三冈太过信任了，因此事情十分棘手……不管井上馨说什么，给人的感觉都还是太嫩了。"在西乡隆盛等维新战争功臣的强烈支持下，由利公正似乎离拿下太政官的位置只差一步，他盲目乐观地认定，到了二月便可创立东京银行了。但与此同时，井上馨也仗着自己代理大藏卿的职权再三反对。之后，火灾便发生了。

已将银行用地置办妥当的由利公正，面对砖城建设这一牵涉融资与公款处理的重大事务，欲将其掌握在自己手中无可厚非。大藏省想抓住这一机会，将原本作为东京银行本金的町会所储备基金用于新街道的建设，以打乱由利公正的计划，让自己设立的租房公司负责砖结构化的工程也无可厚非。若说砖城规划是为了建造美观的楼房，自然会有妥协的余地。而城市规划是一项金钱与人事都必须全力运转的项目，这一项目被卷入经济与政治的旋涡，甚至创造出自己的涡流，或许是无可避免的——除非一方退场，否则别无他法。

在火灾发生时，胜利明显是偏向由利公正一方的，"还是太嫩"的井上馨正在苦苦追赶。但由于大藏卿大久保利通突然回国，形势发生了变化。大久保利通在1871年作为岩仓遣欧使节团的实际代表赴美，参与不平等条约的修订，由于并未携带全权委任状，不得不紧急返回日本。经过短暂的滞留后，他计划于五月十七日再度前往美国。由利公正正好在此时，以现任知事的身份加入随行队伍。由利公正本人认为，这是拓宽对银行制度与都市行政等方面认知的绝好机会，对首次西洋之旅充满期待。但涩泽荣一向井上馨发送的"书简"证明实际情况并非如此：东京府知事的状态欠佳，前景不明，仅因其名声显赫，促成了这次西洋之旅。大久保利通或许便是以连由利公正本人都不知情的"状态欠佳"为理由，顺着井上馨的话中之意，促成了西洋之旅。等由利公正出发后，因知事远赴西洋，一度退隐江湖的旧幕府若年寄[1]大久保一翁就任了新知事。由利公正再度远离了庙堂。

井上馨或许觉得终于等到了出头之日，因此反击特别迅速。他迅速推翻了东京银行规划：撤销了町会所，截断了资金来源。闲置资金就落到了涩泽荣一手中，他借机设立了以修缮街道为目的的东京修缮联合会。

---

1 若年寄，字面意为"少年老成"，为江户幕府的官职名，地位仅次于老中。老中是江户幕府的职务中具有最高地位、资格的执政官，直属将军。

形势的变化自然也影响了砖城的规划。应由利公正的迫切请求，英国人J. W. 马尔科姆（J. W. Malcolm）特意从上海来日指导东京府制定适合新市区的地方行政制度。结果他什么都没干成，便被束之高阁了。由利公正的势力被清除得很彻底，就连规划本身，也在六月二十三日，从东京府的建筑系转移到了新成立的大藏省建筑局名下，变成由大藏省直接管辖的项目。而留在东京府内的，只剩下联络、筹款、劝说等面向市民的业务。在火灾过后三个月内，双方的对立消除了。

涩泽荣一无疑安心了下来：町会所如愿变为修缮联合会，他也被委任为街道规划的负责人。若能尽快推动成立租房公司并让其负责砖结构住房事宜，便可万事大吉了。然而一转眼，形势又发生了变化。

随着大久保利通的回国，大藏省的势头虽然一时得到一定的恢复，但待大久保利通整装准备再出发，西乡隆盛、江藤新平、板垣退助等反对派的参议便又摆脱了束缚。太政官内的形势再度变为对大藏省不利：诸参议、各省[1]力推新项目落地。面对这一情况，涩泽荣一表示："我们是不会妥协的。然而参议那边对于侯爵（井上馨）的意见，态度并不坚定。特别是像大隈重信伯父那样，起初是为支援侯爵才去疏通与参议方人士的关系的，中途却倒向了参议一边，与他们达成了一致……令我们十分难堪。"到了十月,孤立无援的井上馨不得已提交了辞呈。至此,西乡隆盛、江藤新平、板垣退助与大藏省之间的对立已经表露无遗,任谁也绝不会想到,这竟然会成为致西南战争这一残酷政治斗争的序幕。井上馨与涩泽荣一的联袂辞职,半年之后才得到受理。这个时候,

---

1　日本法律上指从属于内阁、执行各自分担的行政事务的机构。

租房公司对于两人来说已经完全不重要了。银座砖城规划在诞生半年之后，已经将其"生身父母"——由利公正与井上馨二人，都拉入了政治旋涡。

之后的银座砖城规划，只能靠剩下的官员与托马斯·詹姆斯·沃特斯辅助实现了。所完成的建设体系，自然也未达到大藏省的预期。唯有政府才拥有如此之巨大工程所需要的资金、人力及技术，仅凭民间的力量是无法做到的。街道规划虽然可以在政府的直接管理下进行，但还存在另一个影响因素，即东京修缮联合会也参与其中。联合会将承担道路的铺设费用，以及接管煤气灯从立案到管理运营的所有工作。涩泽荣一曾经考虑过将砖城建设的一个重要部分交给町会所负责，但在由利公正下台、顺利成立了修缮联合会后，他自己却同样辞了官。涩泽荣一在辞官后，成为联合会会长，负责煤气灯的铺设，这也算是完成了他的部分计划。

在租房公司的梦想破灭之后，砖结构化的工程以"官建"与"民建"这两种方式推进。其中，官建分为"官费官建"和"自费官建"两种，前者指的是建筑局用公费直接施工，然后向民间出让的方式；后者指的是由掏得起建造费用的人，自己委托建筑局进行设计、施工的方式。如果是前者，那么设计则由建筑局统一规定，自然也会严格遵守托马斯·詹姆斯·沃特斯的建筑规范条款。如果是后者，则会受业主意见的影响，即使遵守了强制条款，连廊等指导条款执行到何种程度，则由业主与建筑局商量后决定。如此，虽然在条款的遵守程度上会因资金来源的不同而产生区别，但图纸却都是在托马斯·詹姆斯·沃特斯的绘图板上画出来的，因此称官建类住房为托马斯·詹姆斯·沃特斯的设计并无不妥。

自建由业主委托木工等进行设计、施工，结果，便出现了像银座三丁目松泽八右卫门所建的像雪国"雁木"一般的连廊[1]。但也有尾张町一丁目的岛田组大楼那样的由工部省御用建筑师——路易斯·费利克斯·弗劳兰特设计的乔治王时代风格的案例（参考图8-1、8-2）。

前路维艰的事业

如上所述，在火灾过后半年，政治环境终于稳定，银座砖城于明治五年八月中旬从大街的北端——银座一丁目开始动工。然而事情却没有想象中那样简单。首先开始的是道路拓宽，但当时的居民已经在用于道路拓宽的地皮上建起了棚屋，并开起了临时店铺。他们对建筑后迁有很大的抵触情绪。茶泡饭店"淡雪"的老婆婆为了抗议而上吊自杀，隔壁药店的主人则仅仅因为拒绝了建筑后迁便被民众誉为"当代宗五郎"[2]。此类故事都是从这时开始出现的。而作为一种对抗的手段，因不信任心理出现的谣言也不少。建筑局虽然宣布禁止散播谣言并通过劝导全力开展建筑后迁工作，但进展缓慢。

在最重要的砖块调配工作上，进展也不顺利。政府并不是在锁定了砖材的出处后，才确定实施这一规划的。当时的东京仅靠瓦坊将少量瓦窑转用于烧砖，砖块的质地较软、易碎且产量不高。情急之下，东京向大阪、神户等制砖先进地区求助，但两

---

1 雁木结构，新潟县独有的一种商业街连廊，得名于如同雁群飞过一般遮天蔽日的效果。

2 佐仓宗五郎，江户时代的"义人"，因为代表当地农民向领主请求减税而被处死。

地也处于供不应求的状态，没有余力照顾东京。大概是接受了建筑局的举荐，从事酒类批发的鹿岛万兵卫靠着府下知名的高襟人士[1]，参与了合作；但决定在小菅的国有土地上建设工厂的关键时刻，他又退出了。金子清吉也尝试过接手，可烧成的砖块数量极少，完全不够用。而在银座，虽说大街的拓宽正在推进，空地正在等待砖材，但小菅那边却还处于找不到烧砖者的状态。明治六年（1873），当建筑后迁的交涉取得了重大进展时，借助一名刚发家的商人——川崎八右卫门之手，终于从小菅运来了质量极佳的砖材。这也完全是多亏了"永不会束手无策"的托马斯·詹姆斯·沃特斯——等不及了的托马斯·詹姆斯·沃特斯亲自动手，建成了两座最新型的圆形霍夫曼窑。但供不应求的不止砖材：用以砌砖的水泥，在市面上也只有价格高昂的进口货。迫不得已，建筑局在深川找到土地，建起德利窑[2]，进行水泥制造。今天，深川和小菅常常被视作日本水泥工业与砖瓦产业的拓荒地，但两者追根溯源，都是银座砖城的产物。

工程的推进很艰难。明治六年五月，银座一丁目的一号门牌诞生了；明治六年十二月，大街两旁终于布满了砖结构的楼房。令人欣慰的是，官建楼房占了一半以上，托马斯·詹姆斯·沃特斯笔下的街景终成现实。明治七年二月，街道铺设工程也竣工了。至此，银座砖城终于在大众的面前亮相了（参考图12、13）。

抱着要将这一项目做好的信念，银座大街建设得十分完美。但后续的项目，却不得不放低要求。砖结构作为新技术，造价

1　高襟（high collar），明治时代，以西装的领子来指代当时穿着、作风西化的一批人士。

2　德利窑，因其烟囱形似盛日本酒的"德利"酒壶而得名。

较高，自建业主一般不予考虑；就算是官建，向民间出让的价格也不可能不被抬高。在反对建筑后迁之后，对砖结构化的反抗也开始出现，建筑局只能让步。让步是从厕所、厨房、走廊等侧屋，以及仓库、储物间、浴室等附属房屋开始的：早在明治五年四月二十日，三级砖结构住房的侧屋和附属房屋已经接受仓结构和涂屋结构[1]；之后，整片地区开始效仿。而似乎也有不少人就连将侧屋和附属房屋做成仓结构或涂屋结构也做不到。明治八年八月，为了叫停木结构建筑，政府颁布了行政令，要求所有房屋至少做成仓结构或涂屋结构；这种让步也波及路边的店铺。但15间宽道路与10间宽道路的面街一侧的房屋与官建房屋仍须遵守规范。伴随着让步，规划区域不可避免地缩小了。在拥有了银座大街的建设经验、了解到砖结构化的困难程度后，建筑局在明治六年十二月二十五日，决定在大名宅院旧址占了大半的木挽町以东地区，仅实施道路改善工程。

银座大街竣工后，建设活动继续。在反复进行测量、后迁棚屋、拓宽道路、改建下水道、开挖土方、打松木桩、置放础石、砌砖、架设梁架、铺设连廊的青石板、砖砌列柱、墙面涂灰泥、人行道铺砖、铺平车行道的沙砾等步骤的过程中，10间宽道路、8间宽道路、3间宽道路逐步建设完成。在明治十年五月二十八日，银座砖城规划全部完成。

火灾过后五年，岁月的流逝在人身上格外无情。被逐出府厅的由利公正，一心想着靠矿山开发东山再起，却未能成功。托马斯·詹姆斯·沃特斯在明治八年十二月合同到期被解雇之后，再

---

1 江户时代保管贵重财产的土仓库，通过在木墙外盖上泥土或灰泥层来达到防火效果，称为土仓结构或仓结构，后被民居建筑借用。涂屋结构与之相似，是在木骨上涂泥巴以建成外墙，防火效果略逊于仓结构。

无音讯。井上馨在犯罪嫌疑的风波过后出国，在伦敦虚度光阴。在将井上馨驱赶下台的诸位参议中，江藤新平在"佐贺之乱"中被处死,板垣退助退隐土佐藩,西乡隆盛深受"田园坂事件"所害。只剩下涩泽荣一还任职于第一国立银行。

砖城规划的实际成果

煤气灯照亮的行道树与人行道

斯人已去，街道犹存。对于遗留下来的实际成果，必须进行准确的衡量。

布局整理

银座地区的工程按照预期效果顺利完工，地块被十分漂亮地划分成了书签形的网格，一格都没有出差错。在木挽町以东，从银座方向延伸而来的东西向道路，虽然基本按原计划建成，但有若干条南北向的里巷被略去了（参考图2）。虽然乱象未能得到根治，但从大名宅院区向商业地区转型的基础已经打牢。

道路拓宽

银座地区的各条道路都按原计划进行了拓宽，但相比火灾前究竟增加了多少面积，并没有一个准确的数值。但肯定是拓宽到了适合行车的宽度。银座大街8间车道的宽度，确保了中间可铺设两条有轨马车轨道，同时两边可各容纳一辆马车前进。直到今天，银座大街依旧是15间的宽度。

设置人行道

银座地区诞生了日本最早的人行道，在每一条15间、10间、

8间宽的道路上，都设置有人行道，中间各相隔着一条或两条没有人行道的3间宽的道路。木挽町以东区域则停留在了人行、车行未分离的状态。从结果来看，这样的布置使得每两三个书签形的街区拼在了一起，整合成了一个更大的街区（参考图4）。根据道路宽度的不同与人行道的有无，整片地区形成了统一的秩序。虽然后来银座的所有街道都种了行道树，但当时仅有银座大街上种植了行道树。从新桥到京桥共计148棵树，按照约12米的间距排列。春天漫天花雨，夏天绿树成荫，秋天红叶似火，冬天枝叶长青，为了让四季不同的景致遍布整条街道，树种特意选择了樱花树、枫树与松树。或许是为了讨个好彩头，设计者特意将松树栽在街角处，其余地方则交替栽种樱花树与枫树（参考图4）。

煤气灯

按照东京修缮联合会的规划，政府使用町会所的储备基金购置了41座英国产煤气灯布置在银座大街左右，平均间隔约50米（参考图4）。但当时的煤气灯没有使用增光器，因此照明效果有限，亮度和今天的煤气炉并没有什么差别，但那是最早在东京夜空中点亮的灯光。

以今天的眼光来看，诞生于明治十年的银座大街，无论是行道树的诗情画意，还是煤气灯的昏暗，都奇妙无比。或许在功能上并不完美，但仅凭人车分离、行道树、路灯这三点内容，便足以将其视为现代街道的雏形了。

满街的砖造商铺

所有住房的砖结构化

全部以砖结构进行建造的建筑仅限银座大街两旁的建筑、数寄屋桥街两旁的建筑，以及官建住房三者。在规范上让步的结果，是在面向其他 8 间、3 间宽道路的自建住房中混入了仓结构、涂屋结构等。此外，侧屋、附属房屋一类的建筑，本应全部采用仓结构与涂屋结构，但储物间中还是有不少违规的木结构建筑（参考图 5）。根据明治十二年（1879）的一项统计，在银座地区的所有住房中，按照建筑面积来算，砖石结构的住房占了总数的51%。将这一数字同托马斯·詹姆斯·沃特斯的理想比，仅实现了一半。但当时东京在银座砖城之外，只有 44 座砖石建筑，共1 009 坪。这 44 座建筑或许也是受砖城规划影响才建设的。在银座的土地上，突然有占地 33 545 坪的 930 栋砖石建筑拔地而起，怪不得当时的人们将此地称作"炼化地"或者"炼化街"。

表 2 银座砖城规划的实际成果（明治十二年的调查）

表 2-1 银座地区的实际成果

（金六町、水谷町由于并未进行道路改善而除外）

①住房（店面与住宅）部分

	平房	两层建筑	三层建筑	共计	面积占比（%）	
砖结构	104 栋 2 240 坪	810 栋 29 218 坪	2 栋 135 坪	916 栋 31 593 坪	52.1	55.0
石结构	9 栋 110 坪	35 栋 1 124 坪	9 栋 522 坪	53 栋 1 756 坪	2.9	
仓结构	18 栋 352 坪	171 栋 4 196 坪	6 栋 113 坪	195 栋 4 661 坪	7.7	35.4
涂屋结构	293 栋 3 430 坪	499 栋 13 183 坪	2 栋 159 坪	794 栋 16 772 坪	27.7	
木结构 瓦屋面	154 栋 1 544 坪	48 栋 1 263 坪	1 栋 345 坪	203 栋 3 152 坪	5.2	9.6
木结构 木板屋面	211 栋 2 045 坪	14 栋 340 坪	2 栋 30 坪	227 栋 2 415 坪	4.0	
木结构 金属屋面	8 栋 190 坪	4 栋 52 坪	0 栋 0 坪	12 栋 242 坪	0.4	
共计	797 栋 9 911 坪	1 581 栋 49 376 坪	22 栋 1 304 坪	2 400 栋 60 591 坪	100	100

②仓库部分

	平房	两层建筑	三层建筑	共计	面积占比（%）
砖结构	1 栋 9 坪	0 栋 0 坪	0 栋 0 坪	1 栋 9 坪	0.2
石结构	4 栋 21 坪	7 栋 94 坪	2 栋 72 坪	13 栋 187 坪	3.4
仓结构	99 栋 580 坪	304 栋 3 896 坪	38 栋 878 坪	441 栋 5 354 坪	96.4
共计	104 栋 610 坪	311 栋 3 990 坪	40 栋 950 坪	455 栋 5 550 坪	100

③所有建筑的实际成果
（①与②之和，储物间不列入其中）

	栋数	建筑面积（坪）	面积占比（%）
砖结构	917	31 602	47.8
石结构	66	1 943	2.9
仓结构	636	10 015	15.1
涂屋结构	794	16 772	25.3
木结构 瓦屋面	203	3 152	4.8
木结构 木板屋面	227	2 415	3.7
木结构 金属屋面	12	242	0.4
	2 855	66 141	100

表2-2 银座地区以外的火灾旧址（从木挽町到筑地区域，以及水谷町与金六町）上砖石结构建筑的实际成果

	栋数	建筑面积（坪）
砖结构	4	274
石结构	12	517
砖结构仓库	3	68
石结构仓库	13	222
共计	32	1 081

表2-3 银座砖城规划的结果，火灾旧址全境上的砖石结构建筑

	栋数	建筑面积（坪）
砖结构建筑	924	31 944
石结构建筑	91	2 682
共计	1 015	34 626

这些地区面向街道一侧的屋面全部连成一体，通过粗略计算，可以得到建筑沿银座大街的长度。统计官建住房留下的详细记录中可确认的部分，砖结构街道的总长度约为7 700米。此外，还

有 504 栋（除去大街部分与仓库）自建的砖房。假使以门面 2 间宽的数字对这 504 栋自建砖房的长度进行估计，大概有 1 800 米。由此可得，建筑沿银座大街的长度大概有 9 500 米。从城市南侧芝区的增上寺，到北侧上野的宽永寺——这一数值已经相当于往日江户长度的一半了。

我们并不清楚这么多砖结构的住房，在银座大大小小的街道上究竟是如何布置的，但就官建部分来说，大概的排列方式留下了记录。如果排除自建部分的话，砖城的房屋布置是可以复原的（参考图 4）。

住房大小与道路宽度相称

托马斯·詹姆斯·沃特斯的建筑规范规定了道路宽度与住房规模之间的关系。我们不清楚自建住房究竟在多大程度上遵守了这一规范，但官建住房都是留有记录的。从现存的记录可以得知，所有的官建住房全部符合或超过了规定的等级，并未发现违规的例子。虽然考虑到街道的统一，超出规定的等级并不合适，但建筑局还是对此开了绿灯。住房等级以屋檐高度与墙壁厚度为核心标准，房子进深的间数只是参考标准，因此，住房实际的进深不太一致。在层数上，虽然规定一级建筑可以建到三层高，三级建筑可以建成平房，但基本上建设的多是二层建筑。

连排化

托马斯·詹姆斯·沃特斯以街区为单位，规定了房屋的连排化。官建房屋中一户一座的独立房屋十分少见，连排化得到了很好的落实。就连排屋的规模来看，并没有整座街区收归一栋的情况，大多数是宽二三间门面的店面集结起来形成一栋，由二三栋连排屋排成一排，才形成完整的街区（参考图 4）。

设置连廊

从记录中留下的官建案例来看，除银座大街外，可以确定的连廊共有 5 130 米；银座大街的连廊总长度估计有 1 500 米。银座地区有约 6 600 米长的连廊，这真是令人意想不到的长度。支撑连廊的列柱粗细为直径 2 尺，材料乍看上去像是石材，但其实是砖砌后再抹灰泥。

连廊既属于店面的一部分，又供公众使用。这一点，对连廊列柱的排列方式产生了影响。从所有权与管理上，以及从店主的角度来看，将列柱与各户之间的隔墙对齐是最方便的。但这样的话，只要各户之间有门面宽度上的区别，那么在一座连排屋之内，列柱的柱间距便会变得乱七八糟。从美观上，以及从街道行人的角度来看，将连排屋的全长等分，有规律地对连廊进行排布更为合适，但必须做好列柱位于店面门口等不方便位置的准备。从官建的实际案例来看，大多数连廊选择了均匀间距的方案。列柱间距最长为 15 尺，最短为 9 尺。

统一风格

关于建筑立面的资料相当匮乏，设计图纸非常少见，绘画和照片一类的资料较多。从资料推测，自建房屋存在着用日式风格调剂乔治王时代风格的设计；官建房屋在托马斯·詹姆斯·沃特斯一人的指挥下完成，实现了乔治王时代风格的统一（参考图 12）。虽然从头到尾贯彻使用了具有乔治王时代风格特色的托斯卡纳柱式，但从细节设计来看，窗户、出入口、扶手、女儿墙等细节允许差异化。此外，立面涂灰泥居多，但其中也可见塞着房角石、留着砖墙面的案例。大概托斯卡纳柱式是由托马斯·詹姆斯·沃特斯设计，之后的工作便交由艾伯特·沃特斯、希林福特或立川知方等建筑局的技术人员来自由裁量了。

乔治王时代风格街区的诞生

乔治王时代风格这种古典主义的建筑风格，诞生于英国工业革命的"青年期"，即18世纪末的乔治王时代。在方盒形状、左右对称的整体构成之上，加上无装饰作用的山墙或托斯卡纳柱式，各种元素展现力量与简练感。与之后奢华优雅的维多利亚风格相比，乔治王时代风格有些许粗放之感，但对欧洲以外区域的影响更大。乔治王时代风格是在舰队守护下，乘着商船与移民船向新世界扩张的。因其容易建造、容易理解，故出现在世界各地。乔治王时代风格在东方通过香港、澳门、上海等贸易基地，逐渐向东向北传播，在途中经过的热带地区引入了开放式阳台这一元素。在幕府末期，由托马斯·詹姆斯·沃特斯从长崎引入日本。乔治王时代风格向美国传播的过程中，被茂密森林中跋涉的开拓者从石结构改为木结构，进化为贴木瓦板、涂白漆的乔治王时代殖民风格；此后又横跨了太平洋，从横滨进入日本。乔治王时代风格进入日本时，英国已经转向了更华丽的维多利亚风格。托马斯·詹姆斯·沃特斯在远东新开发地上完成的一系列工作，在英国看来，大概只是过时的潮流终于传到了亚洲。从银座的砖结构建筑可以想象托马斯·詹姆斯·沃特斯将精力倾注于乔治王时代风格的情景，虽然这令人感慨，但作为建筑作品来说，其质量是很粗糙的。

但如果从远处眺望建筑群，便能体会到托马斯·詹姆斯·沃特斯的良苦用心了。他将单独的住房连成一排，做成连排屋，虽然是按照道路的宽度来决定住房规模，但与被废除的理查德·亨利·布伦顿的规划相比，还是更胜一筹。在后者的规划中，住房的规模与形状根据地皮的大小建设——在同一条街道上，必定会出现凹凸不齐的屋顶形状：较大的地皮上有独立的二层楼房，隔壁较小的地皮上有二层连排屋，对面则是连排平房。果不其然，除了整体方针，托马斯·詹姆斯·沃特斯对连廊的规划也很周密：将列柱与每户之间的隔墙分离开来，取均等的柱间距；位于街区四角的柱子做成复式柱，将两头拉紧，以增强整个街区在视觉上的整体感（参考图9、11）。这种装点街道的方式，在15间宽道路与10间宽道路相交的银座四丁目路口达到了极致（参考图4）。与街道的中心相称，各地块面向路口的转角都做了斜切，各大楼像是一致用正立面将路口包围一般互相面对。正立面的柱子有两个方向的复式柱，即变为三根并列，强调与其他街角不同。托马斯·詹姆斯·沃特斯以列柱完善了街区。这或许是每座连排屋的细节设计允许有所不同，但坚持使用托斯卡纳柱式的原因。

连排屋的相同设计、平整连续的屋顶，构成了银座的各个街区；这些街区又丝毫不差地被纳入书签形的街区分隔。虽然明治时代的人可能并没有这样的感觉，但以今天的眼光来看，在新诞生的银座砖城中出现了"同质性"。我觉得，倒映在托马斯·詹姆斯·沃特斯眼中的，一定是同质性的街区；他一定将对故乡的思念之情注入了银座砖城。

这种同质化建造街区的方法，与其建筑风格一样，都发源于英国的乔治王时代。中世纪的杂乱城市不再适应发展的需要，作为工业革命的产物而诞生的乔治王时代街区，在统一性中发现了新的美学，将街道与建筑作为一体进行设计的新意识诞生了。排列着托斯卡纳式列柱的商业街、伦敦的摄政街（约翰·纳什设计，1825年竣工，参考图17）、科文特花园市场（参考图16）等伦敦人带有深刻感情的街区都深受影响；带有连廊的商业街也广泛见于欧洲各地。但像银座砖城这样覆盖了整片地区、全长超6 600米的商业街案例，独此一处。

当时欧洲城市规划的思潮已经开始关注公园、广场等街道以外的城市设施，具有乔治王时代特色、整齐划一的朴素街区美学风格已被取代，欧洲迎来了奢华壮丽的巴洛克式城市规划的全盛期。全世界城市规划的视线都聚焦于几年前刚刚完工的"花都巴黎改造规划"。在这种背景下建成的银座砖城，在欧美人眼中，难免会被认为是乔治王时代街区的一场盛大的"反季节绽放"。

砖城的意义

果真失败了吗?

至此为止, 大多数人认为银座砖城规划是失败的。它并不是因为"反季节绽放"受到非难, 人们所举出的理由, 大都是漏雨太多、湿度太高、茶叶受潮、布匹发霉、居民患上脚气等建筑方面的问题, 以及竣工后空置房的问题。我们有必要重新审视与思考这些问题。

漏雨的问题肯定是存在的。明治初期, 政府极度推崇砖材, 但没有人通晓关于砖材的正确知识。由于必须在较短的时间内完成大量砖砌工程, 砖材质量不佳, 因此会出现漏雨的情况。此外, 长谷川为治认为:"托马斯·詹姆斯·沃特斯工作的唯一缺陷, 便是未考虑到外国雨量较小这一因素。其在东京所采用的方法依旧是外国的那一套。"因此, 托马斯·詹姆斯·沃特斯最后不得不将被降雨严重影响的女儿墙拆除。这种施工上的缺陷, 只要经过修补即可,砖结构建筑并不是一直漏雨。潮湿的问题也一样——当时大家都知道仓结构的住房要等干了才能搬进去, 但却没有想到砖结构的住房也是如此。

根据明治十二年的报道，竣工后的住房空置才是最严重的问题：

> 砖结构住房建筑的经费总额，为九十万六千二百六十三日元十三钱八厘[1]，其中征收金额为三十五万九千四百二十二日元二十钱……自建成以来，历经数年之久，其征收金额仅为原造价的约三分之一，尚不足一半。而且这一期间，官民中也实有难以言说之困难。纵使将来能够以全价进行资金回收，地租与区自治费也完全是官家的损失，所剩住房也不会有付清的日期，因此空置房的地租金额，在预算中也难以记明。当时的住房越是牢固，就越造成了官民共同的困难。（《建屋规范之议》）

对于拥有牢固住房的官民来说，空置房是个很大的问题。自建房屋和自费官建房屋其实没有那么多问题，但官费官建房屋，由于不管是不是在民间找到了买家，都尽可能在空地上建满了连排屋，结果自然就有了无人接手的房产。明治十年五月规划结束之时，民间出售的情况是这样的：在官建451栋436户之中，银座大街的一级砖房全部售罄，但后街的二级、三级砖结构住房的1 195户中有358户空置。到明治十四年（1881）九月的银座百戏禁止令发布为止，经常有人租借空置房，在里面布置"犬戏""巨型乌贼"等杂戏项目，或者安装由面条细编而成的大蛇、维苏威火山的全景画等各种装置。考虑到这一点，后街的每三间房屋里

1　1日元为100钱，1钱为10厘。

就有一间空空荡荡也是理所当然了。空置房的价格过高，东京府为延迟支付出售金的人提供了延长期，同时想尽办法为本金不足但有购买意愿的人延长年供的期限，尽可能减少购房负担。砖结构住房的建设费用，以小商人与工匠的经济实力来说，还是难以负担。作为二流城区的银座，摆满砖结构的住房，还是太过高档了。为了理解在这里突然落成的住房的真正水平，有必要和其他的城区比较一下。

在当时的城市建筑当中，最高级的便是砖结构和仓结构了，两者都有优秀的防火性能。此外，在砖城完工之后，两者的造价也渐渐趋同。如果将这两者对应于一级住房，便可以说二级是涂屋结构，三级是木结构。砖结构、石结构，以及仓结构住房的楼板面积占一个地区楼房总建筑面积的比例，被称为一级住房率，是衡量当地建筑质量的指标。在算出日本桥、京桥、神田这三个中心区范围内每个街区的一级住房率后，通过比较便能发现，即使是在一级住房率最高的本町路批发街范围内，一级住房率占60%以上的街区也只有3个——大传马町一丁目、本町四丁目和堀留街一丁目。在银座地区，含周边区域在内，却有13个街区的一级住房率超过了60%。从定量上来看，银座地区的一级住房面积（43 560坪）远大于面朝日本桥大街（京桥—筋违桥之间）与本町路（常盘桥—浅草桥之间）这两条旧有大道的一级住房面积（33 948坪）。这一数字也包括了仓库，但从性质上来说，无论在哪儿，仓库一般都是作为一级住房的配套设施建造的。要了解一个地区的品质高低，就必须调查除仓库、储物间之外的店面、办公室、住宅等的实际情况。就这一点来看，银座的一级住房的面积（共38 010坪，其中砖石结构占33 349坪、仓结构占4 661坪），竟然是东京其他地区一级住房面积（17 760坪）的两倍左右。

在此之前，银座这片地区只具备二三流的经济实力。如果将最高级的"楼板"进行大量、集中的供应，结果应该是可以预料的：在主要大街上经营店铺的富商可以负担，在里巷的小商人和工匠中，因为付不起出让金而搬走的人或因拿不到工钱而再也无法从暂住之处返回银座的人，必定不在少数。假使当时东京的楼板面积不足，那么就算在旧有面积的基础上加倍扩容，无疑也会马上被迁入的人口填满。但当时的东京，正值维新之后武士离开、都市活动衰减之际，楼板和土地都大有富余。若是在立案之际，对开发效果、供需平衡等今天城市规划中常识性的问题进行事前调查的话，那么这一规划无疑是会被停止执行的。像方案的提出者，以及对此表示赞同的诸参议等各方面人物，大概都是无视了数字计算，才得以完成维新大业的。对于一系列欧化的项目，井上馨回忆道："尽管不太清楚明天的命运会如何，也无所谓性命会怎样……决定的事情便要从头干起。"然而，一念而起便付诸实施的规划，最后落得全是空置房也毫不奇怪。正是因此，该规划才被认为是失败的。

银座的繁荣与日本桥的衰退

然而，城市规划的成败，靠两三年的时间长度便可以判定吗？如果要将"超越250年之久的封建城市——江户"作为明治时代城市规划的主题的话，那么也必须以同样的时间长度，来检验这一规划的成败。事态终将逆转。作为官民烦恼之源的空置房，在明治十五年（1882）便被填满了；自明治二十年（1887）以后，更是"反败为胜"，迈向繁荣；在明治时代还未结束时，银座大街便凌驾于江户时代以来的市中心——日本桥之上，成为东京代表性的商业街。此外，在进入昭和时代后，银座的名字还成了指代新商业街的一般名词。在各地的站前大街上，用当地地名加上银座的命名方法广为流传，到最后，甚至连"阿尔卑斯银座"这样的词都变得很寻常。趁砖城规划实施之际，银座所走上的这条光辉道路，也自然被广泛讨论。但要定量地证明这种众人皆知的事实，却并没有这么简单。

表3　银座四丁目路口的地价推移[1]

年份	地价（日元／坪）
明治五年（1872）	5
明治十五年（1882）	20
明治二十年（1887）	50
明治三十年（1897）	300
大正二年（1913）	500
大正十年（1921）	1 000
昭和六年（1931）	6 000
昭和十一年（1936）	10 000
昭和十七年（1942）	12 000
昭和二十二年（1947）	150 000
昭和二十四年（1949）	400 000
昭和二十八年（1953）	1 140 000
昭和三十二年（1957）	2 630 000
昭和三十六年（1961）	3 600 000
昭和四十年（1965）	4 500 000
昭和四十五年（1970）	6 000 000
昭和四十七年（1972）	8 000 000
昭和四十八年（1973）	10 000 000
昭和五十年（1975）	14 000 000
昭和五十一年（1976）	15 000 000
昭和五十二年（1977）	17 450 000
昭和五十四年（1979）	22 000 000

在这里，我希望以地价为指标来把握银座的进程。一般性地价上升的现象，是通过银座四丁目路口转让价格的变迁得知的，以明治二十年左右为分水岭，转让价格呈现快速增长的状态。然而这一表格缺少与银座之外地区的比较数据。因此，必须参考东京中央三区所有区域的地价变动。"地价等高线地图"应该可以

1　本表格数据基于小寺商店的资料，为现"三爱大厦"周边建筑的实际出售价格。（《朝日周刊》1980年2月22日号）——作者注

作为参考（参考图18、19）。这张图是采用与等高线地形图一样的绘制方法制成的，适于一目了然地观察城市的地价变动。但可惜的是，该地图却只显示明治十一年（1878）五月地租修订时，以及昭和八年（1933）震灾复兴结束期这两个时间点的东京法定地价。虽然地价等高线地图缺少了中间的信息，但所幸起点与终点还是明确的。从图上看，在明治初期，以日本桥为山巅的地价山脉上，银座不过是其南端支线的一条山梁而已，但经过之后反复的"造山运动"，到了昭和初期，银座已经对日本桥形成威胁，变成了呈隆起状的、独立的山峰了。而与此相反，以江户初创的老城区而闻名的本町路和批发街，其衰落的状况也赫然在目。

现代商业街的鼻祖

在明治十年竣工时被批评为失败的砖城，为何从明治二十年起，开始走上坡路了呢？在这期间，砖城内部并没有发生变化。变化的是经济。砖城项目得以冒冒失失地被实施，是因为正好赶上了故都既已消亡、新都尚未成形的阶段，但以明治二十年为界，培育现代产业的努力终于开花结果，经济开始走上正轨。之前一直占据中心地位的批发商业开始衰退，以量产为主的现代工业开始振兴；除此之外，之前仅作为批发业附属的零售商业变得空前繁荣。大规模生产导致的商品经济发达与销售部门的兴旺有着直接联系，区区零售店每间虽小，但店面总数却一直与工厂的扩容保持同步，随之不断增加。这种影响马上波及了城市。长久以来，作为财富聚集地而繁荣的批发街开始走向低迷，取而代之的则是以零售业为主的商业街开始积聚人气。

商品经济这一新潮流的到来，是零售商业街银座走向繁荣的必要条件，但并不是充分条件。因为，明治二十年以后，这一潮流席卷了东京所有城区，但江户时代以后同样作为零售街区而闻名的日本桥地区，却失去了往日的光辉，仅银座地区在快速上升。在众多的零售商业街中，只有银座得到了这一新潮流的全部恩泽，个中缘由，自然只有在银座的内部寻找了。

缘由之一：银座最早引进"新时代的商品"。所谓新商品，指的是牛肉、啤酒等洋食品，也包括西式服装、家具、烟草、烟管等进口用品，以及测量仪器、电器、时钟、玻璃、药品等工业产品，还有西式食品店、理发店等服务业，报纸、广告等或许也可以一并算其中。仅在一代人的时间之内，便靠着新商品而一步登天的银座堪称传奇，但要定量地衡量银座与新商品之间的共生关系并没有这么简单。所幸，在明治时代第二个十年后期多次出版的《插画商人录》对此有所记录。《插画商人录》不可能登载所有店铺，但有意愿向全府、全国做宣传的商铺，悉数登场。我们可从中了解到当时商店最前沿的样子。《插画商人录》共五册，其中所刊载的550家店铺，可分为销售新商品的商店、销售旧有商品的商店，以及两者都销售的商店三种，从中央三区内每一类所占的比例来看，可以得知，销售新商品的商店大多集中在并不宽阔的银座里。其中，单就银座大街的沿街店面来看，这种趋势就体现得更加清楚：在53间店铺中，新商品占34间，旧商品占13间，两种兼有的占6间。这并不是所有商店的统计数据，只是计算了当时正进行宣传的商店，但这样就更能看出把所有家当都押在新商品上的银座的气概了。

表4　东京新旧商店的比例（1883—1885年）

	新商品的店面	新旧两种商品的店面	旧商品的店面	共计
	店面（%）	店面（%）	店面（%）	店面（%）
银座	38（49）	7（9）	32（42）	77（100）
京桥区（除银座之外）	14（26）	0（0）	40（74）	54（100）
日本桥区	34（17）	14（7）	152（76）	200（100）
神田区	13（25）	3（6）	37（69）	53（100）
其他区	47（28）	0（0）	119（72）	166（100）
	146（27）	24（4）	380（69）	550（100）

不难想象，这种趋势应该是砖城规划的结果。在西洋风的街道上，将海苔和日式布袜一字铺开也不太适合；能够搭配红砖的也只有洋货。就顾客而言，在这一片令人心生向往的文明开化的商业街上，应该也只有购买进口商品才"不虚此行"。如果这片街区真的延续了旧时的生意，或许会沦落为日本桥附近的边缘地区。但就新商品来说，正因为银座的年轻，才更容易崛起。此外，以文明开化为契机，日本人的品位也逐渐开始向有黄油味、时髦的东西靠拢，时代的潮流也将新商品推上了成长型商品序列。终于，新旧实现了逆转，吴服、笔砚等传统商品，也许只会出现在传统商品的专卖店里了。

缘由之二：银座的街道十分适合购物。砖块所铺就的人行道可以保护妇女与小孩不受马车、人力车等侵占道路的威胁，还从早春的泥泞中拯救了双足。行道树在夏天充当遮阳伞，连廊则在梅雨季节起到了雨伞的作用。煤气灯使商店关门的时间延长到了日落以后，因此，出现公司白领在下班后为了购物而驻足的场景也是自然之事。

缘由之三：店铺的布置十分适合购物。封建时期的商业交易，一般都采取坐卖的形式。客人在进门处的台阶边落座，店家一边上茶，一边让小学徒把商品送过来，然后才展示货物。由于遵循"良贾深藏若虚"之习，越是高级的商品，便越被封存在深处。仅就手工业制品来说，这是将商品交给顾客的最适宜的方式，这一点是毫无疑问的。但随着商品经济的发展，在生产侧产生了大量的商品，在消费侧则产生了众多的买家。作为游移于两者之间的零售业，如果不转变为面对大量变动的顾客保持开放的售货方式的话，便无法将存货售空。于是出现了"良贾广为展示"，将商品放在最靠前位置，让客人不脱鞋便可自由观望，若不满意便可到别家去的站售形式。入口处的台阶消失了，进门的地面上放上了展示柜，炭盆桌被柜台所取代，此外，一直将店铺内部掩盖起来，写着商家名号的深蓝色门帘，也被改成了玻璃橱窗。高级货物开始出现在店铺门面的前方。

站售、玻璃橱窗这种新的店面布置究竟是如何出现在银座的呢？根据前述的《插画商人录》，在550家店中，明确表示是站售的只有6例，其中有5家集中在银座；在店铺门面前铺上玻璃（玻璃门扇、窗扇），采取开放式布置的商店有30家，其中16家位于银座，有10家采用如今的橱窗风格，其中有9家集中在银座。在550家店铺里，绝大多数保留了坐卖与门帘，传统经商方式的基础仍然强大。站售、玻璃橱窗等从银座萌生的新芽，也将在不远的将来盛放。

缘由之四：宣传的力量。零售业的受众一旦转变为无熟人也无赊账的变动群体，业绩便取决于招徕顾客的方式的多寡了。甚至不用提三丁目"天狗烟草"的岩谷松吉是如何为我们悉数展现了现代宣传的正确方式的；作为砖城而建起的银座，其街区本身便包含着空前的宣传力量。比如，在出云町经营旅店"灰椋鸟"的松本善五郎，在面向地方的《插画商人录》中，就登载了以下一则广告：

广告

敝舍位于府下中央区域……与蒸汽机车、有轨马车之轨道相连。如需自由往返，以便上诉、经商、游览等费用，不仅在此留宿颇为便利，且市区布有人行道、车道等道路，日暮时分，所植松树与樱花树由煤气灯照亮，光芒遍照整夜——在此种繁荣景象中，可以一览都市正中心的面貌，以及沿里巷蔓延的众多一级砖房……本店在此恭候海内四方诸君子纷至光临。〔《东京工商博览绘》第二编（下）[1]〕

这是一篇光明正大的宣传文章，明确地告诉众人"来这座城市就一定要住我们的旅店"。而且，"布有人行道、车道等道路，日暮时分，所植松树与樱花树由煤气灯照亮，光芒遍照整夜"的景象，被印成了锦绘[2]，运到了荒郊野外的乡下。将要诞生于此的新风俗，顺着汇聚在这条街上的广告公司之口，吸引了首都子女的眼球；稀奇的新鲜事，随着布满这条街上的报社的活字印刷，传到了达官显贵的面前。由于砖城的出现，日本桥在地价跌落之前，名声便已随风飘散了。可以说，银座是第一个为我们展示了宣传魔力的城区。

在银座，这些维持商业正常运转的各方力量并非各自分别运作，而是集中起来，创造出了一个崭新的商业空间，吸引了城市的各色居民。人们在这个空间里，第一次发现了购物的畅快气氛，以及就算不买东西也可以随性漫步的愉悦感。这种在江户时代并未得到允许的享受城市生活的新方式，终于在明治三十年（1897）左右得名，被称为"银逛"[3]。

银座以砖城规划为契机，发展为能够取代日本桥一带、代表新时代的商业街。可以说非常好地响应了明治城市规划的

1　此广告后被整理在《东京工商博览绘》第二编（下）中，作者引用的是此书中的内容。——编者注

2　锦绘是江户时代浮世绘版画发展的最终形式，集合了制版师、画师、雕刻师、上色师共同的心血。

3　"去银座逛逛"的简称。

主题——超越封建城市江户。

　　这样的成果，是否真正与提案人井上馨与规划师托马斯·詹姆斯·沃特斯的最初想法一致呢？并没有证据可以表明，井上馨对银座有过任何关于商贸繁荣，乃至超过日本桥的期许，他的着眼点在于借助不可燃化的重建将银座适当地建设成点缀东京的入口大门。就井上馨一贯的性格与立场来说，"让欧化风潮席卷世间的造城活动"这一说法，应该比较妥当。托马斯·詹姆斯·沃特斯的愿望，则是经自己之手，建造出与故乡美丽的乔治王时代风格的城市相媲美的城市。如前文所述，托马斯·詹姆斯·沃特斯的梦想，在明治十年十二月已经实现了。然而虽说竣工，但并不表示已经完善。砖结构住房的内部工程交给了住户按自己的喜好实施。此外，如果按照"城市要等有了居民，才真正算是城市"来考虑的话，银座是在砖城建设完成以后，才开始成长为日本都市的一部分的。从伦敦移植过来的乔治王时代风格的街道，沐浴在明治十年的阳光下，吸收着银座这片土地的养分，究竟结出了什么样的果实呢？

作为文明开化之城

明治七年六月，从银座一丁目第一号连排屋起，砖结构住房开始按照顺序向民间出让。有些店主接手的店面，依照西式房屋的装修风格，在店内设置货柜、柜台等，在店铺门面前安装装饰了拱券、西式花纹等的玻璃橱窗，在砖造的屋檐下悬挂灯具，争相向西欧风格转变。大多数商人还是将进门处的台阶铺得高高的，采取围绕结账处设置的坐卖模式，在门面前插上檐板、挂起门帘，有时还加以小型的唐破风。砖造的屋檐前门帘随风飘动，托斯卡纳式列柱后面的炭盆桌上，则冒着咕咚咕咚的热气。

在西式的背后，能偷偷看见日式；而在日式的中间，却冒出了西式来。随着时间的流逝，连廊逐渐被竖向划分开，吸收到了各家的店面里。列柱上贴了写有商品名的楹联，往阳台上看的话，则有印染了店家名号的三角旗在风中翻飞。但相比较之下，真正能够招来"是银座啊""是砖城啊"这样的人气的，还是悬挂着的色彩鲜艳的英文招牌。牛奶店的屋檐下挂的是"Pest Milk"（Best Milk），理发店的门前则是"Head Cutter"，西式食品店则是"Fulish. Rutter. Craim. Milk"（Fresh Butter, Cream, Milk），这些欢快的罗马字母，抢着展现自己的先进文明。

依照时间不同，店面的门口会变成剧场，白天，八音盒会在十字屋的店面门前奏响赞美歌或日本长歌；夜里，东京日日新闻社的楼上，会对着街头放映西洋景的幻灯。而街道上自然也不甘落后。当樱花与红叶在日暮时分浮现在煤气灯的蓝色光线中时，摊主和小贩便张罗起夜市。就算找遍整片街区，恐怕也找不到由东洋与西洋各自孕育出的、统一的传统街区的布置方法。

这片狭窄的地方，充满了异样的东西与形态，同使它诞生的故乡比较来说，日本与西方诡异地混合在了一起。这座整齐得有些冰冷的乔治王时代风格街区，在一夜之间，便化作了既不存在于伦敦也不存在于江户的不可思议之城。

就这样赢得了自己脸面的银座砖城，却被旅行家怀尔德（Wilder）所嘲笑："虽然勤奋地试图将欧洲的风格与习俗融入其中，但有些用力过猛，吞下了大到无法完全消化的分量。"而对古代日本怀有无比热爱的莫拉埃斯则称："自从互不相容、互相对立的两种文明有了接触，一切便变得没有意思了。"银座自然也受到了"牵连"。

作为异国人，在这座砖城里侧耳倾听，听到的均是日式与西式之间令人不快的摩擦声。明治时代的人们将砖城视作一个全新的世界全盘接受。出于爱好而描绘这座砖城的明治城市画家，将人们亲身感受到的银座空间，用画笔不偏不倚地记录了下来。比如，喜欢银座的白天的三代广重的画作，就显得明亮、开放，他用鲜艳的色彩，来描绘生活气息浓厚的空间。喜欢慵懒的午后和煤气灯之夜的小林清亲和井上安治等人，则抓住了银座在日西一体之后所酝酿出的虽然洋气却又不知从何处而来的莫名哀伤之情。两边都听不到互相倾轧的声音。个人认为，这种无法用语言描述的、过渡时期的暂时性混乱，在这座城里的确存在过。

不仅仅是城市，不知怎的，来往的人们也变得滑稽古怪起来。在散切头[1]的上面戴上西洋帽，身穿短外褂打起蝙蝠伞，皮鞋的声音回荡在砖砌的街道上。无论是城市还是居民，都处于文明开

1　"文明开化"后日本流行的短发发型，既不露出头皮（武士风格），也不在脑后束发（维新志士风格），就如现代普通的短发一般。

化的正中央。上到福泽谕吉的自由之说，下至理发店的发型，文明开化的声音响彻了大街小巷。在明治十年前后迎来高潮的文明开化之风潮，影响了这座城市的制度、文化、道德、风俗，甚至人们的行为举止。

从鹿鸣馆中起舞的达官显贵，到市井工匠，乃至村夫子，在受到这股风潮的影响之后，没有能够岿然不动的。既存在奇特的混合，又有着奇行异事，同时，所到之处也都显露着"消化不良"与不均衡的迹象，这种闻所未闻的情景足以写成一本书。就像大正时期的人们一样，要将这种风潮作为一种肤浅的风俗来谴责、打倒，是件很容易的事。

如果想到没有文明开化的明治维新会有多么黯淡，那么就会明白，坚定地讴歌自己有多么开化的这种能量席卷里巷，甚至空旷荒凉的乡下，才是应该令人振奋的。可以说这是一种"在山峰之高，望山坡之广"的光荣的文化运动。

对于这种讴歌文明开化的心情来说，充满了各种物品与形态且混合了西洋与日本的银座街道是人们期待已久的大型露天舞台。随着这座舞台的开幕，就连白丁也懂得了文明开化的概念。人们仅是往来于街道之上，便成为充满活力的、文明开化的演员。回归地方或回到自己岗位上的新人演员，下一次若是作为舞台导演，分别推动创造出自己的小舞台，也毫不奇怪。

今天在各地还多有遗存的开化风格（又称仿西式）建筑，或许可以证明这一点。作为开化风格的代表作而声名远扬的松本市旧开智学校，在门前挂上了"天使的匾额"，这一设计，其实是原封不动地挪用了位于银座中心地段的东京日日新闻社报纸封面上的版画。或许可以说，文明开化最大的作品，便是银座砖城。

先是有了超越封建城市的商业街，后又成为文明开化的空间，凭借这两大功劳，银座砖城规划或许可以一直骄傲到今日。产生如此广泛影响的城市规划，在历史上也不过仅此一例。

第二章
江户防火方案
——明治时代第二个十年的东京防火规划

渐烧渐旺的江户火情

日本城市是因木而生的，一场大火可以令城市中经年累积的成果于一夜之间化为灰烬。但讽刺的是，在历史上，大火也孕育出了许多著名的城市规划。令江户（东京）得以一跃成为世界最大城市之一，与伦敦比肩的契机——明历"振袖大火"（1657）就是典型代表之一。此外，近代也有明治五年的大火催生银座砖城规划的案例，大正时期的大地震，更为今天的大东京打下了基础。但这样的案例毕竟是少数，大部分火灾只会在转眼之间烧毁成千上万的住房。而顺着西北风从山手地区往下町蔓延，直至穿过大海才停歇的冬季江户大火，则尤为臭名远扬。由于冬季的火灾实在太过频繁，江户儿女们便破罐子破摔，态度一转，把"耻"说成是"花"。至于这朵"花"开的情状，看看享保十一年（1726）在日本桥通油町里挂起门帘营业的五金商户汤浅商店便能知晓了。在到明治元年为止的 142 年里，它总共遭遇了 6 次火灾，可以说是差不多每 24 年便遭灾一次——每次都是在刚积攒了点财富之时，便因大火而化作了灰烬。

面对这样轮回反复、望不到平息之日的大火，自然也产生了与之对应的机制。为防备火灾，外大街上的大型店铺早在深川木场储备好了加工好的木材。这样一来，一旦出了事，第二天便能早早地将础石上的余烬扫去，并在其上竖起柱子，然后架上梁、盖起店、从河边的仓库运来货物，争先打开大门、招徕顾客了。而住在里巷长屋内的工匠和挑扁担的小贩，也丝毫不吃亏。一方面，火灾一来，此前长期拖欠房租、整天说着在等待时来运转的人就可以赖掉房租，带着一只工具箱和一根扁担，逃到别的城市去了。另一方面，火灾过后的现场遍地都是工作机会，就像烧毁的木桩一样多，因此，木匠、泥匠、高空工人、瓦匠、榻榻米师傅、装裱师、家具师傅等靠熟练手艺吃饭的工匠多了许多赚钱的机会。不仅如此，即使没有手艺，只要肯出力气，靠收拾烧毁的地面也能赚点小钱，甚至连小女孩也可以靠捡地上烧过的钉子之类的废弃材料赚点零花钱。可以说，之所以建筑工人在江户城市人口中占比极高，便是因为这几乎"全年无休"的火灾。对于材料供应商等各类建造设备商来说，大火更是无法生出怨恨的商机。如上所述，江户火灾实际上承载了许多人口与货物的流转，甚至可以认为，对于封建城市来说，这种建了烧、烧了建的循环，或许已经成为一种牢不可破的社会经济系统了。此外，与世界上的各种体系一样，在这种体系诞生之后，反而更难以否认江户时代火灾的必要性了。甚至有传言说，找不到工作的工匠竟然期待着在喧嚣的西北风里能掺杂有警钟的声音。而起火的缘由多为原因不明或纵火，也并非与这类事情无关。或许，火灾才是封建城市最大的"产业"。诚然，幕府虽然完善了大名宅内灭火、街头灭火等消防制度，在河边仓库、胡同等处设置了防火带，还普及了瓦屋面、仓结构等防火建筑，但仍没法拴住这匹四处奔窜的"红色骏马"。人们渐渐迎来了幕府末年的混乱迷惘期，但大火却依旧渐烧渐旺。

新政府的力量

　　在这样的情形下，感应到新时代即将来临的思想家们萌生了一种想法：要从无尽的循环当中，解放出被无端消耗掉的人与财富，从而开启新的经济活动。以幕府末年重商主义经济思想家这一身份而知名的本多利明，很关心城市的防火事务，亲自提出了铁质瓦与石结构住房的具体方案。而本多利明开创的这种将城市规划作为经济思想的一个分支来考虑的方法，在进入明治时代以后，被自由主义的经济思想家们所继承。代表人物之一的田口卯吉就提出要制定一份详细的防火方案，把住房、街道规划等各方面都考虑进去。从今天的视角来看，本多利明、田口卯吉这种倡导培养日本资本主义的思想家，竟然愿意在区区防火问题上投入大量精力，或许会显得有些奇怪。但也可以认为，正是因为他们在为新的经济铺路，才清楚地看到了遏止这种如章鱼自食其足一般的恶性循环的必要性。在江户更名为东京之后，火灾丝毫没有改善的迹象，反而像是在挑衅一般，烧得更旺了（参考图20、21）。面对这一现实，新政府全力防火，无疑也是出于与本多利明、田口卯吉相同的想法。在那个时代，无论是工业领域，还是教育、军事领域，都在寻求着新的人口与财富。而新政府为了成为称职的新政府，也不得不展现出比火灾更为强大的力量来。

　　明治维新以后，以被称为"火灾老巢"的东京中心三区（日本桥、京桥、神田）为舞台，新政府进行了几次试验性的防火规划，列举如下：

银座砖城规划（明治五年）。虽然最终的目的变成了将城市与街道欧化，但最初，这个规划是为了防火而诞生的。

神田福田町火灾旧址规划（明治六年）。东京府下令将烧毁旧址上的面向大街的建筑的结构限定为仓结构，将里巷的屋顶限定为瓦屋面，但并不清楚这一命令究竟在多大程度上得到了执行。

神田黑门町火灾旧址规划（明治十一年）。东京府发布了公告，在两处烧毁旧址上规划了砖结构和仓结构的防火带，其他地区则将屋顶限定为瓦屋面。前一项基本实现，但后一项基本没有得到遵守（参考图22）。

火灾保险制度（明治十一年）。大藏省筹划，由政府在东京的中心地区强制性引入火灾保险制度，但并未达到立法的程度，在明治十四年被中止。

日本桥箔屋町火灾旧址规划〔明治十三年（1880）〕。东京府以砖结构仓库构成的防火带为核心，制定了包含道路拓宽、运河开凿在内的旧址再开发规划，但由于东京府议会的反对，未能实现。

神田桥本町贫民窟清理规划（明治十四年）。因松枝町火灾而被烧毁的桥本町一带是著名的贫民窟，因此，东京府在颁布瓦屋面的屋顶规范之外，还一同制定了贫民窟的清理方案，在同年实施（参考图24）。

东京防火令（明治十四年）。东京府发布了将中心三区的主要街道及运河沿岸的住房限定为砖结构、石结构或仓结构的路线防火制度，以及将其他住房限定为瓦屋面屋顶的条令，下令对无法实现这些规定的既有住房进行改造，于明治二十年完工（参考图25）。

由上述可知，以防火作为中心任务的城市规划，并非贯穿了整个明治年间，而是集中在了明治时代的第二个十年，并在这一时间段内结束。这个时间点，刚好接上银座砖城规划的完工。我们不能认为这只是偶然。当时，砖城规划在可以实现的条件下，被赋予了这样一种梦想：不应该仅止步于明治五年二月的火灾旧址，还应该扩展到整个东京府。若不是出现了空置房频发的事态，或许每发生一次火灾，乔治王时代风格的街道便会向市里扩张一点。这样一来，明治时代第二个十年的防火规划也就不会有出场的机会了。留下惨痛赤字并将砖城规划视为一次失败的政府，选择舍弃性价比较低的市区欧化，将精力集中在必须实施的防火规划上来也是理所当然的。因在砖城规划上的步子迈得太大而摔了跟头的新政府，在明治时代第二个十年制定了防火规划。这正是新政府往回退一步，设法重新振作的结果。

由前文列举的七项防火规划内容来分，可以将其归纳为明治十四年东京防火令所引起的防火改造，在福田町、黑门町、箔屋町、桥本町等火灾旧址上进行的不可燃烧化重建，以及火灾保险制度三项。三者齐头并进，在事情的发展及人员上存在共通性，因此大体上来说是三位一体的方针。可以说，这一方针与火灾发生之前的预防措施、发生后的重建政策，以及资金源的确保、疫情对策等相似，是一项了不起的政策。下面，我将分别对这三项内容进行介绍，不过篇幅会有所不同：在火灾保险制度方面，会讲得稍微简单些；在火灾旧址重建策略上，则重点选取富有个性的箔屋町与桥本町来讲；而在防火改造上，讲得稍微详细些。

火灾保险制度

保罗·迈耶特的强制保险理论

最早主张在日本建立火灾保险制度的，是大藏省雇用的外国人保罗·迈耶特。他在明治十一年出版了供"当局君子所参考"的《日本住房保险论》，"为了让各行各业发展壮大"，陈述了由政府实施强制保险的必要性。收到这本论述后，大藏卿大隈重信便向大藏省、内务省、警视厅、东京府要求推举委员；十二月，便在大藏省内设置了火灾保险的调查部门，并以保罗·迈耶特为主导，开始制定策略。进入明治十二年，为了获得基础数据，首先进行的是住房实际状态的调查。东京府吏们手持尺子前往东京 15 区，将该区域内的主体房屋、仓库、储物间等 253 844 栋建筑分为砖结构、石结构、铁结构、仓结构、涂屋结构、木结构西洋做法、木结构瓦屋面、木结构木板屋面、木结构杉树皮屋面、木结构茅草屋面、木结构金属屋面、木结构玻璃屋面（日光室、天窗）、木结构纸屋面（沥青纸）、木结构麻布屋面等多个类别，同时对层数与面积进行了认真调查。即便是现在，也没有比这次住房实态调查更烦琐细致的调查了。从中可以看出当局的决心。随着调查的开始，外部的议论也扩散开来，比如田口卯吉的《东京经济杂志》、末广铁肠的《朝野新闻》，就对国营的强制保险进行了非难。大藏省并不在意。明治十二年十二月，大藏省按照当初的设想，决定创办火灾保险局，并商讨了以政府强制实施作为宗旨的政策细节。按照住房调查的结果，保险费用的计算采取地区浮动制与结构浮动制并行的模式。各地区的排位，以中心三区作为第一区，分成三个等级。结构的排位，则从砖、石、仓结构到木结构草屋面为止，分成五个等级 [1]。大概是为了等待计划对既有住房进行防火改造的东京防火令的发布，直到明治十四年七月，大藏省才将法案提交给太政官，请求裁定是否可行。在这之后，大隈重信却因为明治十四年的政变而失势。因此失去了原动力的大藏省，无力说服对国营方针持非难态度的内务省，以及对法案持否决态度的参事院反对势力。明治十五年三月，火灾保险的法案被驳回。

就这样，烧毁住房重建项目的资金源便断绝了。对火灾保险制度终于开窍的松田道之的"遗孀"波鹤及柳川清助等人，在 7 年之后，创办了国内首家民营东京火灾保险公司（现为安田火灾海上保险公司）。考虑到这一点，以上经过也并非徒劳一场。

1　前文提到东京 15 区"253 844 栋建筑分为砖结构、石结构、铁结构、仓结构、涂屋结构、木结构西洋做法、木结构瓦屋面、木结构木板屋面、木结构杉树皮屋面、木结构茅草屋面、木结构金属屋面、木结构玻璃屋面（日光室、天窗）、木结构纸屋面（沥青纸）、木结构麻布屋面等多个类别"，这里将其分为"从 X 到 Y"五个等级，"砖、石、仓结构"是第一个等级，"木结构草屋"而是第五个等级，原文中间省略了三个等级。

火灾旧址的重建

砖结构防火带——箔屋町旧址重建规划

在银座仍然门可罗雀的明治十二年十二月十二日，继由利公正、大久保一翁、楠本正隆之后，松田道之出任了知事一职。但仅仅在四天以后，仿佛是要挑衅这位内务省难得一遇的被誉为"明府""良二千石"的地方官的登场一般，日本桥箔屋町发生了明治维新以来最大的火灾。火势借着西北风扩散，吞没了79个町，越过了大川[1]，一直到佃岛才停止。松田道之立即向东京府、工部省、警视厅、东京府议会要人，并任命了委员会，对烧毁土地上各建筑的建设方法进行调查。明治十三年一月，委员会便给出了旧址重建的最终方案。内容包括道路拓宽、运河开凿、桥梁改架与屋顶规范，虽然范围涉及较广，但正如"其事业最紧要之处，乃以此防火线为首"所解释的一般，其最重要的内容，在于接下来的防火带建设（参考图23）。

1　大川，即大河，是东京人对隅田川流过东京的下游部分的俗称。

吸取此前遭受各类危害的教训，斟酌各地区之便利，只有建造坚固的砖结构仓库这一个计策。按照该方案所定路线，沿街衢北侧收购深为六间、长三百三十间之民间土地，在往来街道旁再留出九尺通道，建设三十二栋长宽三间、梁高两丈的砖结构仓库（共九十六户），在九尺通道及街道之连接处新建水沟，栽种树木，以适当距离设置水井十六口，每隔二十间至二十五间立一架路灯。于其仓库内部留六尺余地，以通水沟。以上建筑若预备作为货仓出租，则切不可允许人居住。（《明治十三年一月东京府临时会乙号议案说明》）

以上所述的砖结构、通道、行道树、路灯的组合，虽然让人感到了三年前刚刚完工的砖城的余温，但松田道之的两大计策——在仓库前方设置宽阔的道路，以及在背后挖掘水沟、止住火势，却并非什么新鲜事情。在江户时代，市内沿运河的河岸仓库之间，山墙面的封檐板成排相连，本就已在仓库的功能之外起到了防火的重要作用，可以说松田道之就是借鉴了这一思路。在资金源上，预备发行政府债，并计划通过地方税来偿还。而在建设的体制上，则希望实现彻底的直营，由东京府收购地块、建设出租仓库，然后收取租金。

明治十三年一月二十三日，东京府召开了临时府会，各方人士就松田道之的提案展开了热烈讨论。比如，就砖结构与仓结构的优劣而言：

伊藤彻（东京府一等属） 若论砖结构与土仓孰者坚固，（砖）在搭建方法与烧制方法上，皆各有粗细之别，但由于近来此工种亦渐渐趋于精巧，因此第一，砖结构是在地基上铺设石材，在其之上砌成的，虽然屋顶有木头，但除此之外并无木材，因此在长久保存的方法上，必没有什么能比得上砖房，另外……应知，即便遇火，砖仓库也能屹立不倒。砖结构仓库目前在东京府区域内仍然较少，但可以与日式仓库相同之价格建造，至于干湿，据说到砖缝干燥为止，需要半年左右的时间，但之后便会干透，绝无湿气……

（土仓）价格与砖仓库相比，就高两丈的日式土仓库而言，若要建得十分坚固，则与砖结构并无高低之分，预计皆为八十日元左右一坪。(《明治十三年一月东京府临时会议事录》)

对于这种砖结构优越论，府议则表示：

福地源一郎 我认为应以日式土仓代替。若做成日式土仓结构，则必可保证建成效果十分牢固。关于此事，向相关人士详细询问后，证明以八十日元一坪的价格，绝无可能建成砖结构的仓库。首先在砖块的烧制上，每窑烧制的砖中有从一号到五号之别，离火最近的最为牢固，乃为一号，离火稍远的则较脆，二、三、四号以此类推。而由其硬脆之别，其用途也各异……砖结构仓库若使用一号、二号，则必可保证耐火、适合长久保存，但绝无可能仅以八十日元完成……时至今日，世间也仍可耳闻那些对银座砖房缺陷的批评。这些出租仓库，在以后，必定也会落得像今天回顾过去一样的下场。相反，从完成效果来说，日本的土仓，则着实可称得上十分精巧了。（同上）

结果，仓结构以低廉的价格与精妙的技术"获胜"了，福地源一郎的意见得到了采纳，砖结构被改为了仓结构。

声名远扬的论客们，就这样将舌战的锋芒，拘泥在了这些具体的方面上。在这种情形下，府议安田善次郎也插了一脚，对东京府的直营方式本身提出了非难，主张通过民间的公司来推动这个项目。

安田善次郎 此公司应暂名为石土仓库建筑承包公司。虽为预防将来火灾之公司，但仍乃得府会决议所创办之公司。营业上以二十年为一期，股价定为一百万日元金禄公债，相差之二百五十万日元，则应通过筹款获得。此公司之宗旨是沿府厅所定的火灾预防路线，在道路上建造店铺仓库，以公债证书作为抵押，然后以七朱[1]之利息向新建的店铺仓库放贷……

此公司要向股东筹款，有两种方法。第一种是将公共基金的公债作为股东，从地方税那里申请一万日元的资助……或者，就私人公司的方法而言，与之前的一百万日元相同，将另外二十五万日元也通过当下筹款获得，每年从地方税处获得两万日元资助，以每

---

1 朱，或铢，日本江户时代的计价单位。1两为4分，1分为4朱。

年六朱之利息贷出。此外，在地方税上，若桥梁道路可加以利用，则同样应该贷出。（同上）

这里所说的公共基金，指的是旧町会所的储备基金，此时正处于府会的管理之下。公司业务虽以投入防火建筑的低息融资为主，但正如公司名"石土仓库建筑承包公司"一般，在箔屋町火灾旧址一事上，"于此种状况之下，应通过公司的形式进行建设"，因此也包含了一些建筑业务。

安田善次郎不仅对松田道之提出的直营方式颇有微词，而且在由出租仓库构成防火带的议题上也声称，要是在商业地区的正中心布置一片萧瑟冷清的仓库，将产生不利影响。但对于府议中其他人所说的，比如"应废除出租仓库，让河道穿过最为适宜"（青地四郎左卫门语）、"若废除出租仓库，将此处作为基地，种植绿化、横穿水沟，则最适于防止火灾发生……若大量种植树木、做成如同公园一般，则平日可用作儿童游戏之场所，有附加之益处"（丸山传右卫门语）等这种江户时代以来颇有实力的商人所抱有的、非常典型的田园牧歌式的想法，他也并未同意，他的主张是将防火带做成仓结构的普通商铺。在布置上，他也避免了像松田道之所提议的那样，将房屋笨拙而机械性地插入城市当中，而是沿着既有的中心街道，增加仓结构的覆盖面，以实现防火与商业发展的"两得"（参考图23）。之后，府会针对安田善次郎提出的方案进行了数次审议，比如，决定不将公共资金作为公司的资金源并向民间募集股份。不过在最终结审时，府会基本保留了安田善次郎方案的内容。

然而，府会经过持久战确定的安田善次郎方案，实际上不过是参考意见。当时，府会对于东京府的项目并无决定权，项目全权交予知事独自判断，知事也不过是向府会询问意见而已。自然，关于对没有决定权的事项进行审议一事，在大会一开始，便有人提出了疑问，但当时的东京府议会创建时日尚短，议事、运营的流程也不太清楚，因此导致了一经要求便改变主意的结果。

知事则完全无视了审议的结果，自行向内务卿提出了方案，内务卿立即向太政官禀报，决定选取松田道之的方案。

要将方案付诸实施，还必须经过另一道手续：为了偿还松田道之方案中作为资金来源的政府债，需要使用地方税，而府会拥有对地方税用途的决定权，因此无论如何都必须经过府会的审计与同意。松田道之在五月二十日召开的例行府会地方税预算审议会上，将政府债一事与项目规划一同提出。面对完全无视府会选定的安田善次郎方案的松田道之方案，议员们的反应自然也十分冷淡。

沼间守一 就这次的新项目来说，本人绝不认为是无法放弃的东西，反而认为是可以放弃的项目。既已承认是可以放弃的项目，那么自然应该休止，以求缩减税额。(《东京府例行府会旁听日记》)

东京府当局的拼命游说只落得了一场空，结果"没有人赞成维持原方案。当议长改为询问持放弃意见的人时，所有人全体起立，一致通过"。这无疑是非常惨淡的落幕。如果说府会认真地审议了连决定权都没有的规划方案令人感到十分奇怪，那么知事也全然不顾地方税的事项需要过府会这一关，对府会的意向充耳不闻、更不做多数派的工作，在今天看来无疑也是十分不可思议的。知事在府会中并无所属的政党，府会中也没有政党或政派，仅仅靠福地源一郎、安田善次郎、沼间守一、福泽谕吉、田口卯吉等知名的个性人物运转，这或许正是议会在初创期里乱象纷纭的其中一幕。

虽说结果两败俱伤，但值得注意的，却是松田道之方案与安田善次郎方案之间不同的地方。前者为了追求防火的效果，在城市的正中间规划了一片由政府运营的仓库地带，从土地的收购到经营方式，追求的是全部由东京府负责的直营模式。可以说完全像建设收费公路一般，是以行政为中心的纯技术性规划。后者则相当重视城市的特色，其提案的内容，包括通过民间公司的技术与资金建设仓结构的商铺而非仓库，可以说是一份以振兴民间商业为中心的规划。安田善次郎以明治时代登场的一名新式工商业人士的身份而知名，是一名仅次于涩泽荣一的终身对城市本身抱有深切关心的实业家。他自然地站在了知事所提出的从上而下、技术为先的规划方案的反面，期待着通过民间公司，用人们自己的双手来改变这座城市。安田善次郎的石土仓库建筑承包公司的构想，可以理解为是延续了明治五年银座砖城规划时大藏大丞涩泽荣一尽全力想要创办东京租房公司的想法。两者都是为了推动城市的防火而进行融资与建设的民间公司。当安田善次郎在议会上被问到公司资金的用途时，他回答："在与某些人商谈后决定，到25万日元为止，需要有股东负责人在。"这里的"某些人"指的便是汇集在东京商法会议所（现为日本商工会议所）中的安田善次郎的伙伴益田孝、大仓喜八郎、岩崎弥太郎等人，"股东负责人"指的则是东京商法会议所的会长、第一国立银行的领导——涩泽荣一。如此，便一切都可以说得通了。这座城市里的新兴势力已经萌芽。

明治的贫民窟清理——神田桥本町的情况

明治十四年一月二十六日，从神田松枝町溢出的火焰一路向东，在吞噬了多个街区后，泄入了大川中。虽然不过是三四年一度的、难以避免的冬季江户火情，但这次与以往不同，烧毁旧址的中心，正是人们皆有耳闻的贫民窟街区桥本町。江户时代的贫民窟，一直延续到明治时代，大多位于浅草、深川、本所、外神田、四谷、芝等地的周边区域，呈环绕状展开，仅有几处是混在东京中心三区内的。其中，神田的桥本町就位于与主要街道本町路内侧紧邻的位置，于名于实，都可以算是"贫民窟之王"了。

贫民窟在烧毁之前的情况如下：

> 神田区桥本町向来作为底层民众辐辏之处，其居住、营业之人大多经营柴火钱旅馆[1]之类，搭建矮小简陋之住房，以极低的租金租予贫民。而在此留宿之人，也形成了整日在各地乞讨的风气，让此地变作无户籍也无固定职业之人的巢穴，众多人员混住于狭隘的单户住房中，其不洁、不体面之样貌，委实难以名状。时至明治维新后的今日，其据点也无法一举清除，因此前些年恶疫流行之际，该地疫情尤为突出，几乎尽数遭受无可救药之重创，甚至对一般卫生也造成了不小影响。
>
> ……………

---

1 柴火钱旅馆（"木赁宿"，又称"木钱宿"），如字面意思，是只提供落脚处、需要自行生火做饭的群租房。

在此地之外，虽亦有同样之处，但再无污秽更胜于此之地区。于街坊内部尤甚，虽有着与外部相称的房屋，但一到内侧，则俱为小民杂居之地。调查其实际状况后，发现一家内有四五户合居，多为原本唤作"愿人"[1]的无固定职业之人，其中还包括人力车夫等，总体来说，即是没有任何固定的营生。

……………

邻近居民已经反复投诉，其事例不胜枚举。举实例来说，马喰町曾有一部分地界延伸进桥本町中，在欲将其并入桥本町之时，甚至到了有人不愿为此町名蒙羞而提出希望撤销的意见的程度……陈情何故，则是因为之前计划在桥本町等地的澡堂中设置特别澡堂，令其为此前遭受过火灾的避难所内的穷人分发洗澡券，但避难所近处的澡堂却不认可桥本町的人进入。如此，便可看出桥本町中人有多么惹人生厌了……（《明治十四年东京十五区临时会议事录》）

以敲着木鱼、学僧人念经乞讨的愿人为中心，城市里的贫民、穷人、底层人都汇聚在了桥本町中。

在大火过去、尘埃尚未落定的三天以后，松田道之便为了商议桥本町的重建规划召开了临时府会。明治十三年，为箔屋町火灾旧址规划而召开的临时府会并未成功，但这次已经预先决定好使用公共资金，且全部决定权集中于管理公共资金的府会。

1　"愿人"，又称愿人和尚（"愿人坊主"），江户时代看门、卖艺或替人代行参拜、修行、除垢仪式等事务的街边闲杂人员。

在议长宣布秘密会议开始后，松田道之首先叙述了该项目的目的：治理卫生状况，预防火灾，以及维护东京府的体面。随后，书记宣读了议案，核心内容为：

> 此次应收购该地块，作为十五区之公共土地，出租予从事普通行业之人，一洗向来之陋习。则购入该地之费用概算如下。
>
> 由桥本町一丁目至三丁目为止，私有地六千六百五十坪三合[1]。此收购费用预计为六万七千五百零三日元，每坪价格约为十日元。（同上）

关于如何清理贫民窟，如何进行不可燃烧化的具体规划等内容，在回答议员们的问题时，也逐渐明确。

伊藤正信 既已问及桥本町的前景，是希望它能够变成一片寻常的、一般的街区。因此，应规定只贷予建造寻常住房之人，不贷予建造矮陋住房之人。如此，像那种付一晚二钱房费的人自然不会再来，它将自发变为良民之城区，地位也将上升，对于土地所有者们来说应当也是有利的。因此，我对于收购这片城区、将从前陋习一扫而光的这一方案表示同意。（同上）

若像东京府的规划一般，不允许将地出租给柴火钱旅馆经营者的话，那么桥本町确实会变为良民的城区。将贫民驱逐出桥

---

1 1坪为10合，1合约为0.33平方米。

本町，便可万事大吉了吗？对此，府议这么说。

益田克德 这片城区的不洁之状，毕竟是在当地居住的人之行为所造成的，现在将他们迁走，他们应该又会移住到其他城区去。该如何防止其害呢？（同上）

对于这一问题，东京府的考虑是：

伊藤正信 说到在这里居住的人之后又将去往何方这一问题，并非不担心其他城区也会受其害，但其他城区内也有芝新网町等此类贫民居住之地，然而大多既不抱团，也没有造成这样的危害，故其目的，着实应为令其分散居住。即便离开了桥本町，也不一定就能建起更多这样的地方。而现在也不会再有这种面积既高达六千六百余坪，又可以移住的地方存在了。即便说又有作风奇异之人，在此以低廉的价格租下土地，也必定难以再次聚集起来。（同上）

让聚集在一处的贫民，像烟囱里的烟一样，广泛地"分散"到府下各地——对于东京府的这一想法，府议道：

条野传平 收购桥本町的大概意图，是要让该地的人散开居住。说来，这些人，比如经常来三河町讨要陆军剩余伙食吃的人，简直是不洁之极。其职业大多是在路边说书，又或者是在路上边走边叽里呱啦念经的愿人。这种风俗又波及近邻，那一带的儿童多能将荒木又右卫门或者宫本武佐志的传记倒背如流，但不会背五十音歌。现在若是让这些人散居，便会像衣服上沾了虱子一样四处传播、蔓延，难以计数。因此，应将这些人送出朱线[1]外，注意不让他们进入都城内，另设一处令其聚集居住。（同上）

条野传平提出了在郊外将这些人"包围"起来的提议。

结果便是决定将桥本町整片全部收购，并且根据租户的选择，对贫民窟进行清理。

关于不可燃烧化的重建，面对希望建立桥本町特殊的建筑规范的议员，东京府则表示，将采用计划近期公布的东京防火令，并获得了认可。

当局在秘密会议结束后，立即开始收购土地，在明治十五年二月便获得了所有地主的保证。在地主当中，有 13 人希望继续居住在桥本町，当局让其保留自用地，其余则全部收购。在整片城区的 6 650 坪中，除属于地主的 879 坪之外，相当于全部面积88% 的 5 771 坪成了"公共资金"所有的土地（参考图 24）。

对于这种重建的动作，桥本町往日的经管人可不会保持沉默。这些经管人，在江户时代也被称为房东（并不一定意味着住房的所有者），是受地主或住房所有者的委托管理出租地块或房屋的人。他们除了选择租户、收取租金等本职工作，还拥有对租户日常生活进行保护或干涉的权利，在行政上，也起到了传达公告内容等作用。在一般的城区内，他们在出租者与租户之间起到了

1　朱线（"朱引"），江户时代由于城市扩张而特地在地图上划定的大江户范围界线，与表示江户中心城区的墨线（"墨引"）相对。

巧妙连接的作用，然而在桥本町这样的贫民窟内，他们收租时毫不讲情面，还在背后藏匿罪犯，或者介绍卑贱的职业，简直成了贫民窟罪恶的主宰者。有两三名这样的经管人提交了以下这份请愿书。

　　神田区桥本町一处，向来多为贫民之住居……由于贫民之多，故人员转移与新旧交替亦自然更加频繁。以往被冠以经管人及总代理人名义之人，不仅将贫民视为异种，并且在当地居民中接收无亲眷之人、曾进过收容所之无户籍者，或既已入籍同居者都不在少数，其中更有甚者，以金钱进行贿赂等，实乃其他地方不曾所见。因此，在地主的经管人中，纵有少许有志之人，皆频频提出协议，欲数次一洗其弊，但终究难以了结，故通过地主经管人之间投票，将不肖之在下作为总代理人。因来日尚浅，难以完全矫正其弊，亦未到可以进行完全清洗之阶段，故我等亦处于日夜慨叹之境地当中。然而本次，由于当地全部由您等收购，经管人亦相继随之废除，私以为洗涤旧弊之机正在此时。深思熟虑，则从前之经管人往往为私利汲汲营营，不考虑民众之难处，原因无他，但因其无恒产也。故正值当下之机，为我等预留一千五百日元之保证金，并如以上所述，在右町中央方便各方之处设置处理所，您等出租之地钱，及公共建筑住宿费之收取，乃至偶尔传达布告皆不在话下，下水、屎尿、垃圾等物的处理，亦按照您等规矩，直到清除这种对人身健康有所损害的难堪状况为止，必将仔细加以注意，全部一手

负责……（《桥本町原分配人请愿书》）

请愿书中说要反省此前的恶行，并从今往后设置特别中心，以协助进行分配事务——对于这种厚脸皮的愿望，东京府自然无法同意，而是在地主中指配了三名，作为新的经管人。

从七月起，当地便开始了出租与交房，新的居民住了进来。比如，若查看到明治十五年十二月为止的租客职业，则会发现工匠占 54%，商人占 40%，所营多为二手工具店、旅馆等，不再有从事柴火钱旅馆等贫民窟固定行当的人在此租住。正如"本次，如同以下另附意愿表所示，于申请租借土地之时，将仔细调查本人身份，并限于工作勤勉之人，有犯罪等行为之人排除在外，亦不接待不适当之低廉行当"所记述的一般，可以说这是对租户进行严格筛选的结果。最终，桥本町升级为工匠与小商人的城区，实现了清理贫民窟的目标。

不可燃烧化重建又做得如何呢？根据东京府所说的桥本町即将遵守的东京防火令，桥本町一带属于需将屋顶改造为瓦屋面的区域。而在实际建成的住房中，占大多数的则是标准更高一级的涂屋结构，其次为木结构瓦屋面。可以说在东京府的指导下，这片区域住房的防火等级已经高于东京防火令的要求了。与火灾之前占多数的木结构木板屋面相比，这无疑是巨大的进步。此后，在明治与大正时期，贫民窟问题被多次讨论，但桥本町的名字却再也没被提起过。

然而，或许是因为比"日本的贫民窟清理始于关东大地震复兴时期的同润会[1]"这一通行说法早了半个世纪吧，松田道之的

1　同润会，关东大地震后成立的组织，致力于推广建设抗震的公寓住宅。

功劳被遗忘在了历史的尘埃中。而仿佛与其时机上的突发性相称一般，松田道之的计策在赋予稳定的职业、给予义务教育、改善环境等方面，也与同润会之后一直延续至今的贫民窟清理思维有着巨大的差异。松田道之在众多贫民窟中拿桥本町开刀的原因，正在于"维护东京府的体面"。府议沼间守一的意见也与之一致，他表示："贫民自然会居住在偏鄙之处……大概与府厅之考虑并不相同。若非如此，则由我方提出意愿，希望不要在此繁荣昌盛之地，留下如此不洁之景象。"明治十九年（1886），向桥本町学习、同样按照将土地全部收购的方式完成的四谷原鲛桥町的贫民窟清理，同样让赤坂御所的周边看起来更美观了。在封建城市中，在主要街道的出入口故意布置贫民窟的例子并不少，也未被认为是一种羞耻。或许，将贫民窟遮掩起来的想法，是在开国之后，日本当局开始在意欧洲对自己的看法后才产生的。将东京府的体面作为主要目的的桥本町规划，可以说是非常具有明治特色的贫民窟清理方案了。

明治十四年的东京防火令

火灾旧址的不可燃烧化重建，以及火灾保险制度原本的意图，都是想将把东京冬日的天空据为己有一般、四处驰骋的"红色骏马"给拴起来，但事实上，这些都不过是局部的处理措施罢了。在人们面前展开的，仍然是一片木结构住宅的海洋。对既有住房进行防火改造十分困难：当时东京 15 区内的木板屋面、茅草屋面住房大概有 7 万栋，至少需要将住宅密布的旧三十六门内（日本桥、京桥、内神田、麹町）的 3 万栋住房换成瓦屋面，并且将中心三区主要道路沿线的建筑都改造为砖、石、仓结构，以进一步巩固防火线。在松田道之以前或以后，都不曾有人敢染指"既有住房改造"这一违背既定事实且毫无胜算的行政工作。

东京府知事松田道之的提议

松田道之在花了一年时间准备之后，通过内务卿与大藏卿，将防火改造的法案呈交给了太政官。太政官对此表示认可，称："连在个人所有的土地上建造住房都加以限制、不允许各土地所有者自由行事的话，从理论上来看，虽然不免会损害其基本权利，但若考虑到公共利益，那么限制个人的权利则是有必要的。"明治十四年二月二十五日，警视总监桦山资纪与东京府知事松田道之联名发布《东京府公告甲第二十七号》，明确"为防止火灾于东京之市区蔓延，特此宣布以下规定条例"。这项公告被称为"明治十四年东京防火令"。

防火令共 9 条规定，内容包括路线防火制度与屋顶规范制度。路线防火制度的第一条，是在从日本桥大街、本町路开始的中心三区范围内指定了 7 条干线道路、16 条主要运河（参考图 25），并对面朝这些路线的住房结构设定了如下规范。

第二条　于第一条所记载线路上自行建造的住房，应限定于砖、石、土仓三种结构之内，并遵守以下条例。

第一　砖石结构的外围砖厚度应为一砖半以上，石结构外围的石材厚度应为八寸以上，土仓结构的外围墙面厚度应为立柱往外三寸以上。

第二　住宅出入口及窗户应以土为主要材料制成，或使用铜、铁等不可燃烧材料……

第三　（略）

第四　沿路线之围墙或面向道路开口的门锁等结构，应全部使用不可燃烧材料。

第三条　位于第一条所记载线路的既有住房，若不适用于第二条之规范，则应于以下年限内完成改造。

第一　木板屋面，且建于烧毁土地上的临时住房，一年。

第二　瓦屋面，且为涂屋结构者，三年。（《东京府公告甲第二十七号》）

在市内纵横穿行的两三条防火路线，必定会有效扼制火势的蔓延。但它却封锁不了从空中越过防火带后随风飘下的飞灰。因此，另一条屋面规范就显得尤其重要——禁止将住房屋顶做成木板屋面与茅草屋面，以防止其沾上空中飘下的飞灰后开始燃烧。

第四条　于日本桥区、京桥区（除佃岛、石川岛外）、神田区（除神田川以北外）、麹町区内，应遵守以下条例。

第一　从今往后，新建住房（遮阳板、储物间、厕所等类别不需要）应使用瓦、石、金属等不可燃材料，并对屋面进行修葺。

第二　当前既有之住房，若不适用于此规范，应限于两年内完成改造。

第三　遭受火灾后建立起的临时住房，应限于受灾后一年内完成改造。（同上）

虽然在此前的火灾旧址规划当中，在建筑上加以限制的做法也并不少见，但最后大多落下许多空子可钻。在对此进行反思之后，这里加上了以下条款。

第七条　第二条中的新建住房，欲进行改建时，应事先向府厅提交申请表、寄予两厅长官收，待落成后三天之内需再申报，以接受检查……

第八条　若检查时不符合结构规范之住房，则应由检察人员确定期限，下令改建。

第九条　下令改建之住房，如未在规定期限内完成改建，则应下令拆除。而下令拆除后仍不予履行的，则应直接拆除，并追征其拆除费用。（同上）

以上要求很是严格，是松田道之最后的一张王牌。

政府在府厅内设置了防火建筑委员会，并任命府吏伊藤正信为干事，由此开始将防火令付诸实施。在此，我想解释一下委员会所使用的若干术语。在路线防火制度里，一年之内必须完成的木板屋面、茅草屋面及烧毁土地上临时住房的改建项目，被称为路线防火的第一期，期限为三年的木结构瓦屋面、涂屋结构住房的改建项目，则被称为第二期；屋顶规范将期限为一年的烧毁土地上住房的屋面更换项目，作为屋顶规范的第一期，将期限为两年的木板、茅草屋面住房的屋面更换项目称为第二期。

明治十四年二月，虽然已经颁布了法令，但并不意味着已经开始对既有住房进行改造。在此之前，松田道之还必须解决资金的问题，路线防火制度的住房改造费需要筹集的金额尤其高。为了免除地方税，松田道之征求了临时府会的意见，后者并没有同意，表示："防火路线上的土地，虽然受到了一定的限制，但与此同时，在相应地区走向繁盛时，商户在营业上所享受的好处也不会少，故不适用于免除课税。"于是松田道之便与大藏省商议，在大藏省的火灾保险制度中，加上关于防火改造资金的融资事项，但同样未获得同意。松田道之对内务、大藏两卿提出了以下三种方法："第一，对于在防火线路上、应该按相关规范进行建造的住房，若财力薄弱、无法自费负担建造，则按建设费用的一定比例对其提供贷款；第二，为协助火灾预防方案得到有效贯彻，令府民内之有志者且身份确凿之人数名共同申请创办一间公司，以公债证书作抵押、申请贷款来筹借本金，像前条所述，对缺乏自费建造之财力的人提供贷款。这种方法乃对本金进行贷款，故望许可；第三，若有人拿出按规范所建造的住房作为抵押，则应该向其贷款，为此，则需设立一家住房抵押银行，望许可……"松田道之试图逼他们选取其中一种，然而这三种方法都没有被采用。在无任何资金援助的情形下，规划进行不下去了。

委员会对纳入规划对象范围的实际住房数量进行了调查。沿防火路线的住房（除银座之外）多达2 986栋，其中需要进行改建的一期部分为798栋（之后变为732栋），二期部分则为770栋。在需要对屋顶进行规范的地区内，住房多达64 300栋，其中需要更换屋面的一期部分为1 000栋，二期部分达到了30 318栋。随后，委员会虽然把路线防火第一期的住房所有者召集到了一起，但"还有许多人不理解规范的意图，凭空诉苦以请求延期"，存在着诸多不满。"对这些区区的障碍，仅抱有深重的顾虑是不够的，我们还需下定决心，一定要达到最初的目的"，因此只能通过"耐心说服"来一栋一栋地推进改建。

在明治十五年二月，法令颁布一年后，很快就到了第一期的期限。距离路线防火改建方针的颁布与流通，却只过了两个月，根本不可能有什么实际成果。屋顶规范也只完成了三分之一左右。大部分的人完全不顾期限已到，采取了撒手不管的姿态。若是按照法令第九条执行的话，那么这些未改建的住房非拆除不可。芳川显正表示："当时，正是警视厅耀武扬威的时候，警视总监是桦山资纪。众人对如何处理这件事情议论纷纷，有人认为这既然是经过内阁长时间评议后通过的，且东京府知事与警视总监也已经联名公布过条款……因此不听命令的就要强行拆毁、期限到了就必须动手……甚至有人说'随便拆几间房子也不算什么'，当时警视厅的态度十分强硬。"然而，府厅不可能真的把 1 459 栋未改建的房屋全部拆掉，于是引入了延期制度，同意将路线防火无条件延期 6 个月，将屋顶规范无条件延期 3 个月；同时决定通过积金制度来计算延期期限。这一制度，对于被切断了政府基金这一融资途径的当局来说，无疑是一出苦肉计了。本来应该先得到融资、完成改造，再每年偿还债务，结果却是反过来，先计算改建的费用（如果是路线防火，便是店面宽度的间数×3×50日元），将总金额除以规定的月数（最长 60 个月，最短 24 个月），得出的数字每个月通过区役所（实际上是邮局）缴纳，待到期之后方才领取积金，以供进行防火改造之用。有了这种方便的办法，那么即使是财力薄弱的人，也能够遵守这条法律了。

就在积金制度引入之后的七月六日，可以称得上是"东京不可燃烧化之父"的松田道之突然去世。既已踏上了松田道之轨迹的新知事芳川显正，便也沿着松田道之所铺设好的轨道，踏踏实实地走了下去。

千家万户的防火改造

明治十五年八月，路线防火的第一期结束了。需要改建的住房有 732 栋，其中的 709 栋（占总数的 97%）通过改建或拆除得到了处理。而五月到期的屋顶规范第一期，则 100% 按期完成，可以说第一期全面成功。

随后，数量比第一期多得多的第二期部分，也终于在接下来的明治十六年至十七年（1883—1884）开始缓缓推进。

明治十六年情况如下所述：

无论是政府还是私人所有，未申报建筑或线路宽度犯规等情况与去年相比都大为减少。这不仅仅是因为民众理解了必须遵守这项规则的道理，也是因为他们慢慢看到了其效果。趁此机不可失之时，愈不可怠惰监管，则不出两三年，必会成为所谓的习性，由人民自发推动，予以劝诫、遵守，通过建造坚固的楼房，以达到预防火灾的目的。这正如"世上无难事，只怕有心人。"这句话所说的一样。愚以为，无须到明治二十年，便可以达到最初的目的，见到优质的成果。(《有关明治十六年内新建改建及积金之请求等实际成果所另附禀告书》)

　　就这样顺利地度过了明治十六年，进入了明治十七年。这一年是防火令实施的第三年，也是条文中所记载的最后一年。由于积金制度，真正的期限被顺延到了明治二十年的八月[1]。但积金制度也不过是随机应变的办法而已，在官方层面，还是要在明治十七年的二月完成全部项目的。委员会在这一年末，附上了实际成果表，并呈交了以下的最终报告。

1　路线防火第一期建筑，指的是木结构木板屋面及茅草屋面的建筑等，法定的改建期限虽为明治十五年二月，但根据积金制度，最晚延长至明治二十年八月。同类第二期建筑，指的是木结构瓦面建筑等，法定的改建期限虽为明治十七年二月，但根据积金制度，最晚延长至明治二十年八月。屋顶规范第一期建筑，指的是烧毁旧址上的临时住房，法定的改建期限为明治十五年二月，并无延长。同类第二期建筑，指的是木结构木板屋面及茅草屋面建筑，法定的改建期限虽为明治十六年二月，但根据积金制度，最晚延长至明治二十年八月。——作者注

表 5　明治十四年东京防火令之实际成果（明治十七年十二月）

表 5-1　路线防火住房改造之实际成果　（单位：栋）

			日本桥区	京桥区	神田区	计
第一期建筑	法定期限之内	改造完成	267	119	73	459
		拆除完成	106	110	75	291
	积金期限之内	改造完成	0	0	0	0
		拆除完成	1	0	1	2
		积金中	9	4	6	19
	计		383	233	155	771
第二期建筑	法定期限之内	改造完成	227	233	16	476
		拆除完成	69	4	3	76
	积金期限之内	改造完成	1	0	2	3
		拆除完成	1	5	4	10
		烧毁	5	0	1	6
		积金中	173	87	95	355
	计		476	329	121	926
	共计		859	562	276	1 697

表 5-2　屋顶规范住房改造之实际成果　（单位：栋）

			日本桥区	京桥区	神田区	麴町区	计
第一期建筑	法定期限之内	改造完成	494	0	386	0	880
		拆除完成	55	0	65	0	120
	计		549	0	451	0	1 000
第二期建筑	法定期限之内	改造完成	2 851	1 978	1 051	906	6 786
		拆除完成	156	178	132	65	531
	积金期限之内	改造完成	1 102	683	616	466	2 867
		拆除完成	162	141	99	104	506
		烧毁、吹坏	312	78	82	0	472
		积金中	6 404	5 684	4 306	1 445	17839
	计		10 987	8 742	6 286	2 986	29001
	共计		11 536	8 742	6 737	2 986	30001

自路线防火与屋顶规范之规则实施以来，关于前述公告中所记载旧有建筑之改良，本年度即为其最终期限。而以上建筑当中，未提出积金申请或不适用于积金方式处理之建筑，亦应于本年度内完成改造。回顾过去，路线防火的第一期改造，固处于创始之初，不理解以上规则用意的人众多，亦有凭空诉苦以请求延期等状况，故在执行上多少存在困难，特别是在全部七百七十一栋建筑当中，有四百八十栋是经过成千上万次的劝说后，方着手加以改造的，另有共二百九十一栋缺乏改建的财力，于是自行拆除。此外，屋顶规范第一期改造建筑中，共一千栋之内，有八百八十栋更换了屋面，一百二十栋进行了拆除。以当时的情况，在路线上曾一时出现空地，令人忧虑此计划究竟会成败几何。然后逐渐从其他地区迁来人口，在以上空地处建起符合规范的建筑，眼下几乎不留空余，基本达成了目标。待到路线防火与屋顶规范第二期时，需要改造的建筑数以万计，其中贫困人口所拥有的建筑亦不在少数，因此认识到一时间无法完成对此的改良，设立积金之方式，希望能够借以走上渐进改良之道路。由于无法保证在数万名土地所有者当中，全无会对期限进行敷衍之人，便当即开始每日传唤五百余民众，调查建筑面积、询问改造目的，对于有意申请积金及申报改建之人，逐一前往实地进行检查，随后下达指令。既已申请积金的建筑，面积共计二十七万五千三百余坪，积累金额相当于九十三万两千二百余日元，收入金额则达到了三十二万零二百一十八日元之多……此外，自公告以来，以上区域内新建住房共计一万余栋……完成各项调查后，屋顶规范第二期一万一千一百六十二栋建筑已完成改建，眼下，除处于积金期限中的一万七千八百三十九栋建筑外，全部提前完成了任务。此外，今年也是路线防火第二期的改造期限，其实际情况如之前报告所述，在建筑总量九百二十六栋之内，除处于积金期限中的三百五十五栋外，改建及拆除手续已悉数完结，亦可算完成任务。仍处于路线防火与屋顶规范积金过程中的建筑，尚有一万八千两百一十三户，其改建到期的时限，也在即将到来的明治十八年（1885）至明治二十年之间。以上多数建筑，虽应确保在期限内完成改良，但就实际监理的细致程度来说，前路亦非容易之事业……由于本年已经是路线防火及屋顶规范公告所规定的建筑改造期限到期的时间，因此对于事务处理的实际情况，除另附表格以供观览之外，以本段文字就此禀报。（《防火建筑委员会最终报告书》）

从以上报告与实际成果表中可以得知，在路线防火的第一期中，木结构木板屋面、茅草屋面等虽然占了98%，在第二期中，木结构瓦屋面与涂屋结构占了62%，但已全部完成了改造或拆除（包括烧毁）。因此可以认定，在东京主要的街道上与运河一边并排而立的木结构、涂屋结构住房，已有八成被改为了仓结构、砖结构、石结构，或者被拆除。这可以说是非常了不起的成绩。至于屋顶规范，可以看到一、二期加起来，总共有约41%

的建筑已按要求完成任务。在东京旧三十六门中的木板屋面与茅草屋面，已经有四成被换成瓦屋面或被拆除。回想之前木板屋面与茅草屋面泛滥的场景，完成四成建筑的改造或拆除任务已非常不错。

虽然其他房屋还处于积金的阶段，但实际上还有一栋适用于屋顶规范的住房，既未进行改造，也没有对积金制度进行响应。对于当时的状况，芳川显正如是说：

> 现在九段的招魂社那里，有一家名为松叶楼的大宅……还留在那里。不管怎么样都没有反应，宅子也大，已经给了十八个月的缓期，但还是没有动工，留着整栋房子在那儿维持僵局。于是又给了他三十天的期限，但到了第二十八天依旧不动工。因此我们对警视厅说："既然那栋房子的人怎么都不听命令，那就开始拆吧。"那家屋子的人这才下了决心，请来脚夫，在我们动手前的夜里自己把家拆了……至此方可说，我们一家住房也没有强拆，便完成了屋顶规范的工作……（《世外侯事历维新财政谈》）

随着松叶楼的消失，还未改造的住房也无一例外，以明治二十年八月为限，陆续开始缴纳积金。共计已收到了31万日元的巨款，占最终金额的三分之一。箱屋町火灾旧址这一宏大规划，曾以16万日元的金额太高为由，遭到府会的否决，由此而知，31万日元这个金额已经非常高了。

就这样，法令规定的最后一年结束了。跨过新年，到了明治十八年，委员会开始进行大量的积金追讨。对于邮局来说，积金的利率要优于普通存款，因此每个月都能顺利收上，但在1万多人之中，也难免有不付的人。比如神田的夏目次郎吉，因"屋顶规范积金滞纳、传唤亦无反应，于今日十六日，依申告方照会，即刻拘留"——被区域所辖的小川町警察署拘留。神田的吉川吉五郎，则是"上述人士由于屋顶规范积金滞纳，因此于今日依申告方照会，即刻派遣巡查，发现当前正远赴下总国沙洲打工，因此不在"。日本桥的藤宫规平连续滞纳，便如"以上为路线防火建筑积金滞纳人士，因此……以上房屋住客于十二月二十六日交易成立，因此应速往神田区神保町二番地片桐玉吉处办理得标手续"所说的一样，房产被拍卖了。

法令发布后过了六年，终于在明治二十年的八月迎来到期之日。可惜并无资料留存，因而无从得知最后的实际成果。凭借到明治十七年为止的较好成绩，以及其后积金缴纳的状况，可以认为，到明治二十年八月积金到期之时，防火改造已经完成。负责人芳川显正关于屋顶规范的回忆——"没有一个人被下了命令……4万栋全都变成了瓦房"，以及关于防火路线的记载——"设置防火路线，在其路线之上者，需悉数将屋宇改为土制（仓结构）"，都可以作为佐证。以明治二十年八月为分水岭，在之后东京的主要街道上，一片片屋檐成排相连的，便全部都是砖结构、石结构的房屋了，在旧三十六门之内，也变成了瓦屋顶的海洋。

在松田道之最后的王牌面前，火灾这匹"红色骏马"究竟有没有止住脚步呢？结果可从东京火灾历年变化图表中得知（参考图20）。根据此图表，我们可以看到一个明显的事实：明治十五年，防火令开始执行后，火灾次数便开始急剧下降并最终趋向为零。结合同时期消防能力并无太大变化这一点一并考虑，只能说是防火令的成果了。这一切，正与明治十四年二月八日，松田道之向内务卿提交的禀报书末尾所写的一样："要使后来人民免于连年灾祸，私以为必在此一举。"

新东京乃仓房之城

除了克服火灾这一原本的任务，明治十四年的东京防火令也对东京街景的变迁产生了不小的影响。以明治二十年为分水岭，木板屋面和涂屋结构开始从市内主要的大街上消失，街头被统一成了仓、砖、石这三种结构。其中使用最广泛的是哪一种呢？芳川显正在自传里描述了防火令的来龙去脉："明治十三四年间，府下屡屡失火，蔓延烧毁数万家住房，府厅及警视厅商议，设置防火路线，在其路线之上者，需悉数将屋宇改为土制。"传记中的叙述，写于项目完工后的第六年，对于几乎每天都看着这座刚刚建好的城市的当事人来说，应该是不太可能记错的。芳川显正称土制，即仓结构占了多数的证言，也可以由大量记录下明治期间东京街景的照片来佐证，除此之外，日本桥大街的住房统计也告诉我们，大概有94%以上的房屋为仓结构——确实是"悉数将屋宇改为土制"。

在江户时代，仓房被视为最优秀的町家形式，受到褒奖。在防火令颁布之前，就已经有大量的仓房了。因此，我们必须将防火令颁布后仓结构住房的数量与此前仓结构住房的数量进行比较，才能正确掌握防火令的影响。若翻看明治十二年的住房实态调查，就会了解防火令实施之前的住房状态，比如，本町路上的仓房鳞次栉比，与此相反，日本桥大街的神田区却只有6栋，等等。虽然知道本町路的仓房很多，但仓结构化究竟进展到了几成，却因不知道当时的住房总数而无法进行推算。但所幸，分布在日本桥大街（京桥—万世桥之间）上的住房总数是已知的，据此可以推算，在防火令之前，仓结构的比例只占三成左右；本町路比这要多，其他地区则无疑要少一些。但如果是将相当于江户（东京）脊梁的日本桥大街，作为往日的代表性街道，那么这一结果也是可以接受的。木结构瓦屋面与木板屋面的屋檐成排相连，涂屋结构点缀其中，顶多有三成仓结构混杂在内，这种明治初期的东京街景，随着防火令的到来，都被统一涂上了仓房的漆黑色。或许，与其说是出现了新时代的街景，不如说这是江户式街景的延续。

明治十年，在银座建起了用灰泥抹面的明亮的欧洲风城区；明治二十年，涂以厚重黑色石灰漆的和风城区也应运而生。从新桥开始延伸的砖城街景，与从日本桥而来的仓房街景，正好在京桥上产生了碰撞。若是漫步于这座桥上，无疑能够体会到现代日本所不得不接受的、名为"异质的共存"的城市景观的宿命。

到这里，火灾保险制度、火灾旧址重建规划和防火措施三大计策已讲解完毕。时间为明治时代第二个十年，其中所涉及的人物都是数一数二的东京府知事。这些规划的共同点在于不包含任何能够改变江户时代以来的城市构造与形象的契机。无论是黑门町的防火带、箔屋町的货仓仓库，还是桥本町的贫民窟清理，都不过是局部的修缮，延续至今的骨架从未被撼动，尤其是明治十四年的东京防火令。被选中予以保留的路线，全都是旧有的主要街道与小路，巩固了古老的商业地区及流通网络，而非将之转移，甚至没有改变其中的细节。防火路线与屋顶规范的组合，是作为不见于西欧而日本独有的传统防火策略而广为人知的，且在得以实现的住房中，也没有多少砖结构与石结构，反而是仓结构占了大多数。明治时代第二个十年的规划一点都没有撼动旧有形态，反而延续"江户未竟之事"的倾向尤为明显。但话说回来，既然最后已经达成了最初的目的，那么延续江户的传统应该也没有错。

克服江户之宿疾的任务，为何又只能通过江户的方法来实现呢？这可能很大程度上是因为时机。在明治时代第二个十年，经济衰退，涩泽荣一、安田善次郎等人想要"用自己的双手建设都市"的宏图大志是不错，但他们却将大部分的精力花在了公司与工业的培养上，究竟有几分能花在城市改造上呢？纵使能如其所愿创建民间的城市开发公司，负责提供砖结构或仓结构的住房，无疑也会在当时楼板面积过剩的大背景下，不久即变为赤字。那么，难道只有知事从上而下进行指挥这一条途径吗？连防火令到最后，也变成了对旧有结构的固化。但既然新的结构在当时还处于酝酿状态，便只能延续既有的框架了。因防火令而出现大量仓房也是如此。当时的砖块制造，还未像明治时代第三个十年那样，通过机器生产便可大量供应优质、廉价的砖材，工匠的质和量，相比起经验丰富的仓房泥匠来说，要差了几个档次。而且，在主要街道上开设店铺的商人，与在银座打拼之人的心路历程不同，他们选择了形式上较为怀旧的仓房，追求一种江户土生土长的魅力，也是极为自然的。

就这样，在明治时代第二个十年，为了达成克服火灾这一十万火急的目标，最后还是选择了一条江户时代以来已经巩固过无数次的妥当道路。我认为，松田道之正是因为选择了这条道路，才得以最终战胜了火灾。

第三章

城市规划的正脉
——市区改善规划

东京未来图

　　市井中人心情愉快地畅想并描绘着未来城市的蓝图——明治时代曾有过这样一段时期，让细小的梦想能够展翅飞翔。在明治二十年前后，一些画家绘制了几张描绘东京未来的图画。比如，擅长画"之后类"作品 [1] 的冈本纯，就在《市区改善之后的东京》（1889 年刊行，后改名为《未来之都》，于 1890 年再度刊行）中，凭想象描绘了 40 年后的东京：用石头搭建的洋馆，在石拱建造的日本桥周围竞相争艳，大街上也并排耸立着三四层高的大楼（参考图 29、30）。因描绘文明开化的首都风景而一鸣惊人的小林探景，也在名为《东京市区改善预想图》（1888 年刊行）的锦绘上，画下了从新桥往上野穿梭的铁路，还让宽阔的道路和运河纵横穿梭于林立的房屋之间；更为野心勃勃的是，他让日本桥凌驾于陆路与水路之间的十字路口上方，形成石桥与铁桥并置的神奇布局——他确信首都未来的交通会很发达，才会大

1　冈本纯的作品多命名为《某某之后的某某》，故本书将其作品归类为"之后类"作品。

胆地描绘出这番景象。小说家也发出了自己的声音，末广铁肠有名的未来小说《雪中梅》（明治十九年刊行），这样描写明治一百七十三年（2040）的东京："四边皆四里[1]有余的东京，一面变成了砖造的高楼，通信线路网如同蜘蛛网一般张开，汽车来往于四面八方，路上的电灯与白昼无异。"再看其中的插图，或许是从爱宕山望过来的，高楼大厦如同巴黎一般接踵相连，烟囱丝毫不输伦敦，用尽全力染黑天空；品川之上，停泊着世界各国的商船（参考图 27）。这一切都是在"市区改善"这个今天已经不再使用的词语的启迪之下所产生的幻想之物。

"城市规划"是大正七年（1918）到现在的说法，在此之前的近半个世纪里，人们都习惯把道路拓宽、水路开掘、公园广场规划等工作叫"市区改善"。这个词语在诞生之初，并非指代城市规划的一般性名词，而是明治时代第二个十年里萌生的一次具体的东京改造规划的名称。这项规划就是"市区改善规划"。这一专有名词为何会变成一个普通的名词呢？因为这项规划超越了本身，对周围产生了巨大影响，以至于成为日本近代城市规划的模板。

像市区改善规划这样，直面从祖辈手中传下来的封建城市，并努力为其塑造全新形象的规划，大概是空前绝后的了。之前我们已经介绍了银座砖城规划，之后还将介绍机关集中规划，这些都可以说是明治时代的代表性规划。通过这些规划，我们能了解到商业街与机关街的崭新姿态，但这些都不是整体性的，只是局部的缩影。而与其相对，市区改善规划则肩负重任，需要从"把作为政治都市的江户重建成有着怎样个性的东京"这

1　1 里长约 327.24 米。

一根本问题出发，涵盖建港规划，道路、铁路等交通规划，以及市场、剧场、公园、广场、墓地等设施规划，还有功能分区制度、防火制度，以及城市形象等。它可以说是一项以城市本身为出发点的规划。

但仅如此，前进路上就已困难重重了。其他的规划，还只是靠一小群人，甚至有时仅靠个人的意志开展，因而具有冲劲儿却不太注重细节，极富初创期特色，一方面旗帜鲜明，另一方面跟头跌得也快，可以说是像年轻人一般的规划。与此相对，市区改善规划则像是坐上了一条持不同立场的各方势力共同担任船长的小船，先选择一条航线，如果顺风则继续前进，一旦开始逆风，则调转船舵并更换舵手，具有多样性且不易流产，可以说是像成年人一般的规划。这项城市规划始于明治十年，终于大正三年（1914），从其延续时间之长来看，可以说需要历经漫长的岁月才能对这项规划进行准确评价，但这一规划是否经得起漫长的岁月的考验呢？下面就让我们一起来一探究竟。

中央市区论

市区改善的起源

如前章所述，明治时代第二个十年是克服了江户火灾的时期，也是市区改善规划启航的时期。遥望这座城市，保留江户名声的仓房，还在某条街上的某个角落向着完整形态发展，但如果将目光转向行政官员或思想家的案头的话，就会发现，超越封建城市的构思已经呱呱坠地了。为它的诞生打响的第一炮，便发生在明治十三年十一月二日。通过一部题为《东京中央市区划定之问题》的论述，知事松田道之的东京改造构思问世了。以这一天为分水岭，"东京的明天"这一重任，从一小部分独具慧眼的人士的肩头落到了市井中人的身上，通过口口相传令人耳熟能详。在这份构思中，道路、运河、上水道和下水道的改善，以及建港等后来被称作市区改善规划的几大主题，都已经呼之欲出了。因此，这一天也被视为市区改善规划的开端。松田道之的首要目标并不是道路、水路和港口，而是中央市区的划定；这一点不能忘记。要走完市区改善规划这长达半个世纪的漫长道路，或许还是需要先遵循松田道之的话语，上溯到我们早已遗忘的"中央市区"的源头去。

明治时代第二个十年中曾有一段原本被称为"市区改善"的、处于中央市区规划之内的时期。中央市区，这个听起来不太顺耳的词，归根结底指的是这样一种城市规划理念：在规划中，必须把被视为改造对象的中心部分与应当予以无视的周边地区加以区分，方可开始改造。无论是现在还是过去，事先确定规划对象都是很自然之事，但中央市区的概念却稍微有所不同，它将探索应该追求的都市形象与讨论应该选择的道路等事项都抛在了一边，将划定中心区域作为第一要点，仿佛是将"围合"本身视作了城市规划的目的，又不小心将其变成了唯一的手段，从而使得这一理念显得有些异常。如果将这种思维称作"中央市区论"的话，那么它究竟从何而来呢？让我们向明治时代第二个十年的开头去寻找。

　　明治十一年，终于从银座砖城这个庞大梦想的收尾工程中解放出来的知事楠本正隆，对不了解项目体量大小、实际内容等就"开工"的城市规划进行了沉痛的反省。在此基础上，他开始重新考量东京市区的范围。在此前的十年间，东京直接沿用了江户的朱线，将其作为自己的范围界线。但这样到底合不合适呢？往昔住在将军脚下的江户町民们，带着骄傲从口中吐出的一声悦耳的"朱线"，最近也基本听不到了。从明治维新到现在，人口和土地都发生了剧烈的变化。山手地区已经人气尽失的宅院，能够直接变成桑田吗？还是只要施政，便还有翻身的余地呢？从明治维新到现在，没有一位行政官员有胆量去尝试。

围合与贫富分住论

　　楠本正隆为找出答案，特派府吏前往城市周边进行巡查："今次奉命，于朱线以外各区进行巡视，自上月十九日开始，从第七大区起到第十一大区，每到一区，都展开图纸，就区划之配置，以及区务所所在位置之利弊进行讨论。"在四月四日，根据调查的结果，楠木正隆制成了《东京府下区划改善方案》。这项崭新的分区规划，将东京一带分为二十二区和五郡，又将它们限定在了五组当中。首先从外往内，将之前位于朱线之外的荏原、多摩、丰岛、足立、葛饰五郡称为城外，将朱线内的二十二区称为城内。在城内，再将位于旧三十六门之外的南芝、麻布、赤坂、四谷、小石川、驹迁、下谷、北浅草、本所、向岛、上深川、下深川这十二区称为远区，将同在三十六门外但却较为繁华的外神田、汤岛、南浅草、北芝四区称为近区。另外，不知为何，当时没有给位于三十六门内侧却起到了东京心脏作用的北江户区（日本桥）、南江户区（京桥）、神田区、麹町区四区命名。若要说城外、城内、远区、近区的这种划分究竟有什么用途的话，便正如"各区之远近有别，皆出于土地之盛衰、民俗之厚薄，若出现执政上必区别对待的情况，则先于近区实施，之后再追及远区"所说，是为了在城市改造的执行阶段，分出先执行的区域与后执行的区域。这份区划修改方案虽然最终没有实现，但从它开始，在城市里划分区域，人为地对从中心到周边进行排序的愿望，却在府厅内日渐高涨。一年半以后，五个等级的优劣之分，被简化成了仅由"有用"和"没用"构成的两大类别，重新浮出了水面。

　　明治十二年十月，两名府吏向大藏卿大隈重信报告了以促进防火为目的的一个规划，其中称：

> 我等小官谨慎追溯既往，参照当下，推进将来，希冀达成以下规范之事项。
>
> 府下十五区之中，择占据最繁华地位、获得最多商业盈利之街衢划定。在此地居住者新建住房时，不应准许建造除砖结构、土仓结构、涂屋结构之外的房屋……
>
> 东京本为本国首都，其繁华冠于四方，现择此繁华中央地带建造住房者，依房论事，不问所住何人，于是贫穷之人自然离去，富裕之人自然前来，状况也必然得到相应改善。于是乎，纵遇热闹之地板屋一栋不见，冷清之境茅屋比比皆是，若极少自发火灾，则应无大损害……
>
> 此制度之精神，既为坚固住房、消灭火灾，则依房论事，不问所住何人，故贫穷者往冷清处迁移，富裕者往闹市区迁移，最终府下中央地区，必将汇集豪商巨工，此乃本制度之期嘱所在。（河出良二、伊藤彻，《造家规范之议》）

原来，是要在从中心到周边不断拓展的城市板块当中画一条线（参考图26），将中心部位的"热闹之地"围在里面，将周围的"冷清之境"划在外面，以建筑规范为基础，将没有财力建造防火建筑的贫困人口驱赶出去，改以聚集有财力的富裕之人，令防火一事开花结果。虽然将重点放在了防火上，但正如"府下中央地区，必将汇集豪商巨工，此乃本制度之期嘱所在"所巧妙表明的一样，其最终的目标，是规划一座只有强大的商人与制造业人士汇集的繁荣城市。这里所表明的"围合"与"贫富分住"两项，正是中央市区论的两大内容。"热闹之地"指的正是中央市区的部分。

楠本正隆的内城、外城论

在两位府吏首次提出中央市区论之后不久，上司楠本正隆便辞去了知事一职。在辞任时，楠本正隆将有志而未尽的理想总结在了一封信笺中，托付给了继任的松田道之。其中第二项便是城市规划，他将中央市区论放在了更远大的展望中来叙述。

> 其二　十五区之土地，与当地居民相比较，明显过于辽阔，加之以从前的武家地与町民地，现遗留之址错综复杂，街衢并不通畅，水运亦为不便，非进行渐进改良不可。原本东京之地形，大致分为东西两部分，其西部谓之山手，为丘陵起伏、地高气燥之地。其东部谓之下町，滨海沿河，为低湿之地。山手地区运输便利、不染市井尘俗，如此则有官舍、学校、医院，以及贵族、官员之宅邸、别墅等，适合非商贾之人所居。深川及本所两区，虽然土地极其阴湿，井泉皆不洁净，不适于居住，然由于运输至为便利，因此适于用作木材、柴、炭、瓦、石等重型物资之市场，可谓最适合建造仓库或开设制造厂之地。而下町以内，日本桥区、京桥区及神田区之东部、浅草区之南部、芝区之北部，可谓

最适于市井尘俗之地。故应于北侧浅草藏前旁边开掘水渠、通往下谷，亦于南侧芝新前座旁进行挖掘，通往爱宕下，一者以方便运输，一者以修正市区之划分。从今往后，应以此内部为内町，以外为外町，内町依照地形继续开凿水渠、纵横贯通，以使船运至为便捷，令豪商巨贾适当沾染市井尘俗，且于町内重要城区，如街灯等亦应将其点缀遍布，必以其便利而令其迈向繁荣。此东京市区改良之项目，必先确立其规模，则永久之成功必指日可待。此项目应以内町外町之分区开始，涉及水渠之开凿与重修，道路之新建与重修，上、下水道应达之处，煤气应达之处，应设置防灾线之处，以及海岸填埋地、码头之建造等，虽固非一朝一夕之规划，但若不加以计划，则先施工之处或对后施工处造成妨碍，导致项目前后走向不一，若至此，则成功无可期待。故希望依据当下之地图，预先制定实施之方向，并制作将来之地图，得到政府许可，以此作为今后之标准。提前任命委员并着手处理虽难，但若以其为至难，则永不可能完成。我相信，此种规模之计划，从市政上来说，如若实现，绝不会枉费日月。（楠本正隆，《演说书》）

楠本正隆首先将东京整座城市分为西侧的山手地区、夹在山手与隅田川之间的下町地区，以及隅田川东岸的下町地区三部分，之后再对其各自应该变成的模样进行叙述。他将山手作为政府机关与高级住宅的区域，隅田川东岸作为仓库、市场、工厂的区域，将广阔的东京躯干部位的中心圈出来，称为"内町"，将内町以外的所有地区，包括山手与隅田川东岸，都称为"外町"。内町的西边邻外城河，东边邻隅田川，然后在北边和南边，通过新设置的运河与外町隔开。被水道包围的内町，会在既有运河的基础上，变成一个新开凿的运河纵横交错、防火建筑成排相连、煤气灯熠熠发光、强大商人云集的繁华城区。楠本正隆所说的内町，与前两位府吏所叙述的"热闹之地"，是属于同一类的。但其中的差别很大，楠本把贫富分住压在了台面之下，并且不会将外町弃之不顾。此外，与将防火作为第一要务的属下相比，楠本正隆反而让防火所占的比重降低，选择解决运河、港湾、道路、煤气、上水道和下水道等更为广阔的问题。以"若以其为至难，则永不可能完成"的内町划分开始，改良道路、运河等的主题，便这样传到了后继知事的手中。

过于辽阔的负伤之都

继任的松田道之，在敏锐地处理了箔屋町、桥本町等地的火灾旧址规划之外，还继承了楠本正隆的"遗志"，于明治十三年二月二十八日任命府吏伊藤正信等人开始划分内町，在五月二十一日完成了《东京中央市区划定之问题》这份留名史册的方案。在十一月二日例行府会闭会时，松田道之向议员提出询问，开始公开推进该方案。其内容虽分为中央市区论与筑港论两项，但追根究底，其主题是划定"中央市区"。从"热闹之地"开始，经过"内町"而最终登场的"中央市区"，其主要的考虑如下：

东京之地，乃中央政府所在之所、内外士民汇集之所，乃至全国之首都，然而继幕府之经营后，现时十五区之土地，以方圆二里及一千三百五十三条街衢作为市区，的确过于辽阔。明治维新之后，武家地随之一变，街衢错综复杂、莫可名状。过去之十五区街道，竟蔓延一百九十里之广，若再算入新开辟之道路，则无疑会更添数十里。今日此地之情状，豪商巨工皆竞相汇聚于此，游手好闲之徒亦争相归于此处，石室与板屋相对，鸱尾同蜗壳比邻。其种种住房中，可燃材料之房屋占十之八九。于是祝融之灾常有，若风威相助时，则转瞬间一万余户烧成灰烬。以既往为参照，可推测不幸位于其线上的地区，每三年即罹此灾难一次。若不忍见其三年一次之惨状，只将责任归于板屋，亦为本末倒置。若又转而着眼于卫生，见市区之情况，大概全市中皆有里店。其间若汲有上水或设置下水，则水井与厕所之间相隔两间以上者少之又少。因此污物极易渗透井壁、破坏水质，若饮用，则必妨害健康，成为瘟疫蔓延之媒介无疑。去年瘟疫流行之际，于海军医学部，已对水井与厕所之间间距进行检测，对其饮用水进行测试，其报告足可证明。若不忍见恶症蔓延之状，只将其责任归于里店，亦为本末倒置。若彻底探究以上之原因，则完全是由府下十五区之制度仍未能因地制宜所致，从而出现贫富杂居、住房无确定制度等情况。所谓东京乃中央政府所在之所、内外士民汇集之所，若如今不立下目标进行改良，则可称得上牵扯到了举国之体面。因此，若立下划定中央市区之目标，期待将今日政策的实施与将来的范围相统一，则应渐进改良之处虽成百上千、不胜枚举，但其梗概皆如上所述。就诸官衙位置之事、府厅位置之事、邮局位置之事、煤气线路及饮水管道网络之事、街道重修及新道路开设之事、新河道开凿以利舟楫之事、桥梁架设之事、火灾预防之事、建屋规范之事、火灾保险之事、练兵场位置之事、区役所位置之事、町会所位置之事、儿童福利院位置之事、医院及疯人院位置之事、中小学校位置之事、博览会场位置之事、海岸填埋及码头建造之事、区裁判所及警察本署分署位置之事、其他民众之职业等来说，蒸汽机制造所、火柴木制造及贮藏所、烟花制造及贮藏所、玻璃制造所、硫酸硝酸等腐蚀性或挥发性药剂制造所、酒精制造与贮藏所、瓦斯制造所、砖制造所、挥发油制造及贮藏所、火药制造及贮藏所、陶器制造所、金属分析所、瓦制造所、冶炼及熔矿所、油酒类制造及贮藏所、秸秆灰存放处、炭存放处、秸秆及秣草存放处、设有风箱之各工厂、木材竹石及柴炭存放处、石灰存放处、蔬果市场、鱼禽市场、借马场、各车辆存放处、各商店、相扑场、演艺包厢等，每一种都需要设在指定的位置。对货品入市征税，以助其经营之事亦不少见。现在若定下此目标，则将来交易时，必有百般便利。到最后，中央市区亦会变为豪商辐辏之所，商业隆盛、地价亦随之腾飞、不留空地之日，则为巍巍乎层楼林立之时。于是乎，以铁管将水运过数层石室，以煤气路灯点缀格栅栏杆，自然会情势一转，今日之板屋蜗庐不见踪影，岂会再有厕所之污臭与饮用水混杂之事？盖若以此为始，则无愧于首都之地位……所谓中央市区，适合此名目之位置究竟何在？比如西侧以锻冶桥路之外城河为界，北侧以神田川为界，并包括浅草一部分，东侧止于大川路，南侧依照新桥乃至金杉川，或依照新港之位置，则地势亦将面向东南方向。若考虑大势逐渐向南盛北衰发展，则至少可以砍去西北一部分，以日本桥为界，于东南则反其道而行之，扩张至芝田町边如何？总体说来，似这般左右大小，则以百年规模来定，乃极其容易之事。故不希望求诸舆论、令此事引起太大问题，乃先行询问诸君之意见。(《东京中央市区划定之问题》)

概言之，就是东京虽然在防火与卫生上都还处于令人忧虑的状态，但若从木板屋面的矮旧房屋中寻找原因，就本末倒置了。真正的缘由，在于东京府下的十五区过于辽阔，从而造成了贫富杂居，没有建筑规范。要改正这两点，必须将中央市区围起来（参考图26、28）。同时，虽然还需要对全境内的道路等基础设施进行改造，对政府机关、工厂、游乐场所进行布置，以及确立防火制度等，但首要任务还是定下中央市区的范围，之后如果万事顺遂，整座城市必定会繁荣昌盛。

从主到次，一共讲了三大主题：首先，是在"围合"与"贫富分住"的基础上，对中央市区进行划定；其次则是基础设施的改造，以及功能分区制度，这便是后来被称为市区改善的内容；最后则是不可燃烧化。这三大内容都不是从《东京中央市区划定之问题》才开始提及的，中央市区的设想、市区改善的必要性，以及不可燃烧化这三点，都已被单独拿出来讨论过了。松田道之的方案，可以说是把既有的努力整合到了一起。

至此，从明治十一年四月的《东京中央市区划定之问题》开始，我们对经历了"热闹之地""内町"，以及"中央市区"这几个阶段的中央市区论有了一定的了解。在此再深入探索一下这个被遗忘的城市规划理念的内容。

从"围合"来看，在一片土地上人为地划定某种边界，并不是那么稀奇的事情。江户的城市，被 36 座日出开放、日落关闭的大门分隔为了两部分——外城河内的城内与周边的城外。繁华枢要之地区，完全集中在城内，可以说与中央市区十分相似。但被围绕的区域及围合的目的，都有着很大不同。36 座门所围起来的，首先是将军居住的城池与家臣的宅邸，町民所居住的下町不过是附属物，其目的当然是为了军事上的防御；而中央市区选取的完全是下町的商业区域，将皇城与山手排除在外，其目的是商业繁荣。在区域和目的上，两者都找不到共同点，而中央市区论所特有的向内部收缩的倾向，倒或许正反映出了封建城市所残留的根深蒂固的自闭性。

"贫富分住"又如何呢？正如"热闹之地""冷清之境"这种二元论所展现的，将中央市区围合起来这一计划，并不是根据设施的多少来划分地块那么简单，其实质是试图根据居住者的贫富状况来划分地块。正如松田道之在方案中将火灾与肮脏的原因归结到贫富杂居上这一点所说："若彻底探究以上所说之原因，完全是由府下十五区之制度仍未能因地制宜所致，从而出现贫富杂居、住房无确定制度等现象。"这种将城市规划中的划分直接对标人群划分的倾向，不仅出现在了中央市区论中，还出现在了同时期的其他规划中。比如，在桥本町的贫民窟清理中，府会中强势的人员也发表了"现在若是让这些人散居，便会像衣服上沾了虱子一样四处传播、蔓延，难以计数。因此，应将这些人送出朱线外，注意不让他们进入都城内，另设一处令其聚集居住"贫民自然会居住在偏鄙之处……希望在繁荣昌盛之地，不要留下此种不洁之景象"等言论。当时的报纸上，也充斥着这样的言论，《东京横滨每日新闻》："贫民贱夫杂居于东京之中央，对维护市区之和平有害""以偏僻市区作为贫民割据之地者，或可允许，然对于中央市区则有害"；《邮便报知新闻》："若穷巷之陋者、里店之贫民渐多，则稍有资产之人皆向区外移住，离去后，则此区内渐落入不能住人之状态，区内区外以此产生贫富都鄙之分界……不知不觉间，东京本都便无法再令此区崛起"。明治时代的第一批达官显贵对于贫富分住的感受颇有共鸣。这种想法究竟是从上一代延续下来的恶性遗传，还是一种新的疾病呢？如果关注一下江户的商业地带，就会发现，面朝大街的房屋被称为外店，是由富裕的商人所开设经营的，稍微向内侧走一步，则有被称为里店的9尺2寸的长屋，其中，带着一只工具箱的工匠，和靠每天一点小钱过活的货郎正挤在一起。这样一体两面的贫富合一，便构成了城市的基本单位。极为兴旺的批发街上，那些身背重担、大汗淋漓的日结劳动力，一般也都住在批发街背面、河岸附近的地区。虽然江户时代并不在意贫富，但身份之差别却渗透到了各种方面，在地区的规划中，通过身份划分居住地成了一种基本操作：武家地、町民地，以及寺社之地。除此之外，还根据职业规划了娼女去吉原、戏子去新猿乐町。这种江户时代的"身份分区制度"，在进入明治时代之后虽然被废除，但在一个巨大、有机的整体中画一条线，以区分应该居住的人与不应该居住的人的这种想法却一直存在，中央市区论似乎也不过是把以身份划分地块改成了以贫富划分地块。

这种保留了过往时代"特点"的中央市区论，究竟有什么力量能超越前一代呢？

中央市区论虽然由中央市区的划定、道路等方面的改造，以及不可燃烧化三个部分构成，但这三大事项的重要性悬殊，精细度也有别。从中央市区的界线划分来看，该部分规划十分具体。松田道之的方案详细地在地图上标明了围合面积、人口、住房数量等信息，而道路改造与不可燃烧化两项就没有那么具体。松田道之的方案的确将能想到的设施全部列举了一遍，但既没有阐述道路的改造方法，也没有提出工厂地带的布局方案。如果仔细思考，便会发觉，这种仅仅对区域的划分进行了具体提案的规划，无疑是十分奇特的产物。城市规划应该先对整体进行规划，考虑将来应该会怎样、经济上应该追求什么、人们的生活如何、城市的形象如何等；然后才去思考道路该这样走、运河要那样走、商店在这里、工厂在那里，总共需要多大的体量等；这些全部解决之后，才轮到区域的划分。但中央市区论却并没有阐述东京与江户之间的不同点，也没有对未来城市的展望，反而只是在"热闹之地""内町"之间来回摇摆，最后落在了中央市区的分界线上面，仿佛只要围起来，便会"变为豪商辐辏之所"一般，仅仅是一种盲目的乐观。

城市规划最后仅仅落到中央市区的分界线上，这一点或许还是应该归结于时代。正如我们已经几次提到过的，明治时代第二个十年正处于旧都已经消亡但新都尚未成形的山谷阶段，如退潮一般削减的人口，也实在难以恢复到往日的水平，商业仍然低迷，城内多处房屋空置，土地与住房都有大量剩余。楠本正隆称"十五区之土地，与当地居民相比较，明显过于辽阔"，松田道之也承认"然而继幕府之经营后，现时十五区之土地，以方圆二里及一千三百五十三条街衢作为市区,的确过于辽阔"。在此共识之上,又出现了砖城内空置房遍布这一情况,这就是明治时代第二个十年的开端。

面对这样的困境,能够选择的策略,恐怕只有两种:其一,规划一种全新的都市形象,不顾一切地向前进发;其二,维持现状,将剩余活力都集中在一个地方。如果楠本正隆和松田道之不是正在为由利公正时代在银座实施的璀璨夺目的规划所留下来的"礼物"烦心的话,那么他们或许会选择前一种办法。对于接到了砖城空置房这一烫手山芋的知事来说,可供选择的,只有后一条道路了。恰似漏了一点气的气球需要重新打气一样,如果找不到可以给气球打气的方法,不如反过来将气球再扎紧一点,好让内部的压强增高。如果将全东京都的富人都集中在中央市区并把穷人都赶走的话,就算周围再化作"冷清之境",至少在围合起来的内部,无疑是可以恢复活力的。但这正像负伤的野兽在黑暗中蜷缩起身体一样,再不会有力气迈向新的时代了。结果,理念奇特的中央市区论就这样终止了。

它为我们留下了一项难以忘怀的"遗产",即"规划"这一概念由此出现在城市规划史上。中央市区论之前的种种尝试,无论是区区火灾旧址重建,还是砖城这一大动作,都无疑只是对火灾后遗留的地皮进行的善后处理。真正的规划,应该要立足当下,描绘未来都市新形象,努力一点点接近现实。如果理解了这一点,就能发现虽然中央市区论的内容是空洞的,但也最早察觉到了规划真正的意义。尤其是昂首挺胸地说出"此项目虽固非一朝一夕之规划,但若不加以计划,则先施工之处或对后施工之处造成妨碍,导致项目前后走向不一,若至此,则成功无可期待。故希望依据当下之地图,预先制定实施之方向,并制成将来之地图，得到政府许可，以此作为今后之标准"的楠本正隆，更是深刻地理解了这一道理。根据"当下之地图"创造作为"今后之标准"的"将来之地图"——这便可以称得上是城市规划最早的定义了。烧毁地区的重建，即便规模再大，也不会顾及用地以外的部分，但在"当下之地图"上描绘"将来之地图"，便必定要将城市中所有的动向，比如从政府机关到火柴工厂，甚至杂耍场等都纳入视野当中。如果说楠本正隆在《演说书》中第一次明确了"城市规划"的概念，那么松田道之在《东京中央市区划定之问题》中便可以说是把应该作为规划对象的各个项目都规划整齐了。这便是在讲述作为日本城市规划正脉的市区改善时，一定要从中央市区论开始的真正理由。

筑港论

将东京建成国际港口

如负伤的野兽一般，将身体蜷缩起来，东京便能复苏吗？松田道之已经隐约察觉到了这一疑问。因此，《东京中央市区划定之问题》在再三宣扬了围合的效果之后，又提出了另一大论点。

> 虽然如此，但只关心市区之缩小，却不谋求其地之繁盛，则不久将再次落入衰败之境地。岂会不这样想呢？以今日市区改良之目的，从长计议，则早晚应开放东京湾，乃最善之法。若通过新开辟东京湾，将相互往来之市场设置于此处的话，则所谓府下之市区，将占据商业贸易之源头，以渐渐达到繁荣昌盛之境地，此事更毋庸置疑。若提前预计未来百年之形势，以期长久，则并非一朝一夕之探究即可达成之事业。应先依当下之地形进行尝试，以观察将来之盛衰走势，故应将目标定为：确定中央市区及新港之位置。(《东京中央市区划定之问题》)

于是出现了要在东京湾开设国际贸易港这一楠本正隆想都没想过的提议。东京湾从过去就被称为江户凑[1]，是绝佳的港口。每一天，菱垣回船张开船帆，载着布匹与酒等下赐的货物从西边驶来。[2]而满载北方的山珍海味、连船尾都被压弯了的千石船，则从东边向着筑地本愿寺的大屋顶驶来，在品川之滨下锚，货物被分到了一群小舢板上，通过纵横交错的河道送往市内，再卸到河岸旁边的批发仓库里。在东京湾内，尽管并没有堤坝之类的港湾设施，还是被国内的海运业务占满了。如需用于海外贸易，仍需远洋船可以靠岸的码头与庞大的栈桥、抵挡海浪的堤坝，以及包含税关与检疫站在内的港口。松田道之所追求的，正是可以代替江户凑的全新的东京湾。当然：

> 以今日市区改良之目的，从长计议，则早晚应开放东京湾（将彼处之横滨港移至此处），乃最善之法。（过去民智未开、喜旧厌新、对外国人极为忌讳之时，竟现在路上残杀外国人之事，因此国内外交流互通之际，由于惧怕动辄发生不和，故于横滨港四面设置关卡，填海以建成聚居地，专门尽服务外国人的义务。此为当时之权宜之计，今日已经不同，政治上明显民智已开，已是可以成熟讨论双方交往之道、思考远近贸易利益的时机。）若通过新开辟东京湾，将相互往来之市场设置（转移）于此的话，则所谓府下之市区，将占据商业贸易之源头，以渐渐达到繁荣昌盛

1　"凑"字原为三点水旁，指水上之聚集地。

2　菱垣回船，指将竹条编织成菱形网格状挡壁进行来回运输的货船。下赐的货物，指产于都城京都与大阪一带（"上方"），运往江户（"下方"）的物产。

之境地……（同上，括号中内容在发表时删改，"转移"
一词改为"设置"）

　　如上所述，松田道之首先认识到，即便将中央市区围起来也不会产生真正的活力，不知何时仍难免会陷入衰退。在表明了对此的担忧之后，他提出了一个大胆的想法，即与围合的手段一同，将横滨港也移至此处，让东京重生为一座国际商业城市。

　　在过去，"黑船"曾拂去了笼罩于城市上方的一层厚重沉积的雾，令一缕阳光射了进来——江户的町民们，必定都有过这样的感觉。以筑港论的出现为分水岭，东京的脚步终于摆脱了阴湿的谷底，开始朝向阳的上坡方向攀登。在此之前，让我们先追踪一下《东京中央市区划定之问题》的后续。

造船之王的回应方案

　　明治十三年十一月二日，例行府会闭会时，松田道之的方案在被亲手交予议员之后，便被发放到了相关的政府部门、团体、公司与报道机关处。此外，东京府还发表了声明，在全市内广泛征集意见："本次于府厅内暂议裁定东京中央市区简图，并将其相关问题载于各大报纸上一并公布。虽为激发民意而特意附上了相关问题，但为真正射中本规划之靶心，则不应拘泥于当前之地形，应将目标设定得更加远大，因此于府厅内设置临时调查局，以府下若干知识人士及本府吏员作为委员，专门从事此事项之调查。凡对此举有独特见解者，当自行前来本局、陈其所见，并希望附上书面报告。特此向大众广而告之。"（《邮便报知新闻》）在论述之外，还附上了中央市区分区图与筑港图的松田道之方案（参考图28）。虽然此举赢得了较大反响，收到了各式各样的意见，但大部分都是印象上的碎片式批评。在此之中，有一位石川岛造船所的社长平野富二，提交了多达17个项目的回应方案。

市区改善及筑港之要项

第一条　将京桥区作为第一等级，银座大街作为主干道。而木挽町、筑地、铁炮洲等地区的粗壮道路，因其区划得宜，稍加以细微改善即可。

第二条至第七条[1]　（略）

第八条　道路之制，整体上应按照另附纸上之图进行改善。

第九条　通过芝口桥，在京桥与日本桥之间设置往来之方式，神田区亦设置同样往来方式。

第十条　……应将银座大街至京桥、日本桥、万世桥一段定为一级主干道，筑地桥、樱桥、兜桥至滨町中桥大街作为二级副干道。

第十一条　将大名小路、永乐町、有乐町等作为民众之聚居地，以内幸町至内山下町边总体作为诸省厅建筑之地，再修缮道路、拆除外城河之土堤及石垣，以令地面平整，并在此以土石对旧有的外城河进行改造……

第十二条　于海军省前方建造三座码头，将填埋从

1　第二条至第七条主要介绍了"新建6条运河"，可参考图31。——作者注

金杉前至六番台场区域等工程之土石用以充当外城河改造之土石……

第十三条 应每年从府下的船税内，收取上限十万日元作为基金，用以疏通河道……

第十四条 从事澡堂、马匹草料、烤红薯、废纸回收，以及秸秆处理之工匠，于自宅进行营业者，要么将住房建为砖结构，要么建为涂屋结构，否则禁止于朱线内营业；从事冶炼职业或铸造工匠，于自宅进行营业者，则仅限于灵岸岛铁炮洲、入船町、筑地内方可经营……

第十五条 向来所使用之木质管道，因使用时有腐朽之忧，每年进行修缮所支出的费用亦不低，因此当下，正乃应将上、下水道改造为铸铁管道之时……

第十六条 朱线之内，应不问地区尽通以煤气，并点亮街灯，且住房应设置火灾保险法，附以保险。

第十七条 朱线内外之分界线，应从海军省卫河尽头起，至蓬莱桥、虎之门……（平野富二，《市区改善及筑港之要项》）

作为日本造船业的先驱而闻名的平野富二，对松田道之所询问的中央市区划分与港口的位置，给出了自己明确的方案，规定了各区的功能，更着眼于松田道之方案"需改建之物成百上千"中仅一笔带过的道路和水路，对其布局做了具体陈述。比如，水路应开凿在离筑港位置较近的京桥区一带，道路应将日本桥大街作为一级主干道，二级副干道则从离港口较近的筑地一直划到滨町。主副两条干道正好平行穿过从京桥区南端向北扩张的市区（参考图 31）。港口、车站、干线道路、运河全部集中在南部，其意图在于将城市的重心从之前的日本桥附近向南侧转移。在明治维新的时候，筑地外国人聚居地、三厘道，以及砖城都表现出了相同的向东京南部开发的倾向，平野富二的方案，可以认为是当时还处于较为弱势地位的"东京南进论"的一部分。松田道之的方案，除了中央市区的划分，并没有表现出任何的具体性，与之相反，平野富二的回应方案，十分明显地具有城市规划式的内容了。此外，"市区改善"这一术语也在此初次登场，于名于实，都可以算是最早表达出市区改善概念的提案了。

从中央市区论到筑港论

松田道之在向全市广泛征集意见的同时，也在厅内设置了市区调查委员会，招募了原口要、府吏及另外 10 人作为委员。政府方面，则有大岛圭介（工部省大书记官）、赤松则良（海军主船寮长官）、荒井佑之助（内务省地理局局长）、肥田滨五郎（前海军横须贺造船所所长）4 人，以及浅井道博（军人）参与其中。前四位都是旧幕府海军的首脑，名震天下，大岛圭介、赤松则良、荒井佑之助三人更是函馆战争的功臣，可以说是无人不知无人不晓。他们曾操作着战舰，将江户凑当作自家后院一般四处巡航。荒井佑之助就通过西式测量，以在文久二年（1862）首次画出了江户凑的海图而扬名。肥田滨五郎负责幕府西式造船所的建造工作，曾与执意选择横须贺的法国人韦尔尼唱反调，坚持选择位于隅田川河口的石川岛；他也是在十几年前绘制了筑港图的作者，松田道之的《东京中央市区划定之问题》也对此有过参考。

除了这些从旧幕府转向新政府的海上之人，从经济界中也选入了同样多的人士。涩泽荣一（东京工商会[1]会长）庄田平五郎（三菱公司）、平野富二（石川岛造船所社长）、野中万助（东京米商会会所会长），都是东京工商界的首脑阵容。还有一名则是新闻界的代表人物——福地源一郎。对东京湾了如指掌的海上之人，与把握着商业界明天的新兴企业家，共同构成了委员会的骨干。

至此，万事俱备，只欠东风。在明治十三年十二月，第一届市区调查委员总会召开，《东京中央市区划定之问题》被置于评议的中心，以如下方式分析了其大动作：

> 时为同年十二月，该委员总会召开。就市区改善及新港筑造来说，大体皆无异议。然而市区改善之问题，应以当下之地形，察看将来盛衰之走势，选取纯粹适合贸易市场之地区，以纳入中央市区，因此诸般制度皆需要不同。对此意见，众议皆以为不然，认为中央市区所划定之规模过于狭窄，故应该计划市区整体的改良。又及，他日市区出事之时，能否仰仗陆、海军之保护，促成防御之便，如巴黎市区一般经营，则依照近期之交战方法，此等防御终究难以有望达成，因此应先不顾军备据点之事项，专以贸易市场为目的确定规模。唯独就市区改良一事来说，新港筑造位置等信息关系重大，因此将顺序决定为先确立筑港规划、再着手处理市区……（《明治十五年八月事务交接文档》）

1　后为东京商法会议所，现在为东京工商会议所。

由于"规模过于狭窄",竟然马上就放弃了主线任务——中央市区划定一事。右手画了一条线,让身体蜷缩在停滞的内部,左手则描画着向世界开放的贸易港,这种松田道之的自相矛盾,终究令中央市区从围合中得到了解放。而中央市区论中,与"围合"并列的另一大主干"贫富分住",虽然不清楚是否在席上受到了批判,但从总会之后不久田口卯吉对松田道之方案所提出的批评来看,还是有不少人持反对态度的:

> 以贫富程度划分,令其分别居住,必将造成东京社会组织之一大变动。原本社会之组织,乃通过贫富相依,以达到两者之便利。比如即便是富人,亦同样需要人力车,需要发簪,需要车力,需要勤杂工,需要泥匠、木匠、日结工匠,亦需要售卖其他日用杂具之小贩。以此等事务为职之人,若尽数将住所移至山手地带,则其不便之程度自不待言。余听闻,京桥以南用砖建造之地区,由于不适于供人居住,当地贫民全部离去,日用亦陷入不便,余认为此言甚为得当。因此,对于以贫富程度划分,令其分别居住之方法,余完全无法表示同意。(田口卯吉,《火灾预防法》)

考虑到松田道之的方案与之后将要叙述的田口卯吉之间的关系之深,可以认为这条发言延续了总会上的讨论结果。"围合"与"贫富分住"这两条主干纷纷被拿掉,中央市区论仅仅存在了5年,便寿终正寝了。

不可燃烧化这一与"围合"关系密切的课题,在总会的记述中未被提及,正如《前东京府知事松田道之之治理成果》中"发起火灾预防与市区改善两项提议,并引起了分歧"所记述的一般,并不是此次评议的重点。然而由于紧急性,不可燃烧化的问题从市区改善与筑港那里分割了出来,直接出台了相关的具体措施,两个月后,便成了前章所述的《明治十四年东京防火令》,并得到了实施。

松田道之的《东京中央市区划定之问题》,随着市区调查委员们的切割,舍弃了中央市区,分割掉了不可燃烧化问题,选出了道路、运河方面的市区改善,以及筑港这两大主题。两者间的比重,则以"唯独就市区改良一事来说,新港筑造位置等信息关系重大,因此将顺序决定为先确立筑港规划、再着手处理市区"为由,将筑港作为最优先之事。

这究竟是好是坏呢? 古来,在围绕城市所进行的项目中,建造港口常常是最具不确定因素的一项,甚至被称为土木上的鬼门关。从技术上来说,由于是将看不见的海底世界作为对象,因此颇具难处,陆地江河的泥沙不停流入其中,海中的巨浪也仿佛要将堤坝冲毁。此外,港口还自由掌握着一两个城市的生杀大权,会产生广泛影响。因此,支持推进的力量颇强,反对的力量也不小。不开始是不会知道哪里会出什么事情的。比如,明治十七年,熊本在荷兰人马尔德的指导下建起了三角港,欲成就一座煤炭装运港,最终只沦为一座小小的渔港。将视野望向北方,仙台湾的野蒜港,是由大久保利通作为国际港口立案,借助荷兰人多伦的高超技术,于明治十七年间竣工的,今时重访,却只见长堤崩塌,变作了鱼群栖息之地。在林立的商馆旁边的街角,还写着"市区用地"几个大字,早已沦为了菜地。每一个渡口与港口,都少不了梦想的痕迹。虽然东京最后是在昭和十六年(1941),即日美开战的那一年建港的,但这个让人心底一颤的想法,就这样由海上之人与新兴企业家们正面提出来了。

困难马上就出现了。必须决定是选择河港策略，还是选择海港策略。河港策略，即以隅田川为核心，将佃岛、石川岛包括进来，在两岸挖掘码头。而海港策略，则是对品川之滨进行填埋、筑港，从一开始便与隅田川分离开来。前者难以避免因为大川的泥沙而造成的海水深度较浅的问题，后者则排除掉了江户凑的大动脉——隅田川，令向来仰仗隅田川的商业中心日本桥一带气血尽失。在泥沙、商业用地等问题之上，偏偏还赶上了全世界都在争辩河港与海港优劣的当头，因此在当时绝无办法做出决定。这样的情形之下，市区调查委员会在明治十四年伊始，便开始收集资料，对品川之滨与隅田川河口进行了平面测量、水深测量、水流量测定、泥沙量测定等现场勘察，然后又对品川之滨与横滨港的船舶移动、装货的实际情况，以及气象、人口统计等进行了全面确认，最终在五月决定选取河港策略，并向委员总会上报。然而无法给出结论，委员总会又向内务省御雇的工程师马尔德征求意见；十一月二十四日，马尔德做出答复，选择了海港策略。这一回，河港论者可不能接受了。委员总会无计可施，为了公正地评判两种策略之利弊，便委托内务省土木局，对这两种策略方案进行估算。而就在土木局接下这一委托、打算开始行动之前，松田道之突然过世。当时，领导人的个人作用极为重要，甚至可以说，重大的政策与知事个人共沉浮的例子绝不少见。因此，筑港规划也不例外，就这样半途夭折了。松田道之以《东京中央市区划定之问题》发端的东京改造规划，不出两年，还没等到市区改善显示出任何的发展迹象，便由于筑港问题上的河海对立，告一段落了。

青年思想家田口卯吉

就这样结束了第一篇章的筑港论究竟是不是松田道之内心自发产生的想法呢？在中央市区论既已停滞的前提下，《东京中央市区划定之问题》如同驴唇不对马嘴一般地，把追求大规模发展的筑港论心平气和地接了上去，因此，并不能认为他对筑港论有什么真正的深刻理解。正如市区调查委员们一致看出来的，在这两论中，二者只能择其一。甚至可以怀疑，松田道之表现出如此明显的矛盾，是否因为筑港论并非酝酿于他的内部，而是从外部借鉴来的呢？松田道之被称为"明府""良二千石"，对地方官来说是榜样一般的人物，善于在给定的框架下，找到解决问题的最佳途径。他的这种素质在前一章叙述过的《明治十四年东京防火令》中，已经充分地展现了。既然明治初期的城市活动已经陷入了停滞，那么诞生于这一时代框架内的中央市区论，对他来说便很容易接受了。像国际贸易港口这样冲破了给定框架的想法，却不是这位能吏所能想出来的。或许，逐渐察觉到中央市区论之自闭性的松田道之，虽然仍沿着这一方向走了下去，但同时还渴望着能抓住通往未来的纽带，因此才最终触及了筑港论。应该说，提出新的城市形象，并非地方官所经常做的事情，说到底，还是追求全新世界的思想家会做的事情。

明治时代代表性的自由主义经济思想家田口卯吉，于明治三十二年（1899），在《东京湾筑港论之沿革》中，讲述了筑港论的由来。

关于东京湾筑港之问题，我们的经济杂志亦充分认为，应当有一名提案人，在明治十二年八月三十日，我辈于纸面上开展了如下讨论：

船坞开设之议

此意见已得到第一国立银行领导涩泽荣一君之极大赞成，之后又传入当时东京府知事松田道之君耳中，松田道之君终于在明治十三年东京例行府会闭会之时，提出以上规划，向诸议员征询意见建议。

（田口卯吉，《东京湾筑港论之沿革》，明治十二年八月三十日）

显而易见，筑港论是由田口卯吉本人提出，再通过涩泽荣一而传到松田道之那里的。当时，这三位思想家、企业家，以及行政官员，乃是一拍即合的亲密伙伴，比如，首次刊发了筑港论的《东京经济杂志》，便是在不久前由涩泽荣一作为出资人，以田口卯吉为主笔创办的。筑港论恐怕也是借了第一国立银行二层之地，在这本杂志的编辑室里所完成的。而涩泽荣一与松田道之的合作也不少。当时，将作为民间企业家自由组织而成立的东京工商会纳入官方团体的举动，就出自农商务省之手。为此，来自民间的涩泽荣一与作为知事的松田道之联手，打了好几轮攻坚战。如果说，是振兴商业的志向将田口卯吉与涩泽荣一、涩泽荣一与松田道之联系起来了的话，怀揣国际贸易都市之梦的田口卯吉，如果没有让筑港论经过涩泽荣一传到松田道之那里才不可思议。还可以从一点事实中看出田口卯吉与松田道之的联系之紧密。从五月松田道之的《东京中央市区划定之问题》方案完成到十一月公开为止，大概经过了半年时间，在中间的八月五日，田口卯吉便以《东京论》为题，分"东京区划""将东京作为中心市场之方法""开筑船坞之方法"三章，在《东京经济杂志》上发表了论述。其论点，除了将中央市区围合起来这一项，与《东京中央市区划定之问题》在大体上是重叠的。即便是松田道之的方案，在公布后也不时被拿来当作笑柄，被称为"白日梦故事"，在这一大胆的规划问世不久之前，民间竟然出现了关注点完全相同的《东京论》一文，可以说时机有些过于巧合了。因此，应该可以认为两人之间是有联系的，田口卯吉的论述，扮演的应该是铺垫的角色。

既不是商人，也不是知事的思想家田口卯吉，又是以什么样的喜好，在怎样的情境中，将目光投向港口的呢？在明治十年，田口卯吉通过《日本开化小史》，讲述从佛教传来直到"黑船"来航为止的内外交流史，解放了日本社会在德川的锁国体制下陷入自闭的历史观，从而登上讲坛。次年，田口卯吉的笔头从历史转向经济，并写就了《自由交易日本经济论》。他先以英国为例，叙述了从保护主义向自由主义贸易发展的世界趋势，然后记述道："论述今日所应实施之方法，并非撰写此书之主要目的，因而在此不会论及。日本的目标应在于期待成为美洲与亚洲的中心市场。而达到此目的之道路，必在自由交易一事上。"一年后，其作为泛太平洋中心市场的想法有了很大的发展。在明治十二年八月三十日的《船坞开设之议》中，其具体策略首次问世了。

美丽的日本，斜位于亚洲东方，绵亘五百余里，方圆五百六十里，其形状如长鲸，悠然漂浮于大洋之上，向赤道游去。气候温和，地产丰饶，黄金货物等财富遍布山野。以其内部之地产，足以养育三千余万人口。从此地若往西，则亚洲大陆上之朝鲜、中国、越南、暹罗、印度诸国，不出一旬即可飞渡，若往东，则美国、墨西哥等国，亦不出数旬即可往来，颇为便利。美洲及亚洲物产之多、人口之密，七大洲之内无可匹敌。故随着美洲与亚洲之间的相互交易，平静太平洋的波浪上，将变为铁舰大量移动之所，平稳贸易的和风中，亦将成为黑烟染污之所。往来船舶，每次亦必须入我海口停泊。如此适合于我国商业，岂可言此非天授也？

盖一国以至富强，除成为中心市场外，无更快之方法。英国以其富强傲视天下，并非以其物产，而是以其囤积欧洲大陆之货物向其他洲贩卖，或囤积其他洲之货物向欧洲贩卖为由。更不必说如我国黄金漫山、物产遍地之优势，以及天然之地形，业已非常适合成为美洲与亚洲之中心市场。

议者云："我国之通商无法振兴，自有一个原因。盖我国地形虽极为适合商业，但诸通商口岸内，方便船只停泊者一座皆无……绝对无法运输巨大货物。所以，我国通商不振也。"此论乃为至论……

当下各国所争之处即为商利，所竞之处即为商权。我辈听闻，上海乃天下之良港。虽巨大之商船，沿扬子江逆流而上，亦可直接停于其岸边。是故，当下我国所需之欧洲货物，每每皆须仰仗上海。若不抑止此势头，则美洲、亚洲之中心市场，终不归于我横滨港，移至上海之事，如皎然日光一般明朗。因此，日本诸通商口岸之期货市场，必不得皆为上海所压制。希望世间财主,可早日令船舶自由靠岸,以我国之通商口岸,造就将来之中心市场。为国家,也为财主自家,我辈今日不得不热切盼望,欲令其早日实现。(田口卯吉,《船坞开设之议》)

田口卯吉表明了通过自由贸易,以商业立国的理念,叙述了日本的地利,希望能够改建日本的通商口岸,以期不输中国的上海或香港。就这样,24岁的青年思想家的这一筑港论,通过39岁的第一国立银行领导,传到了35岁的东京府知事那里。

终于在明治十三年八月五日,田口卯吉发表了《东京论》,略早于松田道之发表《东京中央市区划定之问题》。

一、东京区划

江户城之区划……明显乃为治理封建诸侯,以保三百年之太平所确立的区划方案。而今日之市区,乃由商贾工匠割据其空地而形成。因此,东京今日之繁荣地区,究竟是否适合今日之商业,东京今日之城郭,是否适合今日之形势,余至今仍无法确信……今日之东京,本不在于将封建贵族作为百花之王,经营商业之东京,应乃世界各国前来采购、卸货,以经营通商之东京。明治政府亦应跟随此形势,设置官衙、建筑城墙,以奠定其万世无尽之基业……此即为今日余热切盼望东京区划改善的原因……

夷平城市内外水道之侧壁,以便往来交通,知水道最适合船运,应加以利用。于内郭以内,若将当下分配给各省厅之处,或卖予商贾,或以之建造街区,或于其中设置公园、准许人民逍遥，则东京之商业必会得一大便利，更适于成为大都市。而政府之事务，亦无过多需要整顿之处……

二、将东京作为中心市场之方法

……夫东京之地，其南部面临品川，以一帆之舟楫便可飞渡五洲，其东北西三面，平原旷野千里相连。西南面可望富士，东北面可望筑波，已备自然运输之便，可谓最适于成为大都市之地……余欲令东京在将来成为世界的中心市场，望其在商业上，可凌驾于上海、香港等诸港口之上。

……余以东京作为日本之中心市场，希望在此建立期货市场之定价权，并非欲将大阪商业向东京转移，唯希望与外国通商有关的买卖汇集于东京。即，当下于横滨进行买卖的情况，希望能够转移至东京……

若将经营活动从横滨移至东京，则无须细论，东京之繁荣必将变为当下数倍。而若与其货物集散一同，决定将借贷结算一律于东京进行，则东京之商贾必将快速转变为批发商人，汇票、期票等各类票据必将大量流通，商业必将大为活跃。因此，关于将来市场之扩大，在此应对其根基之建设进行讨论……

三、开筑船坞之方法

若欲将当下于横滨所进行之交易全部引向东京，以令与外国通商之大权悉数汇于此地，为将来成长为大都市建立基础，则着实非开放水运之便，进行自由交易，广为邀请海客，令货物买卖旺盛不可……

应立即于第五至第一御台场之间，围合水域，除去水底泥沙，以造船坞，令通信船可直接出入。于其旁边建造巨型仓库，以贮藏货物，令其起到隔绝周围强风之屏障作用。而从第五御台场至芝陆军省御用地旁边为止，沿两国川之末流建造堤防，通铁路，以便将仓库之货物运送至东京……

余确信，东京之通商口岸不可不建，并确信船坞乃通商最必要之物。确信品川之滨十分适于建造船坞。唯独建造方法，本人至今未能完全确定，愿得江湖诸彦之教导，以成全此事。余希望此举达成已久，但愿东京财主仔细考虑此举之实益，为日本、为自己，以财力助此事业振兴。

四、两国川之拓浚方法

（略）

五、必令东京之商业面目一新

适逢当下之时，余欲令东京成为一繁荣都市，除改其零售商业为批发商业，令其成为中心市场，以经手天下货物以外，别无他策。请看看现在东京的商业状况。若果真变为了日本的一大都市，则不仅等于每日都可进行期货交易，除米与公债之外，也无须设置其他交易所来进行交易……通过三两牙商[1]，去数间商店问价的时间内即可定下。若纸币汇率亦可确定的话，不就会呈现数月之间、期货市场岿然不动的景象了吗？

既然必须振兴东京商业之事态如此，则巧妙利用

---

1 牙商，即经纪人，买卖的中间人。

其天然地形，必足以令其振兴……今东京有幸，不乏豪商绅士遍观天下大势，愿单打独斗，以振兴国家商业。假使这些绅士发奋图强、决心建造品川之滨之船坞，指挥脚夫卷起袖子、挽起裤脚，则其成功岂需日久可见焉？若果然得此结果，当下在东京看守店铺、等待顾客上门的零售商人，则可摇身一变，进入邮票与期票流通的批发商业，经手成千上万的货物了。当下之东京旧郭内空空荡荡，其青草生长之原野，以及供兵营、马厩使用的旧宅邸，亦可借此变作高楼大厦。呜呼，商业一旦振兴，则万事皆会发展，日本人民皆会对此绅士之荣光表示长久感谢，记挂在心中永不消散……余思量此事已久，终不敢沉默。故聊以记之，向大方绅士询问，若万一得其裨补，实乃万幸之至也。（田口卯吉，《东京论》）

至此，在明治维新后首次就城市本身进行论述的《东京论》便完成了。或许在文明开化时代的代表性思想家的高论之后，并无须多言，但概括来说，田口卯吉向东京之财主、豪商绅士所倾诉的，正是这样一个庞大的设想：在品川之滨建造一座港口，以作为泛太平洋地区国际贸易与国内海运的基地，解放旧城内的商业地区，令原本濒临衰颓的旧江户，重生为国际商业都市东京。在此之后，筑港论也被田口卯吉反复论及，乃至后来福泽谕吉与益田孝等人也都有了类似的意见。明治时代的筑港论，基本上已经完全包含在这篇《东京论》中了。

探索新的城市形象

以一介青年思想家为首倡，并通过首屈一指的地方官员传播开来的东京筑港论，究竟对明治维新以来城市规划的步伐产生了什么样的影响呢？这一论述的卓尔不群之处，还是在于它首次指出了一种可以代替封建城市的、全新的城市形象。新政权方才诞生不久便将国家前进的道路寄托在了"殖产兴业""富国强兵""文明开化"等一连串的四字词语上，但对于城市的方向，这些词却什么都没有说。首都还是没有变化，所有人眼中倒映的，仍然是旧江户艳丽的落日。但无论是政府的指导者、处理东京事务的知事，还是文明开化的思想家，都没有在他们的"未来方案"中提到过应该选择怎样的前进道路。这恐怕是因为他们把所有时间都用在了预测时代与国家将来的方向上，便没有空理会城市了。只有砖城规划，告诉了我们商业街的未来是什么样的。在这种情形下，楠本正隆陈述了"将来之地图"的必要性；后继的筑港论者，则首次描画出一幅作为国际商业都市的"将来之地图"。无论筑港论会走向什么样的结局——它经历了延期又延期，并留下了半个世纪的空白——它都有一项永不褪色的功绩，即首次试着从外部看待完成度极高的巨大封建城市江户，并将其客体化。

在考量筑港论时，其支持势力也不应该被遗忘。最早理解并赞赏田口卯吉的论述的人，正是涩泽荣一。关于这一点，又应该如何评价呢？

从田口卯吉的经济思想开始讨论。他虽然被称为日本最早的自由主义经济的理论家，但众所周知，这一思想是由亚当·斯密所最初提倡并在英国的蓬勃发展时期作为资本主义的底色而广为人知的。其核心内容，便是认为最大的美德莫过于民间工商业人士的自由活动，排除政府对企业的保护与干涉，并希望通过以独立、才干、努力为宗旨的民间企业之力，自下而上地开拓新经济。没有人像田口卯吉一样原汁原味地吸收了英国流派的自由主义经济，并将其付诸行动。比如，面对政府的贸易保护，他提倡废除关税，并断然反对对工商业进行行政干涉。因此即便是对田口卯吉赞赏有加的涩泽荣一，也无法彻底支持他。他相信新时代的推动力并不是政治，而是经济，并认为新兴的企业家才应当是新时代的主人公。他的意见无疑揭示了这些取代封建商人的人士存在的意义，并激发了他们的企业精神。尤其是在明治初期，在士农工商的身份意识还未完全消亡之时，其"剥除士农，推举工商"的言论引起了巨大反响。这便是将田口卯吉称为"新兴阶级最为彻底、最为直率的理论家"（大内兵卫语）、"上进的资产阶级意识形态"（森户辰男语）的缘由。

这位年轻的理论家所谈论的筑港论的对象，是"东京的财主"，是"遍观天下大势，愿单打独斗，以振兴国家商业之豪商绅士"，但绝不会是封建商人、政府或市井中人。最早对田口卯吉进行了回应的，自然也正是"东京的财主""豪商绅士"云集的东京工商会的领导——涩泽荣一了。虽说以涩泽荣一为首的各路豪商绅士，已经以明治维新为分水岭，取代了封建商人，坐上了经济的王位，但在明治时代第二个十年初期，他们的财力还不足以支撑整座城市，因而对市区发展的停滞束手无策。田口卯吉在此提出的商业都市的想法，无疑在黑暗中带来了一丝光明。他们恐怕正是在此，第一次看到了令自己心头一颤的城市姿态。之后，东京工商会派出委员完善自己的方案，并起草建议，成为东京筑港的一大推进力量。

今后，每一次筑港论浮出水面的同时，其背后都可以见到新兴企业家的存在，令人们不时回忆起田口卯吉的自由主义经济理论来。

市区改善芳川显正方案

现代城市规划的源头

前文已经讨论了大笔一挥把城市围起来，令富人与穷人分开居住的规划，以及将太平洋作为后院一般的国际贸易港规划。这些与如今的"城市规划"一词相比，似乎还有一点距离。今天，听到城市规划这个词，人们会想到的是修整道路、建设公园广场、架桥、铺设下水道，在那里开设工厂，在这里配置商店之类的规划。那么这样的规划到底会在什么时候出现呢？这便要从松田道之突然死去，继任的芳川显正登场说起。

明治十五年七月十九日，接任东京府知事的芳川显正，虽然继承了松田道之炽热的遗志，但将之前的基本方针"决定先确立筑港规划，再触及市区之顺序"颠倒了过来。恐怕，他是预见了筑港的前程凶险，在经过冷静的判断后，先选取了较为触手可及的道路和水路改良。其结果，便是把筑港论变回了白纸一张，开始从正面推进此前基本没开始做的市区改善规划。芳川显正任命了土木工程师原口要，把放在海里的尺竿捞出来，立在了地面，将海图换成市区图，从市区改善必不可少的精密测量开始，花费了两年时间，终于在明治十七年十一月十四日，做出了以《市区改善意见书》为题的成熟方案并向内务卿上报了。这一方案便称为《市区改善芳川显正方案》，今天众所周知的城市规划，就是从这里开始的。

关于规划的必要性，芳川显正写道：

> 就市区改善之仪禀报
>
> 经过深思熟虑后，且不讨论东京市区之起源，自昔日德川氏霸府开辟此地以后，户口顿时增加，不知不觉竟已成为东海的一大都市。故应知，在其大小区划与宽窄街道中，除所谓大名小路与大街数条以外，大部分是人们到处随意建造起来的住房，从没有人预想到今天的繁盛，对其进行部署。道路没有定宽，市区中也没有整齐之状。当时车马通行十分稀少，我辈亦未感到不便，但当下由于西洲文明之东渐，到今日，马车、人力、通信及有轨马车等皆为盛行，向来之道路狭窄不堪，对通行之人也极为危险，左右拐弯时，会成为车马碾轧之处，因河道之疏通不充分，故关于货物运输不便之投诉，也不绝于耳。此类改善之要务，不能止于今日，故卑职日夜忧虑，无法在心中置之不理。（《就市区改善之仪禀报》）

此处列举的基本是交通的问题。关于东京明天的面貌，芳川显正写道：

呈现宏大壮丽之观,市区街道井然有序,道路平坦,人来车往互不相碰,马驰牛奔互不相伤,万客坌集、百货辐辏,成为东洋的一座大都市应指日可待。(《市区改善意见书》)

而关于推进的方法,芳川显正写道:

市区改善意见书

市区改善之规划,其方法虽不止一二,但以其要点来说,则不出此两种途径:令局面焕然一新或依照旧有习惯对其改良。所谓焕然一新,乃是不拘泥于都市之现状如何,是令百事更始,出于果断主义行事。而所谓改良,则是对现在仍然存在之状况进行取舍,逐渐实施优良方法之主义。夫焕然一新之事业,理论上虽甚有活力如斯,但实际施行之时,则不免尤为困难。而改良之方法,虽免不了姑息之嫌疑,但由于实际施行起来较为容易,则不如采取平缓之改良方法为优。(同上)

他表明将选择较为平和的改良主义。

之后,进入到规划的具体内容,我将对规模、功能分区制度、道路规划、铁路规划、运河规划、桥梁规划进行叙述。

规模（规划人口与规划市域）

中央市区划定之提案,不仅不适于近期文明之实际情况,或许还会为今后数年埋下不利的种子亦未

可知。若不能对其进行彻底检验，则应当停止中央市区的划定，改以对市区全体进行改善规划，乃最有效之策略。（同上）

芳川显正在否定了四年前第一次市区调查委员总会的中央市区论的基础上，对将被作为规模基础的规划人口进行了如下论述：

> 毫无疑问，江户的人口数量已至少 150 万。然而沧桑变化，人口、户口数也不免变动……到明治四五年之交，其人口数量已六七十万……根据明治十五年调查，其人口数量逐渐增加，已达八十八万余，但与明治维新之前比较，尚有六七十万不足……夫江户之盛如彼，东京之衰如此，不得不说，其相差实为巨大。然而现在，虽然其户口逐渐增加，有重现旧状之倾向，若非再经过数十年，则东京市区面积究竟会增加几许、抑或减少几许，现在对其判断甚为难事。（同上）

芳川显正先承认了人口规模较江户时代减少近半数的现状，然后表明难以预测今后增减情况，表示"现在进行规划之处，市区改善之区域，应以现在府下所住户口数量为依据"，将目前居住于旧朱线内的 885 445 人作为规划人口。此外，在体量大小方面，将伦敦、巴黎的人口密度与东京进行比照，更对地形予以考虑，画了一条比旧朱线要小上一圈的线，大概包括约 12 692 000 坪的区域，相当于约 17 393 000 坪的旧朱线内面积的 73%（参考图 26）。计划在与伦敦一同荣登世界最大规模的 150 万人、1 740 万坪的江户旧址上，复兴 88.5 万人、1 270 万坪的小一号的东京。

功能分区制度

虽然决定了分区制度的图纸已遗失，但所幸，在画图前所进行的商议情况流传了下来，根据"当下印刷局一带（现为大手町地区），皆可作为市街用地""日比谷门内（现为日比谷地区），由于他日计划用于省厅所在地，因此暂时作为省厅用地保留""工部省之土地（现为霞之关地区），应划入宅邸用地"等发言，可知当时共规划了市街用地、省厅用地、宅邸用地三种，没有分出工业用地。至于三种用地的具体划分状况，则只有皇居周边可以根据发言进行复原：本丸、西丸将作为皇居用地，西丸下（现为皇居前广场）、现大手町、现丸之内、现日比谷一带将作为省厅用地，现为霞之关的丘陵将作为宅邸用地，各归其所（参考图42）。从此前西丸下、大手门、丸之内、日比谷一带的功能来看，虽然在江户时代，强大的大名宅邸上的海参墙[1]成排相连，但在明治维新以后，新政府则将各种设施分配在这些空房中。尤其在被称作大名小路的丸之内地区，老中和幕阁的官邸、奉行所、评定所等幕府设施林立。明治初期，为应对内乱，这块区域集中了各种军事设施，呈现临时阵地一般的模样。在"西乡之乱"[2]后，其必要性渐渐消退，因此军事设施便被转移到不远的近郊。在城市的正中心地区也可以规划广阔的游乐区域了。芳川显正方案的主要用意，是将这些暂定的地区全部作为省厅用地，以供政府专用。

就这样，确定功能分区之后，终于进入了主题——交通规划。

---

1 海参墙（"海鼠壁"），为起到防火防水作用，在土仓结构的外墙上贴瓦片，再用灰泥填缝，形成的菱形网格因形似海参，故得名。

2 以西乡隆盛为首的对明治维新政府的叛乱，一般称为西南战争、西南之役。

道路规划

表6　市区改善规划道路幅员之变迁[1]（单位：间）

规划名 \ 道路种类	道路种类					
	一级一类	一级二类	二级	三级	四级	五级
芳川显正方案 明治十七年 （1884）	15 （左右 各3）	12 （左右 各2.5）	10 （左右 各2）	8 （左右 各1.5）	6 （无）	4 （无）
审查会方案 明治十八年 （1885）	20 （左右 各3）	15 （左右 各2.5）	12 （左右 各2）	10 （左右 各2）	8 各1.5）	6 （无）
委员会方案 明治二十二年 （1889）	20 （左右 各3）	15 （左右 各2.5）	12 （左右 各2）	10 （左右 各2）	8 （左右 各1.5）	6 （左右 各0.5 或无）
新设计 明治三十六年 （1903）	20 （左右 各3）	15 （左右 各2.5）	12 （左右 各2）	10 （左右 各2）	8 （左右 各1.5）	6 （左右 各0.5 或无）

　　此规划将道路的种类，按照其宽度，分为从15间宽的一级
一类、12间宽的一级二类，到4间宽的五级道路等六个等级。三
级以上设置人行道，此外，"三级以上的道路，应允许铺设有轨
马车。然而若第一级道路上并未设置，则其副线上也不允许设置"，
还预想到了引入有轨马车。将穿梭于市内的既有街道，都归入这
六个类别中。同时像"一级二类　第四　从皇居外门经樱田门至虎
之门之路线，由于供巡幸及百官参朝等用，本路线十分重要，应
与第二、第三路线无异"这样，规划对主要道路的特色做了一番

1　各方案每一类下方括号中的内容表示人行道规划。——作者注

陈述。如此详细的记载，却在记述了 10 条一级道路、22 条二级道路与 10 条三级道路之后便终止了，关于四级和五级道路，则"其数极多，遑论将其一一表示。其细节详见图纸，此处省略"。虽然说详见图纸，但可惜芳川显正方案的 6 张规划图俱已遗失，现在已无从得见。没有记述的四级与五级道路，当然包括在内，即便是在一级、二级、三级里，类似"一级二类 第六 从万世桥经雉子町、大名小路、幸桥至芝园桥之路线"这样还可以比对到地图上的记述，其具体的位置细节也无从得知。所幸，对芳川显正方案进行修改而制成的市区改善委员会方案，其原图被保留了下来，若与修改的条目进行比对，则可以得到芳川显正方案的复原图纸（参考图 32）。

铁路规划

位于东京南部的新桥—横滨之间已有铁路，北边亦有上野—高崎之间的铁路紧逼而来。若将这两条线路连接起来的话，则东京的纵贯铁路即可完成。

铁路上，应连接新桥、上野两座车站之间的线路，并于锻冶桥内、万世桥的北部设置车站。

……于东京市区内，经营贸易、商业最为繁盛之地，如前所示，为日本桥附近之地。应由各国向东京输入，抑或应从东京向各国输出之物，基本都必须经该地批发业者之手……故希望将前述两座车站如图纸所示进行连接，于锻冶桥内开设中央车站，于神田川以北设置另一座车站，以增进彼此间交通及货物运输之便。（《市区改善意见书》）

铁路的路线,以及车站的位置,也和道路一样得到了复原(参考图32)。

运河规划

运河与道路相反,新开设的数量高达15条,比如东京以北的下谷地区就集中了5条运河,目的是使萧条中苟延残喘的下町低湿地带复苏。

> 下谷区,虽与作为府下商业中心的神田、日本桥两区仅一水之隔,西北面有上野公园以及车站,东北面有浅草公园,在商业上亦占据尤其良好之地位,但除神田川以外,绝无水运之便利……因此,该地商业之萎靡不振,亦绝非偶然。盖地段不良,虽然无从修正,但地形之差,则有种种方法改正。其中一种,即是新河道的开凿……(同上)

除新开凿的河道,既有的运河也得到了关注,在市内如蜘蛛网一般贯通的26条运河,也被提议作为拓宽与去除污泥的对象。而各运河的位置,也和道路一样得到了复原(参考图32)。

桥梁规划

桥梁根据宽度从一级10间宽到四级3间宽,被分为四个等级,如15间宽的一级一类道路及12间宽的二类道路之间需架设10间宽的一级桥梁,但或许是由于模仿了江户的桥梁,路宽与桥宽互相合不上,桥梁明显比道路要窄。在结构上,一级、二级、三级为铁桥,只有四级是木桥。

以上，从城市区域、功能分区及交通规划三个方面对芳川显正方案进行了完整的叙述，但在听过田口卯吉寄托在城市上的叙述了文明与社会理想状态的、充满梦想的筑港论后，这或许会显得过于技术性，让人不够过瘾。芳川显正似乎不仅将筑港规划束之高阁，还将"取代了封建城市之后，究竟应该建造具有怎样特色的城市呢"这样的问题一并抛之脑后了。东京是作为商业中心、政治中心，还是工业要地？以谁为中心，以什么为追求？人们该如何工作、如何娱乐？这类描绘城市整体形象的话语不再出现。对于公园、广场、市场、商业街、下水道、游乐场所等设施的规划，也只字未提。反而在道路、运河、铁路上的指导十分详细，就仿佛是蒙起眼睛也能够行走一般。但若是要问一条条道路所编织出的网络的组成原理，或者运河与铁路之间具有怎样的关系，却一概没有答案。无论是对于城市形象还是原理来说，语言都仿佛藏了起来，纸上所描绘的只有交通规划。只有将目光聚焦在表面的一条条线上，来解读该规划隐藏在图纸背后的核心内容，以及其所追求的目标了。

交通中心主义——芳川显正方案的结构

让我们从功能分区制度开始，试着深入探讨。在城市中画一条线，根据其功能，将城市分成住宅用地、商业用地、工业用地等不同的区域，这种方法被称为"功能分区制度"，作为现代城市规划所配备的有力方法而闻名。其着重点在工业用地，通过将各大工厂集中在同一地带，减少对基础设施的投资，同时，其另一大目的，是保护住宅用地和商业用地的环境，令其不受噪声、烟尘等干扰。20世纪初，在纽约州所制定的方案虽然被视为现代最早的功能分区制度而声名远扬，但如果就此追根溯源，芳川显正方案在相当程度上，似乎也可以被视为世界先驱。

在芳川显正方案中所看到的，由宅邸用地、市街用地（商业用地）、省厅用地组成的分区制度，真的是一直延续到了今天的新事物吗？在此，我们不禁想起了直到十几年前还在江户通行的、通过身份而进行分区的制度。根据武士、工商、僧人的身份区别，人们按照武家地、町民地与寺社地这样的划分居住，娼妓与戏子则由于职业的缘故被围在了吉原与猿乐町中。其中，武士与工商业者之间的"拔河战"还将江户分成了两大部分，大体上，建起了大门、围起了庭院的士族宅院在山手的台地上连绵不绝，商人和工匠则居住在下町屋檐相接的低地里。武家地中，在今天被称为丸之内的大名小路一带及大手町地区上，建起了兼为住宅与衙门的官邸，同时配置了南北町奉行所，作为靠近机关街但风味却有所不同的一条街区，颇为有名。这种身份分区制度，虽然随着明治维新失去了效力，但山手地区的武家旧址，住进了新政府的官员，转手继承了大门和庭院等，大名小路与大手町周边，也在某某守的官邸之后，换上了各大政府机关的招牌，作为机关街的特色被延续了下来。此外，在下町的屋檐下面，商人和工匠的生计也并没有什么变化。如此看来，芳川显正方案的分区制度似乎仅是将由纯住宅、官邸组成的旧武家地，分成了宅邸用地与省厅用地，将旧的町民地作为市街用地直接传续了下来，像是只换了个名字一般。芳川显正方案的规划图虽然已经遗失，但从将丸之内及大手町旁边作为机关用地，霞之关作为宅邸用地，以及神田骏河台下作为宅邸用地与市街用地之分界线的残留记录来看，似乎的确追认了江户分区划分的骨干内容。即便有所改动，也只是把木挽町、兜町等被下町所侵蚀的旧大名宅邸旧址换成了市街用地之类的细微改动。而芳川显正方案并没有单独设置工业用地这一点，也佐证了这一推测。如果一种分区制度没有单独将工业用地围出来，那么即便将住宅用地与商业用地分开来，也无法说是与今天一脉相承的。果然，这些都是江户遗留下来的痕迹。我们在此并没有新的理念。

让我们试着再深挖一下交通规划。这是少数在芳川显正方案中能够引起激烈辩论的领域。芳川显正以"当下由于西洲文明之东渐，到今日，马车、人力、通信及有轨马车等皆为盛行，向来之道路狭窄不堪……又因河道之疏通不充分，因此关于货物运输不便的投诉，也不绝于耳"，对东京当时的状态进行了完全不假修饰的攻击，同时鲜明地表示，自己的姿态是"卑职日夜忧虑，无法在心中置之不理"，然后意气风发地宣布，他所关注之处在于"市区街道井然有序、道路平坦、人来车往互不相碰，马驰牛奔互不相伤，万客坌集、百货辐辏，成为东洋的一座大都市"。在关于交通的事务上，芳川显正方案无疑比既往方案都要更具体、干脆。或者说，在芳川显正以前，并没有其他人对交通问题进行过正面处理。

所幸，专家原口要在美国经过专门的训练，因而一下就指出了问题之所在，在"西洲文明之东渐"中找到了道路狭窄的理由。今天，说起道路的狭窄化，无一例外指的是伴随着人口增加或经济增长而出现的旧有道路的窒息状态，但当时的东京在人口与经济上并没有明显的增长，反而比江户有显著的减少，道路体量显得有些富余了，因此当时的道路即使空空荡荡也并不奇怪。尽管如此，但导致"向来之道路狭窄不堪"现象的，正是有轨马车、马车、人力车等新交通手段的出现。

此前的日本街道，一直都非常闲适。在大的城下町，人们靠着水利之便做些买卖，交通动脉都在水上。道路上只要容得下零零散散的人和货物便已经足够。从日本桥开始，江户市内的桥梁开始变大、变成鼓形，并干扰到了道路的一般通行，这也正是因为考虑到了下方通行的船只上堆得高高的货物。道路交通，不外乎两只脚的步行或四只脚的轿子和骑马，就算最有可能在通行上出现问题的板车，在面对太鼓桥[1]时，也完全可以通行。以人类的步行为标准而建造的道路和桥梁，在有轨马车、马车等"西洲之文明"的机械动力与畜力的入侵面前，自然是无法承受的。因此，必须削平横贯于前方、名为桥梁的这一座"市内山道"。在明治六年，江户的日本桥由于马车难以通过，被替换成了一座平桥。桥梁、没有切角的十字路口，或者突然拐弯的路形，对于有轨马车或马车的拐弯来说都太过狭窄，道路的宽度就算有10间宽，也"对通行之人极为危险，左右拐弯时，则会成为车马碾轧之处"。因此，为了达到"人来车往互不相碰，马驰牛奔互不相伤"的状态，便一定要拓宽道路，并划分出人行道来。

　　或许可以说，正是有轨马车在新桥与日本桥之间的运行正式宣告了江户时代以来道路的破产。而这种畜力与机械动力之间过渡性的结合体实际上在松田道之的时代便已获得了认可，只不过在明治十五年的六月二十五日才开始运行。而接受了"马拉街车"出现的，不是别人，正是次月就任知事的芳川显正本人。或者说，芳川显正之所以将市区改善的焦点全都放在了交通一事上，其契机，正是由于其目睹了"马拉街车"的危险运行。

1　太鼓桥，弧度极高、近似半圆形的一种拱桥。

如果放在今天，在这种供步行使用而建造的道路破产之前，政府或许会考虑不采用机械动力这一种反向疗法。但当时正处于文明东渐时期，芳川显正希望对道路进行改造以适用于新的动力，也是理所当然的。在我们面前，正好也已经有了银座砖城这一个步行与车行得到优秀分离与共存的先例。芳川显正对有轨马车非常重视。他从一级到三级道路中共挑选出 42 条道路，令其道路宽度达到可以铺设轨道的程度。此外，一级一类的道路更是能容纳大量机械动力与畜力的车辆通行。一级一类的道路宽 15 间，除了左右各 3 间宽的人行道，余下 9 间为车道；再在道路正中央铺设双车道的有轨马车，外侧左右各容纳两辆，共计四辆马车可以通行；另外，在人行道旁边，还可容纳左右各一辆、共两辆人力车通行。一级一类道路虽然位于京桥与万世桥之间，但如果方案所说之事能够实现的话，便可以将此前只允许人、轿子、板车悠闲往来的日本桥大街，一举变为能容纳两辆有轨马车、四辆马车，以及两辆人力车飞驰的大路了。这在日本的城市发展之路上可谓一件不可遗漏的大事。

　　芳川显正在城市内推进交通变革的同时，在城市间的交通上也开始引入机械动力。在江户时代，江户与其他大城市间的交通，只能靠水路和五条交通要道，但在进入明治时代之后，在新桥—横滨之间，以及上野—高崎之间铺设了铁路，蒸汽代替了人力和风力，担起了城市间交通的重担。话虽如此，上野和新桥也只相当于北边与南边的入口大门，从其他城市到东京的内厅之间，还没有通过铁路连接起来。芳川显正正是因为这一现状，才希望连通上野—新桥，并增设两座车站，以打通东京的心脏部位与地方城市之间的大动脉。而将其付诸现实的前提条件，是将锻冶桥内的中央车站（几乎是现在的东京站）设于列岛纵贯铁路的重要位置上。

该如何配置即将成为城市内与城市间全新动脉的道路与铁路呢？芳川显正方案基本不考虑新建道路，只希望对既有的道路进行拓宽与整修。从远处看一眼由此得来的规划图，或许只能看到仿佛毛线头全都冒出来一般犬牙交错、几乎毫无逻辑的景象。偏偏，关于道路与铁路网络的构成原理等又什么都没说。明治八年赴美后在特洛伊大学进修、整整五年都待在这个交通大国的专家原口要工程师是肯定不会随随便便、毫无章法地去拓宽道路的。既然已经将既有道路分成了六个等级，那么其中肯定是有一条主线的。所幸，每一条路线的起点与终点，甚至其使用方法都有所记载。因此，若是整理其相互关系、解开了结扣的话，或许可以解读出这乍看上去毫无秩序的网络中的一套体系。

让我们从这极为错综复杂的道路中厘清轻重，将骨干整理出来。判断轻重，只要根据排位的顺序即可，任务较为简单。我们只要将属于一级一类与二类的 10 条道路作为网络的主脉选出来，再加上三级道路六号这一条虽然狭窄，但划定了市区范围的路线，便可以得出芳川显正方案的干线道路图了（参考图33）。向这张图一眼望去，首先引人注目的，便是像长蛇一般扭动，同时又环绕边缘的内外两条绕城公路了。一条被称为"三级 第六 从芝车町、麻布、青山、四谷、下谷至大川端之路线"，是从高轮的前大木户旧址出发，围绕朱线内侧一圈，直到深川的"作为市区边界线"的外围道路。而另一条"一级二类 第八 从两国桥、四谷门、赤坂溜池至新桥车站之路线"，则基本上是沿着江户城的外城河，围绕着旧三十六门内，"可以全部围绕府下要部一周"的内围道路了。外围道路划定的是市区的范围，内围道路划定的则是中心区域。

在这两条画出的绕城公路组成的同心圆正中，铺设了从北向南的铁路。车站在上野、万世桥（增设）、锻冶桥（增设）、新桥四地基本以等距离布置，可以看出，这四地的位置是根据与绕城公路的交叉路口决定的。首先在与外围道路的交叉路口设置上野站，然后在与内围道路北边的交叉路口设置万世桥站，在南边的交叉路口设置新桥站，各自予以配置。在位于内外围道路圆心的锻冶桥处设置了中央车站。这两条绕城公路，以及穿过其中心的铁路的组合，便是交通网络的坐标系了。

相当于坐标系中心轴线的铁路，在其东西两边，仿佛并肩而行一般，设置了两条纵贯道路。穿过东侧的"一级一类 第一 从万世桥经日本桥、京桥至新桥之路线"，作为江户时代以来"府下工商业的中心"的道路，可以说是一条无人不知、无人不晓的商业道路。在西边通行的"一级二类 第六 从万世桥经雉子町、大名小路、幸桥到芝园桥之路线"，则从万世桥开始，穿过前大名小路，从侧面与新桥站擦肩而过，到达芝公园，还可以从芝公园经"一级二类 第十 从芝公园外门向东至滨松町海岸之路线"到达滨离宫。向离宫方向去的分支路线，则是"为了巡幸芝离宫"而添加的。这条道路的中心部分，既然穿过了预定为省厅用地的丸之内、大手町地区，那么也可以称为是继承了江户大名小路特色的机关道路。

在铁路西边并行的官商两条动脉，在万世桥站汇合，通过连接万世桥与上野的"一级二类 第七 从万世桥至上野公园之路线"而通向上野公园。上野公园与上野站虽然是背靠背一般的存在，但希望大家首先明白一点，即这条路并非通往上野站，而是在公园的正门入口（前黑门旧址）打开了一个口子。官商两条大路，向北可以通到上野公园，向南则可以通到芝公园。如果再往北一点，则可以抵达奥州街道，再往南一点，则可以抵达东海道，但尽管如此，一级道路还是止步于上野与芝公园，再往下便细分为二级、三级道路了。[1] 我们或许会有疑问，认为这样一来不就把与东海、奥州两条要道之间好不容易有的联系切断了吗？若要将这两条纵贯道路作为城市间动脉的话，自然应该让一级道路延伸到比公园稍远一些的地方。但芳川显正方案却没有如此对道路进行布局。这无疑是因为芳川显正方案的目标，正是要让城市间交通的主角，从街道转为铁路。

仿佛要与以上由绕城公路、纵贯道路，以及铁路组成的网络相重叠一般，芳川显正方案中还加入了从皇居出发的四条辐射道路。第一条"一级二类 第五 从大手门经常盘桥至本町二丁目之路线"与第二条"一级二类 第九 从本石町三丁目经浅草桥至浅草公园之路线"连成一线的辐射道路，基本与从大手门开始的奥州街道重叠，在浅草桥与内围道路相交，在浅草公园与外围道路相交。原本，奥州街道的自然路径是从旧江户城的入口大门大手门出发，再令第五路线穿过并一路向前，经过本筋路直达浅草桥。但不惜让第五路线与第九路线在接交部位错开，也要特地从本町路拐到向北一条的石町路再前进，这又是为何呢？之后被问到这一点时，原口要答道："若在常盘桥外建造20间宽以上（一级道路）道路，便等于摧毁了本町大街了。"原来是害怕作为中心街道来说宽度较窄的本町路批发街拓宽之后，会毁了这条路。而这条辐射道路的目的地同样需要留意。它基本与奥州街道重叠前进，但在前方却拐向西边，朝浅草公园而去。干线道路并不与

1　东海道与奥州街道，都属于前述由江户出发的"五街道"。在日文中，"街道"一词专指交通要道。

旧时要道直接相连，而是止步于公园，正如我们已经在纵贯道路的案例中所见，可以说体现的正是让城市内部的道路在城市内部终结，然后将外部的联系交给铁路，而非交给旧时要道的方针。

第二条辐射道路，则是"一级二类 第二 从皇居外门经马场先、锻冶桥、弹正桥、高桥、风海桥，由箱崎町填埋地中央经蛎壳桥、人形町大街、和泉桥至徒町大街、上野车站之路线"，从皇居外门（现为二重桥）开始，向东经过中央车站，绕日本桥附近的商业用地一大圈，向北到达上野站。如果没有留下如此记述的话，这条路或许很难被视为一条自然的道路。虽然现实中的街道也是相互交叉，成网格状扩展，但芳川显正方案却刻意不去理会覆盖面的广泛程度，而是尽量让每一条线路都承担起自己的特别责任。虽然也会像这条线一样，出现道路连续性存疑的情况，但让我们首先按照规划者的意图，将其作为这条道路的特色来考虑看看。

第三条，是"一级二类 第四 从皇居外门经樱田门至虎之门之路线"，从皇居外门出发，在虎之门与内围路线相连接。

第四条，是"一级二类 第三 从皇居外门经河田仓边新架桥进入堀端大街、竹桥，经半藏门经麴町及四谷大街至内藤新宿岔路口之路线"，从皇居外门沿旧本丸北端绕皇居半周，在四谷门穿过内围道路，然后在四谷传马町边抵达外围道路。本来应该可以和其他干线一样在此结束，但这条路线却在穿过了外围道路后，仍维持了一级道路的宽度，结果还穿过了四谷的旧大木户、出了旧朱线，一直到达新宿的驿站才停下来。无论是东海道方向还是奥州街道方向，一级道路都止步于芝公园、上野公园、浅草公园，不会延续到品川或千住的驿站，只有往甲州街道方向的辐射道路，延伸到了市外的驿站处，可以认为是因为这一方向并没有修建铁路的计划，所以城市间的交通只好沿用与江户时代同样的街道了。

从皇居出发的第二、第三、第四、第五这四条辐射道路的特点是什么呢？自然包括了作为普通街道涧及周边的商业街及承担物流的功能，但在此之上，正如第二条中，"巡幸及百官参朝等，皆须依此路线与第三、第四、第五路线"所说的一般，这四条道路的共通之处在于供天皇家移动与达官显贵上朝，即可以说是"皇家道路"了。

乍看上去仿佛只是随意交错的芳川显正方案交通网络，在一一"揭秘"之后，终于明确露出了其骨干，实际上是以铁路与绕城公路为主轴，画出官商两条纵贯道路，再令皇家的辐射道路将其穿透。将这一骨干进行原型化处理，便可以得出芳川显正方案的结构模式图（参考图34）了。

从封闭的城市走向开放的城市——芳川显正方案的意义

终于从纸张深处显露出来的芳川显正方案的结构，到底是在告诉我们什么呢？

以身体来比喻的话，且不说道路、铁路这些骨干部分，就算是依附在骨干上的内脏与肌肉，也绝不可认为是没有变化的。比如把五级左右的小路拓宽为一级，或者开辟新路等重大变化都需要避免。只要还坚持按照既有的道路进行拓宽与相互连接，那么其内容上的变化就是有限度的。比如，在商业街日本桥大街上，拓宽就是沿商家道路的外围所进行的，机关街也是由与大名小路一脉相承的官家道路串联而成的。皇家道路虽然看上去很新奇，但在个性上，也可以说是像极了过往的将军御成街道[1]，并非引入了某种独特的元素。旧朱线的范围也与人口看齐，缩小了一圈，落到了外围道路上，旧三十六门地区的整体感觉，则直接传到了内围道路上。功能分区制度也只是简单地将身份分区制度改头换面了一番。为了不摧毁批发街，与奥州街道相重叠的那条辐射道路也不得不绕道避开本町路。可以说，这个例子所象征的，正是坚决不对城市的内在下手的姿态。

将街道的内脏与肌肉维持原样，只对灰色的骨干进行打磨的芳川显正方案，难道真的只是热衷于对形骸进行无意义操作的空洞规划吗？如果在今天做同样的事情，或许会遭到非难，但那个时候正是明治时代第二个十年。历史一定是有记忆的，芳川显正的方案是一份令人震惊的规划方案，它最早提出了要打开封建城市江户这一理念。

在现代以前，所谓城市，无论欧洲还是亚洲，都是一样封闭。在远程大炮发明之前，封闭的城市本身便是最佳的防御。但在封闭的方式上，西洋的国家或中国等大陆国家与日本之间，还是有所区别的。以欧洲为例，在中世纪的城墙城市里，中心耸立着直指云霄的哥特式教堂，前方有开放的广场，无数条道路像叶脉一般互相交错，从广场向四方延伸，在它停住的地方则围起高墙。粗壮的叶脉在与围墙相交之处穿过，形成城门。如果钻出厚重的城门，那么早市的喧哗与铁匠铺的锤声便都消失了，只有背着袋子的驴来回行走在绵延不绝的乡村小道上。城市内外由一堵坚固的围墙相隔，内侧开辟了错综复杂但畅通无阻的道路，就如同

1　将军御成街道，即日光御成街道，同样属于日本的一条"街道"（要道），为江户时代将军前往参拜日光东照宫所通过的御用道路。

海绵一般塞满了城市。而在围墙外，却连一处进行防守的石墙都没有，田园风光无限延伸。一旦出了事，敌人的弓箭头，虽然可以被石头与砖造的、连蚂蚁都钻不进去的厚重城墙挡住，但只要壳上有一个地方破裂了，那么市内就连一处抵御进攻的装置都没有了。或许可以说，欧洲的城墙城市就好比蛋壳一样封闭。

反过来看，我们的封建城市又是什么样的呢？城市外侧并没有城墙，相反，只有地图上画了一条标明市区范围的线。要是在市郊的某某兵卫家里，院子的另一边提出了分家，那就让相应的部分走人，舍弃房子回到乡下，市区的这一部分便缩减下去了，不过这样暧昧的边界线。如果要侵入到市区范围中去，则只需要把一只脚伸到院子里就行了。但要说能不能骑着马、长驱直入市区深处，则可以说武家之都自然也会亮出其真面目，必不会轻易允许这种情况出现。种种曲折层叠的障碍来回交错，进一步则更高一步，进两步则难攻两倍，阻挡了前进的攻势。比如护城河、石墙、堤防、围墙之间的组合，就像卷心菜叶一般，把本丸包在里面，将下町卷在中间。位于这些遮挡装置之间的空隙，则由市内的道路填满。有时也贯通而设，但并非一路畅通，而是建起了升形、火钩与木门。[1]江户市内共计 36 处升形，它们设置于道路跨过护城河上方、穿透石墙的位置，用两座大门与口字形的石墙，将入侵者围在中间，像对付落入陷阱的野兽一般将其击溃。即便攻破了升形，侵入了城门，本以为城内的道路会宽一些，但实际上却突然收窄，右拐道路被堵死，左拐九曲十八弯，无法直线前进。这些升形设置在下町的商业用地之外，虽说后者并

1　升形，虎口的一种形式，以米升的形状比喻城墙围合而成的内庭。火钩，形容的是进入城堡之后，让敌人难以直接进攻的一段狭长的急弯道。江户城区的主要出入口，皆设有活动的木栅门。

没有出其不意的路宽变化，或者大的拐弯，但所到之处，皆设置了市内木门，以阻挡入侵者的攻势。808町（实际上有 1 600 町左右）的每一町内基本都有设置，面积较小的町则与邻町合设，通过市内木门将道路阻断的地方，共有 990 处。日本桥大街虽然有田舍间 [1] 10 间的宽度，但由于每一区内都设置了开口 2.5 间的木门，因此，人、板车的通行宽度实际上只有其四分之一。随着夜幕降临，听到四声钟响，则关上木门。木门不仅作为最小的障碍物，起到了巩固武家之都城的作用，且在其内部，自己家与邻居家也一同变成了街巷生活的最小范围。在幕府末年，据说横滨的外国人为了"生麦事件"的谈判而进入江户时，即便是白天，看守的居民也都争先恐后地关上木门，町民们躲在屋里，让带路的差人一边忍受着狗叫、一边抬起一只只门闩，一路上花了不少工夫，恐怕封闭的不仅是"物质"上的城市，还有町民的心与社会组织。

护城河、石墙、升形、木门等这种江户的自闭性装置，虽然单独拎出来都比不上欧洲的城墙，但由外向内逐渐增强并相互叠加，其最终达到的效果也绝不会逊色。如果说欧洲的城墙城市像蛋壳一样，那么日本的封建城市，则像卷心菜一般封闭了起来。

但说起封建时代，自闭的也并非只有城市。在城市与城市之间，同样以关卡、没有桥梁的河川、险路等隔开，整片国土都被微观地隔离开来。而再往外、面向海外的话，则更是被德川家的锁国家法牢牢地控制了起来。

不管是像蛋壳还是像卷心菜，长期沉迷于自闭之梦中的城市，终究迎来了名为现代的这个"大量"且"快速"的时代。在席

1　田舍间，又称江户间，主要在东日本使用的间单位，略短于西日本所使用的京间。

卷而来的人和事物面前，早已没有办法继续自闭了。比如像著名的巴黎改造规划一样，欧洲的城市首先剥去了城墙这一层局促的束缚，然后又将海绵一样吸收得十分饱满的市区切开，令两旁布满了行道树的林荫大道呈辐射状从内向外穿透。这种通过横向、竖向、斜向的大街将中世纪以来的堡垒城市打开的方法，被称为"巴洛克式城市规划"。而其最具特色的、裂纹一般的辐射形态，对于将内部压强加到了临界点的城墙都市来说，恐怕可以说是与后者蛋壳般的封闭状相反的意象。像卷心菜一样封闭的日本的封建城市，又将采用怎样的开放方式呢？与辐射状的形态不同，我们应该可以期待一种与卷心菜相称的、温和的处理方法。

新政府成立后，便立即下令将市内木门撤除，以此为开端，江户的锁链被逐一解除。按照顺序来说：

明治元年，江户改名为东京，撤除将市内分隔开来的近百处木门，一般的市街用地允许夜间通行。

明治二年，为图"四海一家之宏谋"，撤除街道河川的关卡、货物称重站一类，允许往东京自由通行。

明治三年，在竹桥、雉子桥、清水、田安、半藏五门处允许日间通行。

明治四年，作为新政府的御用商人而知名的三井、小野、岛田新架设了铠桥。

明治五年，撤去构成旧江户城外城轮廓的雉子桥、一桥、神田桥、常盘桥、吴服桥、锻冶桥、数寄屋桥、日比谷、山下、幸桥、新桥、虎之门、赤坂、食违、四谷、市谷、牛迂、小石川、水道桥、筋违、浅草桥等21座门的门扉。至此，东京成了一座可以终日自由通行的城市。此外，在隅田川上的两国桥、新大桥、吾妻桥，以及奥州街道的千住大桥处，允许马车与货车驶入。

明治六年，内城的半藏门、竹桥门允许终日通行。另外，架设日本桥，改为人车分离、桁架辅助结构，并涂蓝漆的西洋风木桥。江户时代的桥梁，为了不妨碍运河里装满货物的货船通行，都将中间架高了，但进入明治时代之后，这种设计妨碍了马车与人力车的通行。政府在水运与陆运中选择了后者，决定将桥梁建平，日本桥就是其中的第一座。日本桥的重建，便是从"水上江户"到"地上东京"的变身宣言。代替了筋违桥的则是石拱桥万世桥。这座东京最早的拱桥，是将之前起到了隔断城区作用的旧筋违门升形内的石墙拆毁之后，挪用其石材建成的。万世桥也便成了从"封闭的江户"到"开放的东京"的第一座里程碑。

明治七年，浅草桥被重建为石拱桥。废除了隔田川厩河岸的渡船，由日比野泰辅等人通过私人出资架设厩桥，作为收费桥梁。此外，废除了相当于东海道东京入口的六乡川（多摩川）渡船，由铃木左内等人私人出资建设六乡桥，在 5 年 4 个月之间作为收费桥梁。在这一时段内，新建桥梁多由私人出资。在政府机关出面之前，这一方面的空白就交由民间人士来填补了。

明治八年，江户桥、京桥、海运桥被重建为石拱桥。

明治九年（1876），锻冶桥、绿桥、荒布桥被重建为石拱桥。

明治十年，银座砖城规划完成，从银座至筑地的道路得到改造。常盘桥被重建为石拱桥。樱桥经挂原幸次郎等人之手得到新建，于 11.5 年之内成为收费桥梁。

明治十一年，昌平桥经由利公正之手得到新建，在 7 年 10 个月之内成为收费桥梁，过桥费为每人一文（文久钱），双驾马车为 0.015 日元。

明治十二年，弹正桥被重建为弓弦桁架铁桥，为东京最早的铁桥。

明治十三年，吴服桥被重建为石拱桥。

明治十四年，作为东京防火令下路线防火项目的一环，制定了交通网改良规划，包括松屋町一丁目—龟岛町河岸之间道路的新建与拓宽、樱桥—兜町道路的拓宽、新富町的运河新建、龙闲桥—龟井町之间的运河新建、滨町堀留—柳原土手之间的运河新建等，至明治十七年左右完成。这一规划虽说是防火策略的一部分，但也是位于火灾旧址之外的道路与运河改良项目的先驱。

明治十五年，高桥被重建为桁架铁桥。开通有轨马车，新桥—日本桥、日本桥—上野、上野—浅草首次通过机械交通连接起来。

在明治时代第一批执政者看来，只要在每次出现明显的不便之时，实施个别改良，久而久之，最后总会达到某种效果。但到了明治时代第二个十年的后期，当人们目睹了有轨马车的出现后，以芳川显正为首的一批人终于开始意识到，这些"临场反应"式的改造工作已经无法撼动江户这座大型城市的骨干了，尤其是作为交通专家的原口要，已经像"卑职日夜忧虑，无法在心中置之不理"所说的一般，打心底里明白这一点了。

之后，芳川显正方案便诞生了。其本意还是为了改善交通，但同时，铁路、绕城公路、纵贯道路、辐射道路所组成的网络，也已经具备了打开江户这座巨大城市的力量了。从大街开始，大型的道路被拓宽了 50%，有的甚至拓宽了一倍，以便马车与有轨马车通行。随着道路拓宽，新增加的道路面积也达到了 66 万坪之多，如果将这一增加面积，折算到既有的日本桥大街（道路宽度 10 间）上的话，便会长达 220 千米，等于已经超过了箱根，直接到了三岛边上了。道路拓宽的同时，避绕的弯路也被改建为了直线，如果有石墙则拆除，有护城河则架设铁桥，有升形则切除，有时则无视，从旁边穿过。这样建成的大路循环环绕，纵贯南北，辐射四方，互相连接。即便是江户或许也无法抵抗，只有对外开放这一条路了。

对于这样的芳川显正方案，或许还是会有人持轻蔑的态度，认为这不过是软弱的改良主义，不过是细枝末节上的改动。而芳川显正方案在当时便已经受到了严厉的批判。诚然，芳川显正方案既没有像巴洛克式的城市规划那样，按照某种想法，将既有的街区消除并开辟新的大街，也没有将旧有的形态倒转过来，只是停留在了既有街道的拓宽与形态的修复上。但巴洛克式城市规划犹如裂纹一般的激烈变革形态的诞生，是之前像蛋壳一样的封闭方式导致的。反过来考虑，如果在以"卷心菜"作为对象的芳川显正方案上面，追求同等的激烈程度的话，不就等于是缘木求鱼了吗？选择性地将道路拓宽、将两条道路变作一条、将弯路拉直、架设桥梁等，在整个城市范围内，到处进行这种细节上的改造，芳川显正方案这样的做法，对于像是被一层厚重的蛋壳包裹起来一般的欧洲城市来说，的确不足以起到打开的效果，但对于日本封建城市这样，通过几重自闭的装置叠加进行自我保护的对象来说，难道不足以称为最恰当的攻克方法吗？在将由数层柔软的叶片重叠包起的卷心菜打开时，比起用铁锤敲，还是一点一点、一片一片地剥下来更为合适。如果说芳川显正的这种处理方法是毫无变化的做法的话，的确也没有说错，但接下来即将登场的最终未能实施的机关集中规划，却难以容忍芳川显正的方案，选择向巴洛克式的城市规划学习，力图让大胆的辐射形态贯穿东京。如此看来，果然还是应该高度评价芳川显正这种现实的选择的。

我们已经对芳川显正方案之前的两版规划进行了评价，如果说中央市区规划是地方官的规划，筑港规划是新兴企业家的规划，那么芳川显正的方案，则到底应该说是谁的规划呢？答案当然要从沉默的芳川显正方案中寻找，铁路规划与四条辐射状道路，已经给了我们线索。

铁路究竟意味着什么呢？铁路本身，不过是从北向南贯穿东京的一条线路。由于绕城公路、纵贯道路、辐射道路等全部由中央车站出发，与四大车站相连接，因而铁路扮演了城市内部交通动脉的角色。与此同时，这条动脉也担负起了日本列岛上自北向南的纵贯大动脉的责任。当市内的商人到地方上进行采购或送货时，只要通过绕城公路或辐射道路等最近的干线道路到达最近的车站，便无须经过关卡，只要穿过检票口便可坐着热乎的座位直达目的地了。或者反过来，如果在荒郊野外，人或货物要汇集到东京中心的话，同样变得不再困难。通过道路将内部敞开的东京，正通过铁路逐渐向全国开放。

假如铁路的终点，还是一成不变、闭塞的国土的话，那么就算都城内部再怎么开放，也不过是鸟笼之内的自由罢了。所幸的是，整片国土也在不断发生变化。不对，如果要论先后，那么国土的解放反而要先行一步。早在明治维新时便已经有过多次打开封建国土的尝试了，因此可以说在芳川显正方案诞生之前，便已经渡过了一大难关。关于当时的状况，根据财政负责人大隈重信的回忆，来进行拾零的话：

在封建时代，由于需备战，为防止其他藩的侵略等，出于战略上的考虑，选择了故意让道路不佳、道路难走、道路极为曲折、桥梁则尽量不架等方针。另外，由于封建时代的地域被分成了很小的一块一块，因此由于各藩之间的边界关系，水利、道路、桥梁、水渠、污水管道等也并没有得到贯通……

……因此，我们下了很大的决心，首先为了提高内部治理水平，向各省及地方的官员打了招呼，但地方官称十二年之内不会变动，因此一时无法把握将来的情况，以为永久性的事业打好根基等作为理由，计划了道路、水利、灌溉、水库、排水等大的事业，并发行了企业公债，开始推行了……

也因此，在各地方上也开始大兴土木，甚至出现了被称作土木县知事之类的人……

……将不好的道路予以更换，或者切开大山、通上隧道等，已经变成了明治元年到十六年的一大风潮，甚至可以说已经变成了一种弊病。但就算是弊病，对于工业来说，也有着很大的好处。各类事物都是在相互影响的，大兴土木与人力车的发明同样相辅相成。比如，如果不通人力车的话，面子上就过不去，于是开始与隔壁的县争相开展建设……

而这种建设工程的流行，在各地也伴随着各种悲剧和喜剧。被称为所谓土木县知事的这些喜欢搞建设的知事，有的是出于自己的兴趣，有的则是为了迎合政府，又或者是想要向地方显示一下自己的威力，都是想要留下什么功名的人，不带什么野心的人少之又少。县会与地方民众之间，也不时会产生冲突，甚至引起了武装起义……被民间称为福岛事件的河野君等人的骚乱即为此类……在其他各地方也多有爆发，比如越后大高津水路开掘时的平民起义、茨城边上名叫居切的海岸开掘水路时的平民起义等，皆为此类。还有在熊本有一处重修水利的地方，因为该水利原是由加藤清正所建，所以被民众拿来大做文章，说什么遗弃清正公的遗业乃是十分危险的举动之类的，然后学了新式土木学之类的一帮人则一直说'怎么还在讲这么老土的东西……'，便直接去痛骂、斥责民众，但结果建成了以后，大发洪水，项目完全失败了，于是又恢复了清正公的做法……全国各地，多的是这种奇谈异闻。（圆城寺清编，《大隈伯昔日谈》，大正三年刊行）

芳川显正方案是谁的规划

"明治元年到十六年"的这一来来回回的基建热潮的最终章节，便是"明治九年东北开发综合规划"的登场了。由时任内务卿的大久保利通亲自莅临现场而立案的这一规划，尽管被称作对输给贼军且被新时代遗忘的东北地区的重建策略，但与此同时，也是最早成体系地将封建国土解放出来的模范项目。

规划的中心，被放在了交通，尤其是水运上。希望通过在北上川等少数几条养育了陆奥地区的大河之间开凿运河，将关东以北的国土连接起来，如此一来便可以避免经历日本海与太平洋的大风大浪。作为开端的大手笔，便是将阿贺野川与阿武隈川通过猪苗代水渠连通，在日本海与太平洋之间开通船运，在阿武隈川与北上川、那珂川与利根川、利根川与隅田川之间，分别开凿运河。让我们假设一下，如果要将信浓川流域的特产大量销售到日本向外的一侧去，首先要让货物顺流而下，在新潟港集中，然后从新潟港沿阿贺野川逆流而上，进入猪苗代湖，再从湖对岸沿猪苗代水渠往下，便是太平洋一侧了。如果经过阿武隈川，则可以到达荒滨港。由此地向北航去，沿贞山堀与东名运河往上的话，会抵达野蒜国际港，如果再往前，从石卷港沿北上川逆流而上，便可以到达盛冈了。如果从荒滨港向南，只需经历一小段太平洋的风浪，便可经那珂凑上那珂川、大谷运河横穿霞之浦，再上利根川，然后沿印幡沼运河往下，直达隅田川了。

道路的建设也丝毫不输给水路。在南北方向狭长的陆奥地区，以设置在南半侧的新道路来看，从被称为"东北肚脐"的会津出发，往北到山形、仙台，往东到福岛，往西到新潟，往南则经过栃木到日光街道，道路和隧道均已落成。而在北半边，从津轻到盛冈，从横手到黑泽尻（现为北上市），以及从新庄到野蒜，每一条道路都通过奥羽山脉，将日本海一侧的平原或者盆地与北上川的大动脉连接了起来。在铁路上，同样从上越国境穿过清水隧道，新建了一条可以认为是连接新潟与上野的新线路。这些从关东散发到东北一带，由水路、道路、铁路所组成的网络，预计会有内外两个集合点：第一个，是在北上川河口附近所建造的国际贸易港野蒜，将关东以北的蚕丝等出口货物通过网络集中到一起，瞄准的是国际生丝期货市场，将比横滨港提前两天到达旧金山。另一个则是作为国内中心市场的东京，其水路网自不必说，从新潟出发的铁路，以及发端于会津的道路，也都会朝着东京的方向行进。

这一壮观的"明治九年东北开发综合规划"比芳川显正方案还早一步初具雏形——明治十四年，野蒜港部分开港，同年，猪苗代水渠开通。内务省本省内部已然在国土上构建了一套新的交通网，并将东京放在了其集合点位置。之后，又由属于内务省一派的东京府知事芳川显正建立起了东京的新网络规划，这一切难道纯属偶然吗？首先停止锁国、向世界开放，然后开放国土，最后再轮到开放城市，这种从大框架开始慢慢向个别部分、从上往下推动变革的"维新的方法"，也在此得到了贯彻。芳川显正方案的制定，并非只将眼前的东京作为对象，而是站在了国土这一层级之上，将东京作为其关键所在。与自闭在一座城市当中、有意缩小的中央市区论，以及向世界完全打开的、有意扩大的国际贸易都市论都有所不同，芳川显正的方案，是由位于国土当中的首都——这一相当现实性的尺度感所支撑的。在芳川显正方案的图纸上，从北向南画出的一条铁路线，正是国土网络与城市网络之间的连接线。

对于芳川显正方案究竟是谁的规划这个问题，我们的另一条线索，便是四条辐射道路了。为天皇家的巡幸与达官显贵的上朝所开设的皇家道路的存在让我们知道了芳川显正方案是将东京作为天皇的座处来看待的，但我们也绝不可自以为是地认为芳川显正是像巴黎市长奥斯曼将巴黎的改造规划献给当时的皇帝拿破仑三世一样，是期望着把新的东京献给明治天皇的。皇家道路与商家道路、官家道路并无优劣之分，天皇的宝座也不过是从葵纹变成了菊纹[1]。中央市区论者和筑港论者，都丝毫没有理会十几年前天皇的宝座从京都转移到东京这一个新变化，与此相比，芳川显正方案则是首先在城市规划的图纸上表明了天皇的存在的，这一点不可忽略。无须多言，将东京这个地方作为国家统一象征的所在之处，就意味着东京在精神层面上也是国家的中心。

1　江户幕府统治者德川家康的家纹为"三叶葵"，是根据二叶细辛（日语称"二叶葵"，细辛形似锦葵，日语中也称"葵"或"寒葵"）虚构出的纹样。明治倒幕后东京由皇室统治，家纹为菊花。

芳川显正方案将东京视为国土上交通网的集合点，还将其视作一种象征性的座处。将东京从物质与心灵这两个层面上都视为国家的关键来看待的这一想法，究竟是谁提出来的呢？只思考世界普遍性的思想家，与在给定的狭窄框架之内考虑的地方官，自然都是不会这么想的。在此，希望我们能回忆一下芳川显正的立场。芳川显正虽然是东京府知事，但并非同前辈楠本正隆或松田道之一样的专任人员，他是兼任内务少辅之职的地方官。由知事上报的芳川显正方案，在内务省中进行审查的并不是别人，正是芳川显正本人。而且，芳川显正在结束兼任后，仍然作为内务大辅继续推进市区改善。如果考虑到这一点，那么芳川显正方案正是一份体现了内务少辅芳川显正意见的规划。这样一来，与之后的事情也相符合了。芳川显正所属的内务省，在最初大久保利通创办时，是一个在物质层面之外还治理国家内务的机关。该机关在明治年间一直致力于开发国土与完善天皇制，这一点广为人知。显而易见，芳川显正方案的设想与内务省存在的目的是完全吻合的。因此，如果要问芳川显正方案是谁的规划的话，那么回答"内务省"应该也是不会错的。

仔细端详的话，透出纸面来的"交通""内务省"两个词，不仅对芳川显正方案进行了说明，还随着之后市区改善在明治、大正时代所经历的漫长变迁，变得愈发鲜明起来，最终变成了形容日本现代城市规划特点的词。纵观内务省的几个"大动作"，我们便能感受到历史的齿轮不断向前：明治十七年提出旨在改善市区的芳川显正方案，明治十八年便完成了市区改善审查会方案，明治二十二年在发布改善条令及通过了市区改善委员会方案之后，便确立了作为城市规划的主管机关的"霸权"，之后又有明治末年的田园都市规划研究，以及大正九年（1920）的城市规划法发布等。将国家统治作为宗旨的内务省，在掌握了城市规划之后，便一直将其作为治国平天下的一部分来进行构想，此外，在得到了官家的力量之后，还被作为一种范例推进，更超过了仅仅作为可能性而存在的各地地方官的规划，以及新兴企业家的自发尝试。在今天仍然被谈论的日本城市规划中，最早明确表现出中央集权特点的，无疑就是芳川显正方案了。

此外，在日本的城市规划中，重视交通的理念也是从芳川显正方案开始的。面对当时的封建城市，芳川显正方案的交通规划是可以接受的，但是在经过了明治、大正时代，以及昭和初期，姑且算是完成了城市开放的使命后，日本城市的规划也仍然不太在意描述城市的理论形象，对于历史、环境、美观等城市内涵完全视而不见，像是把城市当作道路的别称一样，一直埋头于道路的建设，甚至在日本桥的正上方都通了高速公路。日本城市规划的这种重视土木的个性，时至今日才终于要迎来转变。究其根源，还是内务少辅芳川显正与交通专家原口要所制定的芳川显正方案。

明治十七年、旨在改善市区的芳川显正方案，无论是好是坏，都成了日本的"城市规划之母"。

市区改善审查会方案

从古至今，优秀的城市规划必定包含着某位主人公的个人意志，从来没有"匿名"的案例。比如芳川显正方案中，将狭窄的道路拓宽、弯曲的道路拉直等意见，虽然看似非常直接，但透过历史的光亮来看，其中也似乎潜藏着"政治之要东京"的意志。模棱两可、"好好先生"般的规划，是从来不会改变城市前进的脚步的。

此前的两位主人公，已经让自己的规划在历史的舞台上登场了。出现了一些希望通过筑港而将东京培养成国际商业之都的人士，公布了芳川显正方案的内务省则紧随其后。究竟是"商业之都"，还是"政治之要"呢，如果说一个城市容不下两种梦想，那么究竟哪一个能够存留，就只有在这座名为"市区改善委员会"的擂台上通过比拼实力来决定了。

帝都还是商都

明治十七年十一月十四日，芳川显正方案由东京府上报其所在省，接手的内务卿山县有朋向太政官请求设置审查会，以判定此方案适合与否，并得到了许可。十二月十七日，在内务省内设置了市区改善审查会，并任命内务少辅芳川显正担任会长。委员则从内务、工部、陆军、通信、农商务各省及警视厅与东京府处共选出了14人，其中，包括警视厅、东京府在内，与内务省有关的委员共有8名，略超过了半数。五年前，对松田道之《东京中央市区划定之问题》进行审查的市区调查委员总会，是由旧幕府开明派的海上之人与新兴企业家的势力各占一半组成的，显示出倾向于筑港与商业城市的面貌来，但这次形势一变，可以说是非常适合巩固政治之要的阵容。此外，还应涩泽荣一的强烈要求，在计划之外追加了东京工商会的代表，即涩泽荣一与益田孝这两位民间人士。就此，委员会全员到齐。芳川显正在答应涩泽荣一的请求时，说不定还小看了这两位新兴企业家的力量。他一定没想到，在从明治十八年二月二十日到同年十月八日的持久战中，自己的方案竟然会在不知不觉间被打得四分五裂。

明治十八年二月二十日，第一次审查会召开。芳川显正从一开始便希望对自己的方案进行具体的讨论，因此首先询问了规划市区范围的适当与否。各位委员竟然都不同意进入项目审查这一环节。

山崎直胤（内务大书记官） 所谓此市区整体的改善，在"道路宽度"之议论中，乍看上去仅止步于道路幅度的拓宽，其实绝非如此。看到东京府一体改善这一项时，还将住房构造、上水道和下水道改良、下水道疏通等皆包括在内，如筑港这样的特殊事项，亦属于其中一部分，所涉及之处着实颇为广泛。若说市区改善即是东京改善，盖亦非过于庞大的名义。而今日议及此事，却觉其范围颇为狭窄。其原因在于，论及之事务，不过是道路改线或者河川挖掘等，纵使道路建成，若上水道和下水道不完整、住房不坚固，则全无益处可言。若将此道路改善视为需要立即着手之事，视为市区改善的基础，则其相关之处，便不可不谓颇为重大了。(《东京市区改善品海筑港审查议事笔记》)

其认为需要进行更加广泛的讨论。对于将东京作为"全国之帝都、政府之座处"的定位，山崎直胤发表了"呜呼，我东京亦必须如此"的如下梦想。

规划东京之宏壮，描画帝都之永远兴盛，其基业则在此市区改善一事上……

试以此改良事业，以西方近代史为参照，将各事项与《拿破仑三世帝纪》中所记载之巴黎府改良及其方案比对。今稍读之，则对我东京府将来改良状况之思考便已过半。现翻译在此，以供参考。

《拿破仑三世帝纪》中曰，政府意图改建巴黎，以使其规模壮大。乃令里沃利街、塞瓦斯托波尔大街延长、穿过旧有之大街，以作为主干道，东面开辟马真塔大道、文森大道，从布江大道及星形广场处开始，开通十二条来往大道，四通八达，并于周围建设各种纪念建筑，令四周开阔，使卢浮宫、巴黎皇家宫殿可以眺望圣雅克塔等壮丽景观。又对达官显贵之集会处——布洛涅森林公园进行改良，对蒙索公园、文森森林公园进行修饰，以作为商人、工人杂居的密集市区的逍遥之处，模仿伦敦，巴黎市中央各处亦新开设方形小园，为了覆盖圣塞尔丁运河[1]，以作为暗渠，于是在其上方修建大道等。更建设其他鱼禽蔬果之大市场，改良上、下水道，增设喷泉，改换兵营位置，改建剧场、医院、收容所、寺庙，并改架桥梁等，不遑枚举。此等广大之事业，大半仅于十年内落成，于是巴黎府之区域，便扩散至周边炮垒所在之处，然后于立法议院决议，将巴黎府近郊市邑并入本府中，因此府面积变为两倍，增加四十万人口。法国其他繁荣城市，如里昂、马赛，亦仿效巴黎府，以期对城市进行大幅改良……（同上）

明治六年，山崎直胤在参加维也纳世界博览会回来的路上、作为留学生停留法国时，几乎每天都在路上看到花都巴黎的各种景象。当时的回忆或许慢慢苏醒了，因此他不停地把花都巴黎视作东京改造规划的榜样。

以此与我改正方案相比较，举二三例而言：一级路线应仿效其所言大道进行改建；浅草草地上之公园，则应像其蒙索公园一般，作为市民逍遥之场地；上野公园亦应由农商务省让渡予东京府，如其布洛涅森林公园一般，作为国内外达官显贵聚会之公园；而为使上野五重塔、两本愿寺之大殿、神田神社和山王神社之神殿似其圣雅克寺塔一般被观赏，应将水天宫、金刀比罗宫神社改建为砖石结构，将文明开化之益处惠及

---

1 此处经奥斯曼埋入地下的水路似应指圣马丁运河，而非圣塞尔丁。

人民，以洗涤偶像淫祠之不敬，以至作为纪念建筑来尊重；于日本桥区、京桥区等人口稠密的城区内，设三两方园；于皇城周围，则像卢浮宫、杜伊勒里宫旁边一般，统一屋厦之建造方法，使其美轮美奂；兵营、官家用地位置则需改定；于政府机关外部，或应筑以堤防、栽种草坪，或应建造涂漆之栅栏、挡壁、西洋门等，将其结构缩小，宜以市区为体加以改良，将郭内建成一片西洋风、美观之胜地。日本桥、神田等地之鱼蔬市场，最终亦应如其中央市场一般，建于宽阔、开放的室内，改良上、下水道，排空当下废水，令水渠中灌注之水供防火防尘所用。而歌舞伎小屋这种地方，亦可建成如巴黎歌剧院一样的建筑。希冀京都、大阪等地也能像里昂、马赛效仿巴黎进行大型市区改良一般，效仿东京开始渐进改良。其拿破仑政府，乃与巴黎府政司协同成就此壮大之改革，依此例来看，则于我国政府中，东京亦位于天子脚下，乃政府之座处、制度与文化开发中心，应将其市区之改善，作为帝国内大小都市之模范，视为真正文明进步的事业。整体上，为唤醒民众共同经营之心，则不应将其视作一介地方之事业，应作为国家改进事业的一部分，不啻表示允许、赞成，应该更进一步，分担其改良事业几分，或投入若干资金，与府厅共同实行此改良事业，随机应变，脚踏实地，若有重要之法令，则必不可怠慢下达。希望能分担的改良事项，若举一例，则郭内多为官用地区，故希望其建筑改良悉数由各机关自行负担，在政府内部实施其改良项目，比日本桥区、京桥区等纯粹的市区，即商业区提前一步，于官廨区实施改善工作，在营造崭新大内的同时，亦将郭内修整一新，令其雄壮、美观。

……尤其在郭内等处，若诸官衙建筑的类型不能适宜，则既已特地实施市区改善工作，其美观仍无法统一。在法国、奥地利等地，于政府内设置一建筑监督局，市政建筑必须得其许可，方可对大项目开始施工，由此，政府机关建筑乃悉数得到一体化。于此应称为监督局或审查局之部门中，对建筑各处逐一进行指示、使其结构牢固，且对外形上适宜的样貌进行指点，以令其美观。

我国政府亦应对此仿效，设置此局，以令其进行充分审查。（同上）

要将日本的政府装点得像名扬四海的巴黎一样，对于这一条意见，从会长以下到诸位委员，自然也不会有任何异议。

芳川显正 幸好与在下曾在政府内推进之处相符合，在下对此甚为满意……

三岛通庸（内务省土木局局长） 山崎直胤君之计划，自然应当视为目标之所在，应尽可能扩大其规模……令其外观美化，以成为超越伦敦、巴黎之大都市……

品川忠道（农商务省大书记官） 本人亦居住于东京，且作为日本人民，颇为希望我国首都能不输给他国首都……（同上）

175

在赞成的意见一个接着一个后，涩泽荣一（东京工商会）也举起手来。已经过去了多少年呢？在幕府尚存一年命脉的庆应二年（1866）春，涩泽荣一随着最后一位将军德川庆喜的弟弟德川昭武去了巴黎，在三月十九日，应时任皇帝拿破仑三世的邀请，到巴黎歌剧院看戏，四月三日出席杜伊勒里宫舞会，五月四日参加阅兵式，五月十一日，在拿破仑三世的亲自带领下游玩了凡尔赛宫。作为日本人，他第一次品味了花都的芬芳，体验了每天都活在梦幻中的生活。从那以后，已经过去了20年，德川昭武与拿破仑三世都已不在人世，他自己坐在桌前，听着别人讲着巴黎的事情。涩泽荣一仿佛要将昨日的旧梦抹去一般，首先说道："正如山崎直胤君所说……（市区改善）所牵涉之处甚为广泛，且体量较大，因此若是其发言有所偏差，在下亦颇不舒服。"他一下就给还在席上做梦的山崎直胤浇了一盆冷水，并努力让事态朝着与花都相左但与自己的希望相符的方向发展。

> 我希望将此改善工作，与筑港之事一并考虑，定为一份提案。究其原因，乃市区改善需要政府之许可，同时筑港之事亦需要政府之许可，比如有人会认为，通往新桥之道路虽可以做成十五间的宽度，但筑港之道路，十二间便已过于宽阔了，因此，纵使今天无法做出决定，我也希望了解能否将改善工作与筑港之事一并考虑，并定为一份提案。还有一点，官衙之土地，除其必须之用途外，其余皆应作为市街用地。我常常见到将大部分土地划入市街用地中，仅将必要之处用于机关所需，成为狭长一条的样子。对于此等情况，希望可以将其必要之处分开计算，余下作为市街用地，

希望此事能与市区改善之事一同定夺。（同上）

涩泽荣一所说的，便是要把虽然在松田道之时代被定为最优先级，但在芳川显正方案中又被束之高阁的筑港项目复活，并且，他希望将城内（皇居周边的旧武家地）的土地不作为省厅用地，而是作为商业用地解放出来。涩泽荣一认为首要之事是把东京培养成商业之都，此乃其多年以来的想法。将涩泽荣一敬为兄长的益田孝（东京工商会）同样说道：

> 说到底，我还是认为，乃筑港之事最为紧要……东京虽仍可像此前一般，仅靠日本的船只运输作为自用之地，可一旦筑港完成，蒸汽船得以自由出入，其商业形势也会一变，既可以对奥州，也可以对名古屋边的货物进行大量交易，变为一大贸易地段，届时必不会输给大阪。（同上）

> **芳川显正** 此事必将作为共同推进的事项……假定需着手处理筑港之事，则必须继续进行讨论。（同上）

会议才刚开始，便出现了"要建成像巴黎一样的帝都""不行，要靠筑港而建成商都"这两种方向的提议，二者都得到了认可，于是审查会在作为原方案的芳川显正方案上，生生加上了两项不大可能共存的新意见，将三种方向合而为一，又一次被放在了评议的中心。如此，第一天便结束了，之后，在一直到最后十月八日为止的8个月里，共经过了13次审查会，更开设了筑港、市场、公园、剧场等项目的专业委员会，委员们彼此推心置腹，进行了充分讨论。虽然不可否认，讨论有些错综复杂，但我们将按照山崎直胤的帝都化意见、涩泽荣一的商都化意见，以及作为原方案的芳川显正方案的顺序进行追溯和整理，看一看讨论的经过与最终的结果。

让东京像巴黎一样——帝都化的审议

将前述篇幅较长的山崎直胤的发言，逐条进行修改之后，可概括如下：

道路

将一级道路建设成行道树成排的大道。

公园

将芝公园与浅草公园改建为如同蒙索公园一般可以令市民逍遥自在的公园，上野公园则学习布洛涅森林公园，定位成国内外达官显贵的集会之园。与此同时，在一般市街用地内也设置方形广场，即小型公园。

市场

将散布于市内各处的市场，像巴黎中央市场一样集中起来，改造露天市场，将其纳于一栋建筑中。

机关街

将散布于市内的各省机关集中于皇居前，仿效卢浮宫周边，统一风格，建造西洋风的美观地区。

剧场

将歌舞伎小屋像巴黎歌剧院一样，重建为一座大型、华丽的建筑，地点则应位于皇居前的鹿鸣馆旁。

酒店

应效仿巴黎大酒店，于皇居前新建一座真正的酒店。

纪念建筑

像圣雅克教堂一样，将上野五重塔、两本愿寺、神田神社、山王神社打造成城市之地标，将水天宫、金刀比罗宫神社改建为砖结构，以破旧习，作为文明开化的纪念建筑。

在每一项中，都论述了新设施的必要性与美观性，并在仅限于交通规划的芳川显正方案上，加上了对公园、市场、政府机关等设施的规划，还将注意力放在了对美的表现上，希望将东京建成一座作为天皇与政府的座处来说毫不丢脸的壮丽帝都。除了涩泽荣一，令在座人士不敢作声的山崎直胤的发言，却从第二天起，不知为何开始降温了。对都市美的追求渐渐淡去，目标完全被放在了设施规划上，各位委员通过重新发言的形式，对公园及广场、剧场、市场三项进行了具体讨论。

公园、广场规划

长与专斋（内务省卫生局局长） 如神田区、日本桥区、京桥区三地，即使进行了市区改善工作，但住宅依旧稠密，极为繁荣昌盛，火灾亦为多发。若如地图乙一般均匀设置广场，则火灾发生之际，便可作为货物的室外存放处。希望设定以下目标，即随着市区改善的推进，会自然产生像三角形或纺锤形这样形状奇特的地块，可将其作为空地，用作市场或临时避难地，在各区按照几何形状布置。此外还有一点，应设置与之不相连的公园地区。即使不能做到像伦敦一样，但只要在繁华之地设置方形广场，则非但能改善空气，还将减少临时避难处之不便，故希望在京桥区、日本桥区等区域内选择适当地点，建造几何形的小公园，于城区中央设置一个大公园。毕竟在日本，公园之必要性仍未为人所知，然而于欧洲诸国中，不设公园则不成都市，实乃必要之物。在此之前，府下寺庙、神社的界线之内，则自然被当作公园，虽然足以养精蓄锐，然近期其数量亦减，乃逐渐将树木伐尽建屋所致。繁盛之地内，唯独大传马町之旧日牢房中有类似小公园之地点，然现在之样貌，亦难以称其为公园。原本，日本人所游玩之地便卑屈至极，像看戏、围棋、饮茶、歌谣等，都尽在宅院之内进行，实乃不健康之至。在如此之文明社会，进行如此不健康之游艺，则毕竟不如真正的公园有益处。若我日本国中，无可进行君子之游、可修身养性之所，则面对外国该何等之羞耻乎。因此，于市区改善之际，应选取适当之地开设公园，于道路中设置大路，属最为要紧之事。切望就此指定委员，对其规划进行商议。（同上）

当时，其实已经建立了公园制度，指定了上野、芝、深川、浅草、飞鸟山五座公园，但这五座公园都位于市区外围，是挪用江户时代的神社与寺庙土地（仅飞鸟山为游玩地）而来的。与这些江户时代以来供观光、游览的公园并不相同，作为卫生学先驱而闻名的长与专斋所追求的，正是在下町的繁华地带建设充当通风孔的小公园和广场。在领会了长与专斋的意思后，

小野田元熙（警视厅二等警视） 我希望在改善方

案的几个部分中，提议新建游乐园之事。究其原因，是由于在警察规定中，在路上游玩属于严禁事项，然而儿童之游戏，如放风筝、玩陀螺等，对于激发其活力颇有功效。如像现在一样，将道路作为游乐场，则在交通复杂之处，往往颇为危险，出于这类原因，需将在各处设置小园视为必要之事……

黑田久孝（陆军炮兵大佐） 与军事上一并考虑的话，也是设置道路及广场最为必要，因此从军事上来说，也希望按此办理。（同上）

就这样，在得到了持各种意见的委员的赞同之后，会议决定开设公园与广场，并将原始方案的制作交给了长与专斋等人。在经过了两个月左右的内部讨论后，长于专斋等人向审查会报告的意见书如下写道：

公园

在人口稠密之都市中，需要设置园林及空地。第一，就卫生上来看，于街衢相连、轩楹相望之间，若无连续、开阔的清洁之地夹杂，则居民的日常生活或工业产生的有害气体便没有净化途径，有害的气体将沉积于市区中，作为疾病之载体，就算欲将其清除、驱散，亦难以做到，如同家中无庭、室内无窗一般，与身体内缺失肺脏并无两样。加之，无论其业务之高下，若不多为呼吸室内污秽空气生存的人提供在户外呼吸新鲜空气的机会，以补偿其劳动，则无形之中，人民在生产之力上的损失委实难以计算。为此，应于东京府内外设置园林及空地，为居民供应免费的清风，除此之外别无选择。令居民要么到相隔较远处的大公园逍遥，要么在近区的空地上休憩，进行适当运动及呼吸新鲜空气，为第二天将导致身心俱疲的劳动，进行精神上的鼓舞与补给……除了卫生上的巨大益处，还会让首都有首都的样子，焕发出壮观的景象；在起火与天灾之际，民众可以找到避难所；还可以设置一定的日程，污秽清除限定在早晚的适当时间，并供鱼蔬市场所用；而在交通复杂的市区内，还可以方便车马辐集。其所得之间接利益，不遑枚举。(同上)

在列举出了公园之优点后，黑田久孝将以地区为对象的小游园（小公园）与为全府而设置的大游园（大公园）区别看待，试着算出了小游园的分布数量。他所采用的方法，是将伦敦、巴黎、柏林、维也纳等平均城市面积所对应的小游园数量与人口所对应的小游园数量快速算出来，将数值套用到东京的面积与人口上。这一算法，是要确保在面积和人口上都建设与欧洲相匹配的小游园数量（并非面积）。得出的数字，从面积来说是45座，从人口来说是44座，因而决定选取较多的45座。大游园以神社寺庙之地为主，布置了11座。大小加起来共56座，总面积128 020坪，相当于府民每人约1.3坪。对这份原始方案进行审议之后，并无大问题，不过会议还是决定将一座大游园改为小游园，并去除了3座位于筑港计划地区的小游园，最后一共定下了10座大游园、43座小游园的位置（参考图35）。位于市内的这43座小游园，在江户时代以来开放空间便数不胜数的下町内，成了打开新环境的据点。而除此之外，小广场的构想，则被束之高阁了。

市场规划

品川忠道提出，希望将散布在全市以内的市场进行整合、废除或转移。

品川忠道 我希望留出适当土地来设置市场。当下的市场，委实让人感觉不便。我认为，若可以定下市区之范围的话，则市场之位置亦可以确定。若按长与专斋君所说，在日本桥区、京桥区等地设置游乐园，则必须同时选定市场的位置。市场虽然与其所在地有关，但或许也有按照筑港情况、船只停靠之便而成立的市场，因此应于今日先行定下市场之位置。希望为此事一同指定委员。(《东京市区改善品海筑港审查议事笔记》)

这一发言同样得到了认可，会议委托涩泽荣一等人制作原始方案。涩泽荣一等人呈报了以下的意见书。

鱼禽肉类市场

目前位于东京市内之大小鱼市，共有日本桥、四日市、新场、深川、本芝、芝金杉六处。日本桥、四日市、新场等，横穿了整座都市的中央枢要之处，散布在商业上颇为重要之地，且不得不阻断了市内交通的往来，因此，若位于交通频繁之地，则甚为阻碍人马通行。由于亦缺少市场类房屋等建筑物，雨雪之际自不必说，其他困难方面亦难以启齿。从其位置与结构来说，已经如此不适合了，且从卫生角度来看，以上场所与人家紧密相接，不仅空气流通不佳，到大川距离亦甚远，流速缓慢，并不适合河川、水渠中淤积的污物排泄。鱼鲜类之污物，要么埋于土壤中，要么造成污染，令空气不净。即便有人指出，在首都中央地带不断酿成卫生危害的因素正在于此，也不得不为之辩解……对欧洲大型都市之制度进行参考，则所谓公共市场或中央市场，其目的便是将向来零零散散的小型市场结合起来，建设空气流通良好的高层楼房，特别要在下水道排泄处设置沟渠，对扫除与清洁的方法进行强力整顿。即便在我东京市内，对于之前陈述的鱼禽市场不便之处，假定于他日进行矫正，则趁今天讨论市区法案的同时，必须预先确定其位置与方法。其方法，乃废除当下之鱼市，并于以下三处建造公共鱼禽市场。

滨町鱼禽市场三万八千五百八十九坪

芝鱼禽市场两千零三十五坪

深川鱼禽市场三千九百四十七坪

蔬果市场

蔬果市场，位于神田多町（东组与西组）、两国矢之仓町、滨町、京桥、本芝、下谷、本所竹町、本所千岁町、本所四目这九处，并不像鱼禽市场一般污秽不堪，但同样有不便之处，不得不为此感到遗憾。因此，将公开称作市场之处，定于神田蔬果市场（一万零七十二坪）与京桥蔬果市场（两千五百一十坪），应效仿鱼禽市场的构造进行建设及开市。

屠宰场

当下府内存在的屠宰场仅芝浦一处，明治十七年，屠宰的牛、羊、猪合计一万三千九百三十一头。将此一年总数除以三百六十五日，则每日屠宰数量相当于三十八头有余，每日捕获六七十头。故与鱼禽市场一样，设置于其附近的土地，毋庸置疑会产生空气污染。且日常对牲畜进行屠宰，素来给人以不快之感，因此屠宰场必须设置于市区边缘较远之处。然而其当下所在之处——芝，乃国内外人士出入首都之门户，尤其是设在了整座东京府南面的风口上，绝称不上是可行的位置。在欧洲的大都市中，掷下莫大金额，计划将屠宰场移设至市区边缘，除了希望实现统一管理，也是根据这一点所做出的决定。基于以上之理由，若在深川边看好一块地，将其转移到永代新田屠宰场（三万坪）的话，则除了排除掉前述的一切障碍，还可借水路之便，得到可向滨町其他鱼禽市场进行漕运之利。（同上）

如上所述，由于卫生、交通、美观这三点，会议提出停止此前在市街用地中心开设市场的行为，改为集中在市区外围处开设，扩大其规模，同时集中转移了日本桥的河岸鱼市、鱼禽畜肉市场等所有市场，在滨町创办一个中央市场。以青菜两处、鱼禽畜肉一处、屠宰场一处的标准完成市场规划的制定，在此结审（参考图 35）。

剧场规划

提出剧场之议的经过虽然没有被记录下来，但负责制作原始方案的山崎直胤等人报告了以下意见书。

如同巧妙的诗歌著作一般，歌舞与戏剧亦是文明社会必需的快乐之物。若无法将真实的想法描摹出来，人之感情将变得淡薄。一国之文学进步与否，亦需根据其歌舞戏剧之优劣来评判。古来，意大利歌舞优美，法国戏剧繁荣，因此作为文明深厚之国度，在欧美受到称颂与赞扬。现于我国，近年频频有外宾周游，官民对其颇为诚恳，令其观览诸般事物，毫无遗漏，然就剧场一事来说，并无足以观览之处。在纵有一次踏上过欧美土地、稍微通晓其国情之人看来，此实乃我国民社会之缺陷，遗憾不已……向来难免卑俗拙劣的剧场，必须实施渐进改良，令其与国势发展的程度相宜。欧美诸国，依据其帝国、王国或共和国之分，有帝国剧院、皇家剧院、国家剧院，从帝王后妃，到百官绅士，皆莅临观赏之……举办此类演出之场所，应为都市中首屈一指之建筑，以装点都市之壮观。趁现在市区改善这一盛举，应模仿其帝国剧院，选定一座歌舞音乐厅，以及两座上等剧院之位置。所谓一座歌舞音乐厅，由于我国并无类似歌剧之文艺作品，则希望该场所要么演出优美高雅的歌舞伎或能戏、狂言，要么演奏和乐与洋乐。至于另外两座所谓上等剧院，指的则是仅进行歌舞伎演出之所。将其数量限制为三处，是为了防止有旧建筑去掉其结构的表皮，图其宏伟壮丽，用西洋风修整一新，从而数量泛滥、各处互相竞争。在明治维新之前，上等剧场亦有三座于猿若町，近年由于增长到四五座，其中一二不免常年歇业。地点上，则尽量选择市街用地与宅邸用地之间，令居住于宅邸用地的人与居住于市街用地的人各自往来方便，若设置于小公园或广场一侧，则可得其卫生或出入之便。因此，希望将第一号歌舞音乐厅设于日本桥区，第二号剧场设于神田区，第三号设于京桥区，并指定其坪数。于此三座剧场中，不允许配置茶馆，以免妨害其邻近处真正的商业地区。（同上）

山崎直胤还口头补充了如下的内容。

山崎直胤 以上意见书中，并未明确揭示其地点所在，若以定于京桥、日本桥、神田三区内来考虑，则第一号应定于日本桥区第十九号小游园、中桥填埋地外靠近河岸之处，第二号应定于神田区第十一号小游园、美仓桥边，第三号应定于京桥区第二十三号小游园、真福寺桥侧边最近处。吾希望将一号歌舞音乐厅设置于日本桥区内，是因为中央之处对达官显贵及外国贵宾来说较为便利。同时，吾希望一并将其打造为今日的戏剧街，禁止在附近地区上演有伤风化的下等戏曲，应建设恰似宫殿一样的楼房，以作为上等歌舞戏剧上演的场所，也有意作为民众举办晚会，演出能戏、狂言，或举办演讲会等之场所。或许有人认为，对于市区改善来说，剧场等处的位置无须讨论，但我向来希望能开设如上述一般的上等剧场，以供高尚优美的歌舞伎演出或和乐与洋乐演奏等所用，不时亦可考虑出借予各省机关，以在此建筑中举办晚会等活动。
（同上）

山崎直胤首先贬低了江户歌舞伎的荒唐与卑俗，或许是因为巴黎歌剧院的想法已经先入为主，才提议建设三座既可供招待外国宾客、又可供天皇驾临，还可作为晚会使用的剧场。一座是令帝都熠熠生辉的帝国剧院，即"帝国歌剧院"，在日本桥的中桥广小路[1]上，与公园相邻而设，其他两座，乃是歌舞伎专用的高等剧场。自江户时代以来，作为与青楼齐名的不良之处而臭名昭著的歌舞伎剧场，为了赶上文明开化时期的形势，遭到了重新改编。这份原始方案的最终结果，是另外再添一座高等剧场，一共变为四座剧场，并就此结审（参考图35）。

如上所述，从审查结果上来看，山崎直胤向巴黎学习之后所发表的设施规划，以及对美观的强调，前者结出了公园、市场、剧场三大成果，后者仅仅保留了剧场规划。

以商法会议所为中心——商都化的审议

站在帝都化的对立面鼓吹商都化的涩泽荣一的意见，也按照顺序慢慢在审查会中扎下了根。从最重要的筑港问题来看：
筑港规划
在审查会第一天，涩泽荣一曾短暂地提到过，要将原本被束

---

1 "广小路"，日本近代在火灾烧毁旧址上设置的宽阔道路，同时起到消防空地的作用，意为宽路。其中，"上野广小路"在东京较为出名，已成为专有地名。

之高阁的筑港规划复活，而就在两周以前的二月五日，芳川显正便向内务卿呈交了禀报书，希望将筑港规划作为追加审查对象。涩泽荣一和芳川显正之间有着"应审查会开设之际，蒙当时作为内务少辅及东京府知事的芳川显正君诚恳商谈"的关系，或许可以认为，是芳川显正采纳了涩泽荣一的要求，因此在开会之前，先一步向上司提出了希望复活筑港一事的请求。

就品海筑港之义禀报

在下以为，凡都市之繁盛者，不外乎政治或通商两种原因。由于政治而起者，则由于政权之聚散，表现出着实激烈之荣枯；由于通商而起者，其荣枯与贸易之振兴与否挂钩，受政权聚散的影响不显著。

卑职在对东京之地势进行仔细考察后，发现……虽有港湾，然其甚浅，不堪容纳大船。运河虽便利，然仅仅连通东北数州，目前还不足以完全执海内商业之牛耳……今观大阪之地势，河海俱浅，并有沉淤，虽然亦不十分方便，但比起东京来说，其优异程度已高出数级。加之其地四通八达，扼住了关西诸州之咽喉，因而货物向四方配布甚为便利，故当时西南诸州之货物向各国输出者，一次皆无须通过大阪府的少之又少，说它实际上是海内商业之中心亦无不可……

然则东京，纵令其占尽河海之便利，也不过乃政治之都市，究竟能否作为商业之都市乎。曰否，也不过是还未兴良善之工程，未曾试过将其利用。若对其施以良善之工程，达到可令海内外大船自由出入之境的话，盖亦非甚为难事……

然而，虽然举出筑港一事，但同样重要之一点，乃其所关联之处甚为广泛，绝非可以轻轻一扫而过。故若有幸政府认为卑职之见并未偏离靶心，适当选择委员、委托其协助审查，与市区改善之事业一同进行的话，则东京可真正变为兼具政治与通商两大利处之都市，因而变为东洋一大都市亦指日可待。今谨以图纸及工程解说书、工程师意见书进呈。(《就品海筑港之义禀报》，明治十八年二月五日)

　　陈述通过筑港而达到商业振兴的目的之时，芳川显正十分周到地提到了"东京可真正变为兼具政治与通商两大利处之都市"，并没有忘记政治。听取了汇报的内务卿仔细观察了审查会的动向，在第一天结束后便通过了筑港规划的审查。芳川显正将向内务卿呈交的禀报书与参考筑港图原样向审查会进行了提案。而其图纸，是在前任府知事松田道之优先建港的时代，由荷兰工程师马尔德绘制的，因此采取的是海港的策略。

　　面对马尔德的方案，委员们纷纷指出其规模狭小。只有一座船坞的国际港口，果然还是太小了。审查会决定委托涩泽荣一等人进行新方案的制作，经过数月，便审查了新筑港方案的报告。其内容包括：改海港策略，在隅田川采取河港策略；船坞数量增加至 21 处，港湾面积增加至马尔德方案的 4 倍，达到 242 400 坪；对其背后的用地进行填埋，其面积涉及 100 万坪，是一项非常宏伟的规划（参考图 35）。其特点，则是在允许的范围内，尽量从隅田川河口向内扩张，让港口深入到既有的市区内部。而审查的结果，则是直接对其表示了认可。

　　这样，商都化的道路便随着广阔的筑港规划获得认可，取得了巨大的进展，然而涩泽荣一和益田孝却因此更不能满足了，他们更进一步，甚至试图对经济机构下手，于是同时提出了以下的设施规划。

商法会议所与公共交易所规划

所谓商法会议所，是由工商业人士自主决定事务的、如同议会一般的存在，正是当时涩泽荣一所率领的东京工商会要求新建的机构。而所谓公共交易所，则是将既有的股票交易所和稻谷交易所合并的产物。如果能够实现，两者都会位于经济机构的中枢位置。其原始方案的制作，交给了涩泽荣一等人，之后得到的汇报方案如下：

> 商法会议所与公共交易所
>
> 商法会议所与公共交易所乃首都商业之焦点，其振兴与否，实有预测该府盛衰之权重。故其位置，应设于中央地区最便利之处，其建筑亦有装饰首都外观之重要性，因将其设于中央市区内，极易惹人注目，从广场一侧看其位置，尤需建造得巍然壮观。尤其是像股票交易所，对于每日聚集的商民来说，必须选择来往最方便之处。因此，应将其建设地点预先选定于坂本町，以其街区一角之地作为适合的场所。（《东京市区改善品海筑港审查议事笔记》）

令兜町的股票交易所与蛎壳町的稻谷交易所，还有木挽町的东京工商会都汇聚在坂本町，并收进一座美丽的建筑里面，涩泽荣一这份对自己偏心的原始方案得到了认可，并就此结审。

如上所述，商都化的意见，在筑港之外还包含了新的设施规划，可以说是十分璀璨的成果了。

交通中心主义的败北——芳川显正方案的审议

公园、市场、剧场、商法会议所与公共交易所等新设施规划的出现，尤其是筑港规划的复活，理所当然地对相当于原方案的芳川显正方案产生了巨大影响。原方案究竟有哪些改变呢？让我们按照规划市区范围、功能分区制度，以及交通规划（运河、铁路、道路）的顺序，来追溯其中的变化。

规划市区范围

在审查会的第一天，确认市区范围这一问题，便早早地被放在了评议的中心，结果没有异议，同意按芳川显正的原方案，将涉及的约 12 692 000 坪土地作为东京的新市区范围，其面积比旧江户朱线内的面积小一圈、相当于旧朱线内的 73%。

功能分区制度

关于芳川显正由省厅用地、宅邸用地、市街用地三种所构成的功能分区制度，讨论集中在是将旧城内（皇居周边的旧武家地）作为省厅用地还是变为市街用地这一点上。涩泽荣一以筑港带动商业发展作为前提，提倡市街用地论。

涩泽荣一 官衙之土地，除其必须之用途外，其余皆应作为市街用地。我常常见到将大部分土地划入市街用地中，仅将必要之处用于机关所需，成为狭长一条的样子。对于此等情况，希望可以将其必要之处分开计算，余下作为市街用地。希望此事能与市区改善

之事一同定夺。(同上)

对此，芳川显正表示：

芳川显正 我认为郭内应作为官用之地。将其缩窄一事，得到政府许可与否暂且不提，作为知事来调查此事的话，则应当作为省厅用地设置。(同上)

芳川显正明确地表达了省厅用地论。虽然第一天就在这样的交锋中结束了，但说是城内，其范围也极为广阔，涩泽荣一究竟想要将多少土地变为商业用地呢？遵照涩泽荣一之命，东京工商会向芳川显正起草的以下禀报书《就市区改善之意见》，可以告诉我们答案。

丸之内地区，除诸官衙及公园用地所必需之部分外，其余应全部编入市街用地一项。
丸之内位于府下中心，由于地形上乃至便利之要地，若令其街道四通八达，利用当下的外城河作为运河，将来必成为一大繁荣地区，因此希望除诸官衙及公园用地所必需之部分外，其余全部编入市街用地。

将旧本丸的堤防拆除、填埋护城河，同时，将樱田御门到日比谷、马场先、和田仓、辰之口一带的堤防拆除、填埋护城河。

超出了市街用地范围，导致便利上、经济上都甚为不利之处，如旧本丸及西丸下，虽然知道颇适合作为省机关或军营、宿舍用地，但就其现在之状态难以利用，因此希望除旧本丸邻接中西南皇城的部分以外，其余地区尽数将堤防拆除、对护城河进行填埋。（《就市区改善之意见》，明治十八年五月）

根据这一段，则旧城内地区、现皇居前广场、丸之内、大手町等平坦之地自不在话下，甚至还希望对本丸也进行堤防拆除、护城河填埋，以便让这片地区一望无垠，仅将现皇居前广场与本丸留作省厅用地，其余则尽数改为市街用地，这便是涩泽荣一内心真实的盘算（参考图42）。由此可以看出，他是多么真切地期盼将封锁在护城河与石墙内部的旧城内地区打开。

对于涩泽荣一表达的想法，委员们围绕称作"旧城内入口大门"的数寄屋门的存继与否，进行了另一番论战。山崎直胤表示："那片地方以现在的状况来看，无须拆除堤防，只要疏通一下水道就足够了。"三岛通庸表示："我也认为，此城墙既乃古迹，希望其留存下来。"小野田元熙表示："如果可以不拆除，则为了保存景致与古迹，应该将其保留下来。"芳川显正表示："应尽量将其保存下来。虽为告朔饩羊[1]，但也应该遵从保存文物的方针。"即这些升形与土堤不是很碍事，因此应当作为江户的"遗迹"保留下来。只有涩泽荣一一个人，还在坚持完全"不应保留城内的痕迹"。数寄屋门所代表的往日追忆，对于作为最

1　告朔饩羊，语出《论语》。源于自鲁文公起不再行告朔之礼，而是将羊作为替代放在庙里。子贡欲将之除去，而孔子曰："尔爱其羊，我爱其礼。"形容保留旧有的形式或礼仪。

后一代将军德川庆喜的心腹、有一段滞留在江户城内的过去的涩泽荣一来说，自然不需要作为萨摩人的芳川显正和三岛通庸来告诉他，但或许正是出于这一原因，所以必须由他自己说出"不留痕迹"的必要性所在。

在首日会议的数日后，城内画线的事项被重新拿出来进行评议并得到了定论。现在相关的图纸已经遗失，因此只能依靠以下委员的发言来了解当时的情况了。

山崎直胤 目前的印刷局一带（现为大手町地区），皆可作为市街用地。

樱井勉（内务大书记官） 我希望将日比谷门内（现为日比谷地区）作为町家，将代官町（现为北之丸公园）作为省厅用地。

芳川显正 根据他日将以日比谷门内作为省厅用地的计划，应暂时将其保留为省厅用地。

涩泽荣一 希望将那一带作为町家。

伊藤正信（东京府一等属） 八重洲河岸（现为丸之内地区）应当作为市街用地。

小野田元熙、涩泽荣一、益田孝、山崎直胤 这一带应作为市街用地。

芳川显正 那么八重洲河岸应纳入市街用地。

樱井勉 华族会馆一处（现为皇居前广场）应作为省厅用地。

芳川显正 对于将华族会馆的土地作为省厅用地一事，没有异议。

樱井勉 应将工部省的土地（现为霞之关地区）划

入宅邸用地的位置。

芳川显正 若无异议，则依此划定。(《东京市区改善品海筑港审查议事笔记》)

根据发言进行复原，则可知是根据功能，分别将现在的日比谷、皇居前广场与北之丸公园作为省厅用地，将丸之内与大手町作为市街用地，将霞之关作为宅邸用地（参考图42）。

此外，在芳川显正方案中，虽然只分出了省厅用地、市街用地与宅邸用地，但益田孝的提议"按照此顺序，则亦希望确定制造所的区域。若在城市中央地区打铁的话，则颇不成体统"也得到了采纳，故审查会将本所与深川指定为工业用地。

如上所述，包括工业用地在内的正式功能分区制度，便就此得到了结审，在芳川显正向内务卿进行第二次汇报时，唯独拿掉了分区制度这一项。

运河规划

对于芳川显正方案的运河规划，在审查会一开始，益田孝便提出了水运无用论。

益田孝 对于大部分河川之事，聊将愚方案进行陈述……府下运输之便，要说究竟是应借河川来达到，还是应借道路来达到呢？既然花费如此巨额的金钱与人力来进行道路改良与拓宽，那么就不应该借助河川的交通，全部利用道路来实现。这样，既不用像前述一样，摧毁当下所在的河流，只要对其进行疏通，则可得其便利，更无须开凿新的河道。目前据说在海外各国，随着民智开启，各大都市也已相继搁置了新河道的开凿计划。这一部分是出于上述的原因，将其费用与功能比较，发现利益不高的缘故……架设桥梁之方法，若计算舟楫之便，则必须架得很高。如果考虑陆地上的方便，则必须架得低一点，因此，桥梁的数量一旦密集起来，府下就会变得不便，就旁边的河川来说，其不便之处也难以计数。若从现在开始观察，则陆路运输似乎有费用较高之感，但随着文明开放程度的进步，则可逐渐达到不依赖人力、只需要牛马的程度，运费会自然降低。故从经济上来说，同样不如废弃新河道的开凿计划……

要说城市究竟应采用何种建筑方法，在建港之前，大阪由于河川较多，因此沿着每条河道建起了仓库，东京便也纷纷有了自己的仓库，将货物存放在内，用时取出。而在文明开放之世的商务状况中，并不存在这种情况。因此，这次适逢像市区改善这样的美行，便欲将此等陋习改正。若港口建成，则但凡进入市内之货物，皆应限制于市区内部消费的货物，其他则皆存放于可以称作仓储公司的仓库区中，向邻近各国分别售出货物时，便从此处发货。河流在今天担任了重要的作用，是因为还没有在港口设置仓库等。另外，河流若能承载仅供市内消费的量，便已经足够，不足以说非要开凿新的河道不可。如果错误地妄自开凿新的河道，对新生意的开展也没有好处，希望不要因此慨叹不已。（同上）

益田孝正确地指出了从水运到陆运的时代变化，并在此基础上说明了新开凿运河之愚蠢，并且还预言了此前与水路如同亲子般相连的河岸仓库的没落，希望在港口设置仓库区。对于这位将货物运输作为事业的三井物产公司的创始人来说，这份先见之明，可以说丝毫没有令其身份蒙羞。他敬若兄长的涩泽荣一却并不同意。

涩泽荣一　将来或许会像益田君所说的那样，但这也不过是想象之论。即便可以假定，将来会从仓库区向各国发货，但不能想象的却是，车马之用，是否会与今日之景况完全不同呢？虽然我甚为希望益田君所言之情景成真，但进行营业的方式是否真的会如此，却并不是可以想象的。比如，大米到今天为止，都是从深川运进来的，如果建港完成后，虽然并不知道是否会存放于筑地的仓库区内，但深川的米仓，却大概并不会移往他处。说到底，米是要从深川运到全江户内五千家以上的捣米店中进行零售的。其中，既可以在神田川周边的小型专卖店里买到，也可以在兜町买到，都是从各条河流上运输过来的。纵使对道路进行改造，届时也不会违背水运的利益。即便有利益，此习惯也不是容易改变的。我并非希望不便，但在将来四五十年内，或许都不会有变化。因此，我对大部分河川不再必要的说法殊难同意。尤其逐项来看，尽管有个别不需要挖掘之处，但若说完全不需要挖掘的话，则本非如此。究竟他日，河川会不会遭到填埋，现在亦未可知，但如果今天不进行开凿的话，绝称不

上是有智之举。(同上)

涩泽荣一的出生地,是位于利根川、荒川水系末端的埼玉县血洗岛。年轻时,为了进入神田玉之池的千叶道场,或者是由于群起倒幕失败而被幕吏追赶,试图逃离家乡潜入江户(后来则成了幕臣),他数次从故乡沿河流而下。或许是因为这些经验,他才对北关东与江户市内丰富的水路网了如指掌,所以对水运没落论进行非难,称其不过是猜测。对于从明治六年一同晋升大藏省以来一直如兄长一般照顾自己的涩泽荣一所说的话,益田孝也绝不会沉默不语。毕竟货物运输,是自己的天赋所在。

益田孝 涩泽荣一君援引了深川的米仓来论述,米由于体积庞大、处理不便,因此自然会在仓库区进行买卖,在各类货物当中,没有比米更会这样的了,这便是我们最期待的。原本,市区改善就是因为有某种必要而开始的,盖由于气运所向之处,因为二百年以来的方式有所不便,才会变成这样的。随着城市变得繁华,人们的需求与对外输出也开始变多,开始与货物的运输方式不匹配了,因此才会变成只靠人肩无法搬运,还要靠板车,又进而发展至马车,再进而发展为蒸汽机车的情况。今日虽非如此,但一步步走来,运输之便必将变为只靠牲畜的运输,车的造法亦经过改变,随之感到道路狭窄,才需要将道路拓宽。此事若与各国的情况相比较,则无不是以如此顺序走来的。吾已经基于各国所认为的便利之处进行了计划,因此才敢说将来必不会有误。若将百般货物皆存放于仓库区，再从此处搬运至直营店，那么所依靠的则绝不会是水运运输。仅凭以上，就为了并不便利的河川花费六百万日元，岂不应该感到可惜吗？（同上）

数次来回之后，益田孝的陆运重视论占了上风。

在这样小瞧了水运的席上，以下谷地区再开发为目标的芳川显正方案的水路网规划，又将受到怎样的对待呢？各持己见的两方开始了激烈的交锋。

涩泽荣一 接下来在此所陈述的想法，纯粹是我个人的意见，需要东京工商会的统一同意。既然市区改善之目的在于设定中央地区繁荣昌盛的集中点，则气运便会逐渐向南偏移，最终以神田川南部作为集中点。那么在下谷附近，便不敢对其繁荣之事进行规划了，若是将河川供大型下水道之用，则应让位给开凿论中的水渠，河川也更应该去除了。如果又无运河之用的话，则即便挖掘也不会有好处，因此无论如何，就算喊着"运河运河"，目前的情况也只有千束村的近处需要一条。由于考虑到下谷将来的繁荣终将难保，因此这条新河道应当废除。

小野田元熙 若在此湿地中令河川纵横穿过，则土地或许会干起来。

伊藤正信 下谷只有通往上野山下的一条一级道路，除此之外毫无便利之处。如各位所知，由于还有湿地，我认为应打通河川，一则方便运输，一则可以排空脏水。

长与专斋 我亦认为，作为开凿论来说，其宗旨应完全是为了排空脏水……纵使无法变成商业区，也应该能变成适合住宅区的地方。

益田孝 东京府当中，下谷乃最为卑湿、卫生不良之地，古来人们皆乃步行，故底层民众或小吏等，皆在此地居住，但随着车马运输的开放，大多数人便转移到了干燥之地，因此下谷逐渐衰败。之后，繁荣之势也愈发向西南偏移，如果筑港完成的话，气运则会更向那一边兴旺，下谷之衰败也更难以挽回，仅会成为可以通往上野、浅草两座公园的地点。因此，虽然有人说开辟这条新河道有着至关重要的作用，但比起新河道来说，不如造一点田地……

长与专斋 益田孝君以极端情况为例，提出应该造田，但比如日本桥、神田这样的地方，如果逐渐得到改善的话，地价也会随之腾飞，这样，底层民众便会向本所、下谷一带转移了。为了防止这种情况的发生，则必须先开凿一条河川，然后将脏水排空，绝不可单独对这一个地方撒手不管。正如住房新建之时，厕所需要止于门外一样，厕所有厕所的位置，客厅有客厅的位置，这才是市区改善……

涩泽荣一 按照长与专斋君的说法，那便是需要水渠了，但不管日本桥、神田、京桥的地价如何腾飞，底层民众如何往下谷移住，目前就市区改善进行的讨论，还是要集中于如何做才能为这一片地区充分谋取便利，或者永远没办法让那一片地区更加便利之类的，并没有到——仔细考虑底层民众住房的地步。如果没办法住在中央地区的话，那么也可以去山手那一边。从整体来看可以说下谷是不需要新的河道的……

长与专斋 如果要建造生意繁盛之地，就必须考虑一处可以让底层民众聚集并享受便利的地方。下谷两侧皆为公园，说到底也不可能变成田野，因此更适合成为大量底层民众的聚居地，恰如横滨的松荫町一样。而如果考虑底层民众聚集的话，则脏水必须充分排空，因此应该建造水渠……若是完全抛弃下谷的话，则不得不说是残酷之论了。

樱井勉 在下大为赞同长与专斋君。豪商口中绝不该说出"小民不管变成怎样都漠不关心"这样的话来。就算打听欧洲各都市的案例，也可以说，要是工人对其雇主进行反抗，城市便会陷入混乱……

涩泽荣一 虽然被说成是豪商对底层民众漠不关心，但去掉"豪"这个字，我们东京工商会派出的委员，乃是代表商人来进行立论的……（同上）

经过了许久未有的舌战，双方互不相让，最后没有办法，只有进行多数表决，但结果却是双方各半。最终，经过芳川显正的裁定，决定废除在下谷对水路网进行再开发的规划。

就这样，芳川显正方案的运河新建规划遭到了大幅缩减，从原方案全长 6 459 间的 15 条，变成了全长 2 350 间的 7 条（参考图 35）。

铁路规划

芳川显正方案的铁路规划，目的是将纵贯日本列岛的铁路导入市内深处，令东京与全国各地直接连通。一般的委员并不能很好地理解"将城市交通作为国土规划的一环来看待"这种内务省特有的思考方法。审议开始不久，涩泽荣一与益田孝便表现出了难色。

涩泽荣一 东京工商会内有一个修正之说。此并非我本人所主张的说法，然而姑且就此向各位汇报……此说法称，令铁路接穿行于上野、新桥之间，从表面上考虑，似乎是希望其达成的，但若与投入其中的金额相比较，则或许其功用并没有那么大，这样的顾虑并不是没有……故新桥车站应止于新桥，上野那边则应比当前更向西延伸，在和泉桥的附近设置车站。既然市区有逐渐向南偏的趋势，则下谷会随之变为冷清之地，这样既不需要原方案规划中那样的河川开凿，又可以让向北的货物由神田川经船直达那边的车站。如果和泉桥不合适，那么不如把线路延伸到滨町旁边，比起直接侵占即将成为中央商业地的土地来说，可算得上是良策了……

益田孝 在每条小路上都建造拱券，上面铺设铁路，虽乃颇大之工程，其费用亦高，但若早日着手的话，则会更加容易。既然要做同样的事情，着实应该趁容易的时候做。退一步考虑，埼玉县川口已经有了与横滨连通的线路了。在此之上，还要加上投入的费用，此铁路还有建造的必要吗？（同上）

或许是出于对商业中心地区被铁路用地削减的恐惧吧，虽说并不是自己的意见，但面对为东京工商会的不安代言的涩泽荣一与益田孝，作为原方案负责人的原口要，为了不让铁路先贤的名字蒙羞，说道：

原口要（工部省少技长） 近年来，在都市中央通铁路已经普及开来，比如像英国等国，已经连年增加了。

……说到底，不管是新桥还是上野，皆偏居于一隅，因此考虑设置中央车站。（同上）

原口要讲述了当下世界的潮流，称至少也要在市内贯通铁路。面对这位此前都在一旁沉默不语的、芳川显正方案实际上的制作者原口要，涩泽荣一和益田孝便也同意了。铁路规划方案以原样得到了结审。

道路规划

关于作为芳川显正方案骨干的道路规划审议，首先围绕路宽开始，分成了两种说法。一种是三岛通庸的全面扩大说。在看到银座砖城的情况以后，他认为一级一类15间的宽度过于狭窄，因此应拓宽到20间，整体各上一个档次。另一种，则是涩泽荣一的从下往上说。他认为过度拓宽会削减商业街的面积，因此一级一类应止于15间宽，二级以下则应各上一个档次。对于严重削减既有町家的不安，三岛通庸道："既然已经决定要改了，则为了不会再次改动，应该坚决予以实施。"不愧是三岛通庸，没有给往年"土木县令""魔鬼县令"的绰号丢脸。这两种说法之间互不相让，因此只好举手表决，最后决定进行全面扩大（参考表6）。

对于三级以上路线所构想的有轨马车成了评议的中心。在这一事项上，双方也胜负难分。芳川显正先表明了自己的苦衷。

芳川显正 本人自担任东京府知事、处理此事以来，正如本方案一样，做出了允许的预判，但也因之而整天被投诉。日本桥前后恰好是马车车站，马匹之大小便极为不洁，附近的商家由于生意受到了影响，前来诉苦，闹个不停，另外广德寺前甚至已经提出意见，希望禁止马车通行了。因为狭隘的市区内布置了数条线路，货车自不必提，人力车的通行亦受到了阻碍，又或者令来往行人受伤等，不适当的事情也不少。如果是今天提出要求的话，则必不会允许在如此狭窄的小路上铺设铁路，但当时还没有试验过，也无法判定其利害，因此表示了允许。特别是之前将允许的期限定为三十年……暂且等现在的期限到期，将来是不允许还是继续允许……希望对方案进行充分的叙述与完整的讨论。（同上）

犹如决堤一般，持废除论的人一个接一个。

樱井勉 不论土地是否闲置，我都认为有轨马车是不必要的，因此希望不要准许。通往市区各条街道的各个路口自不必说，既然在正中央已经设置了火车铁路，则其间的里程仅仅不足一里，就算没有有轨马车，搭乘既有的普通马车与人力车即可，故应坚决予以废除。

芳川显正 ……由于有轨马车而损坏的道路颇多，因此我准备即刻下令，对方案进行改正。尽管原本一条路由两班人马来修并不合适，但我们特地推迟了修缮，最初说好的是计划在铁轨上铺石子，但直到现在都不予执行，如果逼问的话，则会表示要申请延期到明后天。每逢雨雪之际，路线中便极为泥泞，有如身处田圃中一般。另外，由于普通马车及其他各种车辆都避开了其线路，因此府厅所有的道路破损都非常严重。

益田孝 ……不如在市内禁止有轨马车。另外，就商业方面来考虑的话，现在从新桥车站到日本桥边的货物运输通道，也被他们马车的铁轨挡住了道，货车基本上都选择从里町绕一圈，造成了多余的不便。从今往后若在锻冶桥设置车站，则通往小网町等地的运输亦颇多，因此若在三级以上的道路上布置有轨马车的话，则货车将没有道路通行，深受其苦。特别是当货物的运输也渐渐变成由车马牵引时，铁轨的铺设也会慢慢变得越来越难……为了让我们的马车将来可以在市区内自由通行，希望势必不要让它们占据了道路……

樱井勉 从经济和运输上来说，都不太适宜。另外，就速度上来考虑，普通马车与有轨马车之间也没有特殊的差异，在当下，普通马车反而要快一点。至于其危险程度如何，则两者没有太大差异。既然如此，则应依照政府的职责，将令众多人感到不便的有轨马车废除。（同上）

有轨马车的风向十分严峻，但在此时：

长与专斋 虽然我也很讨厌现在的有轨马车，然而对于完全废除之论是反对的……说到底，有轨马车是因为车票低廉才有其便利之处，虽然其铺设地点不佳，但就算民众对其弊害喋喋不休，完全废除也是不可行的。要令其亦成为文明之道具，因此，应设立不允许在繁盛之处铺设的规定，令其如中街一样铺设……

小泽武雄（陆军省少辅） 虽然希望立即废除今日所铺设之有轨马车，但实行起来却有难处……

我日本国，在可以运用牲畜的事情上亦借助人力，这样并不适宜。在此类事情上，若不借此强壮牲畜的力气，则会阻碍我国的进步。有轨马车作为消灭人力车的一大手段，完全加以禁止是难以实现的，而且也没有很好的办法。（同上）

虽然承认了其缺点，但因考虑到其使用者之多，认为应当予以保留的肯定论者也不少。

从明治十五年在日本桥大街上开始出现的有轨马车，在技术史上虽然只是畜力与机械动力结合的过渡性交通工具，但从实际成果来看，在到明治三十六年（1903）被叮叮电车代替的余二十年里，它都作为日本城市的第一种大型交通手段，频繁供人作代步之用。根据明治二十一年（1888）的调查，东京有 58 辆有轨马车运行，每天平均装载 21 843 人。有轨马车受大众欢迎是自然而然的，与马车或人力车相比，它的价钱低了一个档次，且速度完全不输给马车，尤其是在雨天或者行李多的时候，乘坐起来很方便，它同时很适合带小孩子买东西的人或小商人的出行。对于在此之前只能徒步移动的市井中人来说，是自己能够负担得起的最早的交通工具，因此感情颇为深厚。正如达官显贵得到了马车与人力车一样，对于一般市民来说，有轨马车也是文明开化带来的礼物。长与专斋和小泽武雄无法赞同废除，无疑也正是因为深深知道这一点。这样考虑的话，那么益田孝所说的"为了让我们的马车将来可以在市区内自由通行，希望势必不要让它们占据了道路"这句话，顿时带上了阶级性，可以说非常符合每天清晨，从高轮御殿山的自家住宅坐马车到日本桥兜町的益田孝的身份了。

由于赞成反对之间僵持不下，各不相让，因此最后实行了表决，有轨马车得到了准许。

在路宽与有轨马车问题得到解决后，有关芳川显正方案的道路规划，评议的重点终于到了每一条线路上。由于芳川显正方案将重心放在了道路网上，因此虽然审查是完整的，但笔记却只记录了有关每条道路宽度增减的事宜，没有记录芳川显正方案的道路体系在整体上是如何组织起来的。

在审查会的长桌上，摊开了详细到描绘出每一座住房位置的大型彩色规划图纸，委员们在讨论某一条路线的宽窄之时，无疑脑海中也是有一个"全景图"的。然而文字却没有将委员们脑中的图像记录下来。让我们反过来，将审议通过的审查会方案的道路规划与芳川显正方案的道路规划进行比较，追溯一下道路规划的变化。

在审查会方案的道路规划上，将相当于其骨干的 10 条一级一类的干线道路抽出来，便得出了审查会方案的干线道路图（参考图 36）。将此图和芳川显正方案的干线道路图相比较（参考图 33），作为芳川显正方案之骨干的绕城公路、纵贯道路、辐射道路究竟会有怎样的变化呢？

让我们先看看两条绕城公路。画出市区范围，并围绕在旧朱线往内侧一圈位置上的外围道路，从三级被降到了四级，同时，环绕旧三十六门区域的内围道路也被取消了干线道路资格。可以说山手地区的住宅用地和周边的交通便利性是受到了轻视的。再看纵贯道路。在铁路东侧日本桥大街穿行的商业道路，与在西侧旧大名小路穿行的官用道路，都作为干线道路得到了延续。最后看从皇居出发的四条皇家辐射道路。从大手门向新宿前进的路线，令干线道路止步于环绕皇居半周之处，从大手门沿奥州街道通往浅草的路线，则修正了途中错开之处，两段汇合为一条道路，干线道路从本町路到浅草桥停止。而从皇居外门出发，经中央车站绕了一大圈到上野站的路线，则完全被取消了干线道路资格。从外门往虎之门去的路线，则保留为干线道路。

虽然商道与官道仍被列为干线道路，但环绕在周边的绕城公路完全脱离了干线道路，皇家道路也被减到了一半。取而代之晋升为干线道路的是四条筑港道路，尤其是连接中央车站与港口的两条路线，上升势头显著。一条从靠中央车站北部的吴服桥开始，经过兜町，从永代桥上方跨过隅田川，到达了筑港计划用地的北边。这条路线之前被列为四级，因"其数极多，遑论将其一一表示"而被略过。还有一条三级道路，从南北向的中央车站中间段出发，直接向海边方向行进，最后到达灵岸岛的筑港计划用地。余下的两条筑港道路，则配置于港口内部，一条延续了前述到达港口北边的干线道路，南下到达港口东岸的计划填埋地区。另一条则将南北向的港口的东岸与西岸通过旋转桥相连。这样一来，道路规划便以筑港道路为主推，并就此结审了。

明治十八年十月八日，历时 8 个月的审议结束，对市区改善芳川显正方案进行了大幅修改的市区改善审查会方案终于诞生了（参考图35）。正如我们逐项所看过来的一样，各位委员都互相表明了内心的想法，一边争执一边夺取阵地，并如此反复。回过神来看，比起以交通规划为主的芳川显正方案来说，其覆盖范围已经大了两三圈了。除了铁路、道路、运河、桥梁、筑港、功能分区等骨干性的规划，还加上了大公园、小公园、帝国歌剧院、高等剧场、鱼市场、蔬果市场、屠宰场，以及商法会议所与公共交易所等一般城市设施的规划，如此广泛而具体的提案，在过去是前所未有的。而在今后，也不知道会不会再有。

以商业都市为目标——审查会方案的结构与意义

提出帝都化的内务省与宣讲商都化的新兴企业家之间的竞争，也终于结束了。两位主人公退场，之后便仅剩下评判的工作了。究竟是作为政治之要，还是经济之都，哪一方的意见会最终胜出呢？

让我们来回顾一下内务省在"作战"中的表现。在审查会第一天，师出内务省阵营之名的大书记山崎直胤，便将壮丽的巴黎全景覆在了东京之上。虽然看起来有些自我陶醉，但山崎直胤说的话不仅未否定上司芳川显正的方案而追逐另外的梦想，还揭示出如果按照芳川显正方案实施，甚至于达到不现实的程度，最终会变成一种怎样的状态。通过皇家的辐射道路与开放的交通体系，芳川显正方案在物质与精神上，都将东京放在了政治之要的位置。但对于城市形象，却没有用能让所有人都一目了然的方式表达出来。在此，大书记官陈述了其上司未提及的未来。他将东京的特色记为"位于天子脚下，乃政府之座处"，在商业与工业之都之前，先将其定位为天皇的脚下与政府之所在地。他将芳川显正方案中缺少的"政府之座处"的意识加了进来，因而令"皇""政"终于在此合体。不如说，东京既不是京都，也不是江户，而是"全国之帝都"。如果是京都，则会温婉娇弱，如果是江户，则会勇猛尚武，如果是帝都的话，则以巴黎的改造规划为范本，雄壮且华丽。在道路上，仅仅像芳川显正方案那样拓宽还不够，还要改造成林荫大道，在两旁栽种行道树，令马车的声响响彻云霄。在不同的地点，还要加上芳川显正方案中缺少的歌剧院、大酒店、公园、市场、纪念建筑等。尤其是作为帝都之颜面的皇居与政府机关，一定要划定一处地点，将各省机关都集中到一起，建造出不输给巴黎的西洋风街景来。山崎直胤在芳川显正灰色的交通体系之上，堆叠起了色彩缤纷的各种设施，带来了一种美丽的意象，尽可能地让帝都的形象丰满了起来。自然他的上司也没有异议，表示"对此甚为满意"。

帝都的设想从一开始便层出不穷、色彩鲜艳，但却伴随着缺乏持久度的问题，每提出一次，其效果便会降低一点。自巴黎而来的美观论，从第二天起，便不再引起话题，仅仅留下了帝国歌剧院、商法会议所与公共交易所这两座纪念性建筑的身影。新建设施则仅有公园、市场、剧场三者得以实施，姑且算作有得分，但最具展示性的机关街，却陷入了无人问津的境地。而偏偏连四条皇家辐射道路都受到了限制，只能缩短一半的长度。帝都化的方向，不仅失去了目标，也自乱了阵脚。虽如此，但芳川显正方案创始之初的旗号——要打开封建城市之锁这一点，并没有被完全剥夺。开放的交通体系被视作一种自明之理，得到了采纳。至于胜负之争，则是围绕其内容展开的，只不过首先败下阵来的是内务省。

我们的另一位主人公，则正在向前进发。正如开会不久涩泽荣一便打响了第一炮一样，虽然新兴企业家的目标集中在了国际港口上，但在其他主题上，涩泽荣一和益田孝也贪心地扩展了他们的阵地。比如，就旧城内的省厅用地是应该延续使用，还是应该改为市街用地的选择上，涩泽荣一虽然败下了阵来，但还是坚持，一直到旧本丸范围之内，都需要拆除石墙并填埋护城河。在对下谷底层居民地区进行再开发一事上，益田孝称，不如改成田地好了，涩泽荣一则一口咬定没有讨论的必要。面对这种不屑一顾的发言，其他委员甚至反驳道："豪商口中绝不该说出类似'小民不管变成怎样都漠不关心'这样的话来。"而围绕日本桥大街有轨马车的存继与否，益田孝也称"为了让我们的马车将来可以在市区内自由通行，希望势必不要让它们占据了道路"，清楚而公开地表明了，是要建设一座"让我们的马车可以自由通行的、我们的城市"。

在既已成为帝都化的一大部分，内务省一方所负责的公园、市场与剧场规划中，涩泽荣一和益田孝同样加进了自己的意愿。比如，对小公园的规划，认为开放的空间在江户以前的商业地区并不存在，因此对于环境改善来说，小公园是必不可少的；对市场的规划，对于还保留着东照宫公 [1] 的认可，并且行会一致维护其既有利益的河岸鱼市，认为改革只能由新兴势力出手。即便是乍看上去毫不相关的剧场规划，同样如此。江户时代的歌舞伎，不管在哪座剧场，都受到河岸鱼市等强大行会的保护，作为交换，行会甚至可以插手演出的剧目，对其进行任意操纵。与

---

1 江户时代的旧工商业者，从藩属或幕府处得到许可，形成了垄断的行会（"株仲间"）。东照宫为德川家的神社。

青楼一样，歌舞伎也是江户商人借以耀武扬威的露天舞台，乃"都市之花"。即便不是内务省，也期盼着他们的分崩离析。而涩泽荣一与益田孝欲将帝国歌剧院作为新的"都市之花"，也并没有什么不可思议的。

公园、市场、剧场这三项，对于帝都或者商都来说，都十分匹配，可以说是两全其美的设施。但商法会议所与公共交易所的规划，则不可避免地偏向了商都一边。对于了解内情的人来说，商法会议所这一名称就已经十分挑衅了。这么说是因为一直到三年前为止，都实际存在着一个叫这个名字的机构。该机构是由涩泽荣一担任领导，召集了工商业内各行业的代表而组成的，如其名所示，是要由自己决定前进的方向，起到了议会的作用。在木挽町的议场内定下的决议，对内作为行会的内部规定，对外则作为向政府的劝告，虽为一种纯民间组织，但在政府的框架之外掌握着工商业的领导权。希望能够引领工商业行政的农商务省，意料之中地对此感到颇为不快，于是开始瓦解东京商法会议所，结果在两年的拉锯战之后，东京商法会议所被改组为没有会议功能的东京工商会，变成了一个单纯的工商团体。从这样的背景来看，便可以看出涩泽荣一对"商法会议所"这个名字的执念了。商都的命运之所在，在海上靠的是筑港，在陆地上，则要靠商法会议所了。所幸已经得到了足够高的分数，会议决定在"中央地区最方便、适宜的土地"上建造商法会议所与公共交易所，以作为"装饰首都之外观"的代表性建筑。被选中作为东京之颜面的，既不是宫殿，也不是政府机关，而是民间的经济机构，光这一点，就值得令人瞠目结舌了。

到这里，我们已经逐一看过了功能分区制度、有轨马车与设施规划等新兴企业家的拼搏历程了。在将功能分区制度、设施规划，与交通规划、筑港规划融为一体而制成的这一整套市区改善审查会方案之上，商都的梦想又是如何绽放的呢？

让我们从规划的中心设置于市内的区域看起。正如审查会方案的结构模式图（参考图37）所展现的，新的中心地区，自然应该设置在作为国内交通之要的中央车站与作为"世界之窗"的国际港口之间。连接两者的两条筑港道路所包围的区域尤其重要，相当于其心脏。如果把东西由港口和车站、南北由干线道路所包围的这一长条带状的范围，暂名为中心带的话，那么在其中央，有从北到南贯通的日本桥大街，在车站附近有帝国歌剧院、在港口附近有商法会议所与公共交易所这两座具有纪念性的建筑。虽然在其构成上，可以说真正配得上中心带这个名字，但关于其具体的方位，却还有一个问题没有搞明白。这便是，中央车站与国际港口这两者间所包括的范围，从北侧的日本桥川到南侧的京桥川，相当广阔，如果纯粹寻找车站和港口之间地理上的中心的话，则理所当然地会靠近京桥川的南半部分，两条筑港道路却都沿着北半部分穿行，仿佛中心带往日本桥川一带偏过去了一样，不管怎么看地图都看不明白。这或许是因为，在历史上，江户时代以来的商业中心，都是沿日本桥川的北侧一带展开的，但如果是这样的话，筑港道路岂不是应该再过去一点，从日本桥川的对面走比较好吗？何况，本来对涩泽荣一和益田孝来说，作为江户批发商的大本营，如果要对日本桥川的北侧加以重视的话，则无异于自掘坟墓，因此，这一理由绝不成立。要说为什么选择了靠北，是因为日本桥川附近散发着一种巨大的引力，不停地吸引着涩泽荣一等新兴企业家们。中心带靠近港口、刚好位于计划建造商法会议所与公共交易所之处，以兜、坂本、南茅场三町为中心，以作为日本资本主义的渊薮为特色，已经诞生了一片脱颖而出的城区了。一般说起东京近代的经济中心，作为最早的案例，人们都会举出明治二十七年（1894）开张的丸之内办公街，但并不准确。日本的新经济，是从以兜町为首的三町开始的。关于这片已经被遗忘的城区，让我们稍微详细地探寻一下它的由来。

涩泽荣一与兜町商务区

兜町、坂本町、南茅场町一带，并非自古繁荣的商业地区。让我们从江户时代的情况说起。在日本桥大街通町一丁目的东南角拐弯，过了海盗桥，就到了这三町地区。人影突然稀疏了下来，这里是下町极少数武家地与町民地背靠背，在地图上划清界线的地方。在左手边、海盗桥边上的一片地区，还没有"兜町"这一名字，只是作为海盗奉行向井将监的宅院旧址而为人所知，现在则是牧野河内守的上宅院，右手边的坂本町中，排列着中小型的大名宅院与町屋。位于道路尽头的南茅场町，北边由商家与土仓连成一排，南边则是围墙环绕着的与力、同心的组宅院（官舍）[1]。在茅场町河岸上，有一些酒类批发店，已经接近郊区了。而热闹的场合，大概只有茅场町药师寺的庙会等。从外表上看，无疑非常适合俳人其角在此结庐，儒者徂徕在此闲居，这是一片宁静、祥和的城区[2]。

然而，就算是这样的地方，在幕府末年，也出现了微小的

1　江户时代，将宅院按照远近分为上、中、下三级，其中上宅院（"上屋敷"）离江户城最近，多为大名本人所居住。与力、同心皆为中下层的武士，他们按组居住的集体住房，称为组宅院（"组屋敷"）。

2　宝井其角和荻生徂徕，分别是江户时代的俳谐师和儒学家。

变化。幕府虽然已经晚了一步，但还是希望建立起新的国内贸易结构，于是组建了三井家，还在牧野宅院的一侧，设置了岛方会所、物产会所等。但还没有任何成效，幕府便轰然"倒塌"了。两座会所，就像麦子落在地上一样，播撒下种子便完结了。新政府或许是遵循了三井的建议，将前牧野宅院的旧址选为新的经济行政据点，一方面在此设置了商法局、税务局、通商司等主管部门，另一方面则以三井为核心，将江户商人集合起来，创建了半官半民的商法会所，此外，更创建了类似于银行的换汇公司，有意振兴商业。汇聚在大藏省的大隈重信、井上馨、涩泽荣一的努力，全部付诸东流，几年后，各大部局都被收归位于大手町的省级部门，会所和公司全部遭到了改组或废除。在井上馨和涩泽荣一的努力下，新政府同意将已变为空地的前牧野宅院旧址出让给民间，转让给了三井、小野、岛田三家，到了明治四年，终于有了兜町这个町名。在作为新政府的御用商人而一时风头无两的三家当中，三井包括无偿出让在内，共拿到了过半的地籍，其听取大总管三野村利左卫门的预测，坚定了要在兜町重建三井城池的信念。三井将三井御用下属的东京商社作为智库机构，从位于筑地的外国人聚居地那里迁过来，还以越后屋吴服店（现为三越百货商店）的名义，将东京的总资产机关和换汇所也从江户雀们十分熟悉的三井老家骏河町那里抽调了过来[1]，一点点地将集团的心肺机构集中在了兜町。在为银行开业做好基本准备后，三井便开始对作为主城池的"三井组大楼"进行建造。但没想到在此时，遭到了一直以来作为伙伴的涩泽荣一的攻击……围绕日本首次的银行创办

1　江户雀，指对江户十分精通，在街上穿行讲解的人。总资产机关（"大元方"），创始人三井高利死后，其子女将其资产整合起来形成的家族管理机构。换汇所（"为替座"），类似前述，为日本早期对办理银行业务的机构的称呼。

工作，三野村利左卫门和涩泽荣一之间的矛盾越来越多。一边是借着幕末维新的动乱而出人头地、从原本连自己的名字都不知道的流浪儿转变而来的处世圆滑的大主管，他在进行筹备工作之前是做好了自己全额出资的打算的。另一边，则是手握银行许可权的大藏省青年大丞，他反对一家独大，因而坚守着以三井、小野、岛田三家为核心，同时广泛向公众募集股份的合本主义理想[1]，毫不退让。两者都呼叫了政官、财商方面的援军，进行了激烈的交锋，却无法决出胜负。气恼不堪的涩泽荣一，利用大藏省大丞的职权发起了进攻，取消了三井经办政府资金的权利，三井这才无力抵抗，只好打开了城门。第一国立银行便通过公募股份成立了，三井仅落得了大股东的身份。攻破了大手门的涩泽荣一乘胜追击，趁机提出希望把这座刚刚建成的美轮美奂的五层楼阁——三井组大楼也供第一国立银行使用，逼他们走人。而对于这座在自己的土地上，由自己亲手建起，并且连办事处和总资产机关都已经搬过来了的主城池，三井的主人和主管们，也不知道对方有什么权力放出这番话来，于是在骏河町的店铺仓库内集合，开展了首领会谈。三井也一度决定要死守兜町，但终究察觉到时势不利，于是把售价提到了原价的两倍半，在略微扳回一局后才将三井组大楼出让，并回到了故地骏河町。

这样，在明治五年，三井便结束了自幕府末年以来的垄断，兜町被交到了追求合本主义理想的涩泽荣一手里。而方才辞了官的涩泽荣一，便担任了第一国立银行的首任领导，他将住处

---

1 合本主义是由涩泽荣一自创、用以代替资本主义的名词，强调将多数人的资本结合起来，创造出来的财富应当还富于民。

也移到了银行背后，每天从早到晚亲自坐镇在这座五层楼阁的第二层，在兜、坂本、南茅场三町的土地上，一点点地创造了众多企业和经济机构。物以类聚，人以群分，待到过了明治时代的前期，已经有各种公司和机构将这片"麻雀虽小，五脏俱全"的三町作为自己的窝，逐渐成长了。

让我们从民间企业看起。

第一国立银行（现为第一劝业银行）

明治六年，将兜町一番地的三井组大楼强制收购，以涩泽荣一为领导，作为日本最早的银行开业。虽然名字里有"国立"二字，但是纯粹的民间公司，打着合本主义的旗号，与垄断的三井、三菱顽强抗争，同时作为新兴企业家的据点，以古河、大仓、浅野为首，从胚胎开始孕育了众多的企业与集团。创立时，三井与涩泽荣一发生了激烈的斗争，被击败的三井回到了骏河町，独自创办了三井银行。三井还是第一国立银行名义上的股东，并且之后两次谋划将兜町夺回，但涩泽荣一守城有方，长年担任领导一职，终于在大正五年（1916），在确认了与三井之间的联系都已经处理完毕之后，方才引退。这个位于海运桥的银行，在近半个世纪里深受市民喜爱，最终在昭和五年（1930），以地震为契机，在丸之内北边购入了三菱的土地，随之将总店转移。

抄纸公司（现为王子制纸株式会社）

明治六年，纸币作为经济的基本单位在质量上有了提升，因此在涩泽荣一等人的提议下，在兜町一番地与第一国立银行的西面比邻而创。虽然三井组、小野组都各自进行了规划，但公司却是在岛田组加入以后，通过涩泽荣一的整合才形成的。创立时的事务所虽然设在兜町，但在王子建造了新公司大楼之后，便将总部移走，将兜町变成了分部。虽然由于涩泽荣一的努力，才度过了初创的困难时机，但作为大股东的三井组却派出了心狠手辣的藤山雷太将涩泽荣一驱逐，从而独占了所有利益。

岛田组（现已不存）

与三井、小野两组并列，作为新政府御用商人的岛田组，在明治七年，从银座迁入兜町六番地。据推断，公司大楼出自曾设计第一国立银行的清水喜助之手，为开化风格的建筑，与第一国立银行隔了一栋，位于其斜东面。然而在次年明治八年，却与小野组一同倒闭。这个历史上有名的倒闭事件传说是由三井密谋策划的，最终，位于兜町的小野、岛田两家所有的土地都落入了三井的手中（现在兜町的土地属于三井不动产株式会社）。明治九年，人去楼空的洋馆被转让给了三井物产公司；明治十一年，在三井物产公司迁走后，于此处开设了股票交易所。

三菱公司（现为日本邮船株式会社）

明治七年，以称霸海运界为目标、由岩崎弥太郎亲手在大阪创建的三菱公司，不日便转移到了南茅场町的十六番地。实际上也可以说，三菱是在南茅场町创办的。以此为据点，岩崎弥太郎在海运上达到了执牛耳之势。对此，三井与涩泽荣一联合创办了船只公司以进行对抗，但在经过了著名的降价大战后，三井与涩泽荣一的联盟败北，在明治十八年，实际上已经被三菱吸收，成立了现在的日本邮船株式会社。在明治十九年，日本邮船株式会社曾有一次迁往横滨，但不出数月便返回了老巢，然后在明治二十九年（1896），迁出至位于丸之内的三菱三号馆中。

三井物产公司（现为三井物产株式会社）

明治九年，由益田孝于坂本町四番地创办，位于第一国立银行的南侧，为日本最早的正式商社。资本虽然属于三井系，但益田孝却将其作为自己的公司独立经营。在公司的运营上，受到益田孝视为兄长的涩泽荣一影响较大。创业后不久，便迁至位于兜町六番地的前岛田组大楼中，然后又迁至兜町五番地前小野组所有的土地上，在明治二十八年（1895），再迁至坂本町四十三番地由辰野金吾设计的旧明治生命大楼中，到了明治三十五年（1902），则迁到了位于骏河町的三井本馆中。

东京海上保险公司（现为东京海上火灾保险株式会社）

明治十二年，由涩泽荣一及三菱系等于南茅场町二十三番地创办，为日本最早的海上保险公司。明治二十四年（1891），在南茅场町四十四番地上建造了由辰野金吾设计的新公司大楼并迁入，但在明治二十八年，又迁至位于丸之内的三菱一号馆。

明治生命保险公司（现为明治生命保险株式会社）

明治十四年，由三菱系创办于京桥区木挽町，在明治十六年迁入了南茅场町二十番地。明治二十四年，在坂本町四十三番地建造了由辰野金吾设计的新公司大楼，然后在明治二十八年，迁至位于丸之内的三菱二号馆。

除了以上的民间企业，还有以下的经济团体、机构也汇聚在此。

股票交易所（现为东京证券交易所）

明治十一年，在涩泽荣一等人的提议下，创办于兜町六番地的前岛田组大楼中。通过广泛筹集资金来运营公司，涩泽荣一的这一合本主义，即股份公司的制度，需要以股票能够自由买卖作为前提，因此，他便力排"开设官方认可的赌场，这算什么事啊"之类的异议，开设了此交易所。涩泽荣一本人并未对股市插手。在前述围绕海运霸权所展开的、三菱对三井和涩泽荣一联盟的斗争中，三菱通过股票交易所秘密收购了对手的股票，因此获得了胜利。要是涩泽荣一当时中意于操纵股票的话，或许便不会发生被自己所创办的交易所绊了一跤的事情了。之后，明治十六年，股票交易所迁往位于兜町四番地的前东京商社旧址，之后，四周便集聚了一大群证券公司，至今仍连绵不绝。

银行集会所（现为东京银行协会）

明治十八年，在涩泽荣一等人的提议下，作为银行家的协会创办于坂本町四番地。与第一国立银行一同作为涩泽荣一经济活动的据点。此协会所表现出的意向对政府的金融政策产生了重要影响。从建筑方面来看，则是刚从伦敦留学归来的青年建筑师辰野金吾的处女作。大正五年，迁至丸之内。

东京会议所（已解散）

在由利公正与大藏省围绕银座砖城和东京银行发生争执之后，明治五年，大藏省将江户时代以来的町会所解体，以旧町会所储备基金作为本金，在坂本町创办了东京会议所（当初为营缮会议所）。会议所在涩泽荣一的领导下，起到了府民议会的作用，也对市内的土木修缮、煤气灯建设（与现在的东京煤气有渊源）、儿童福利院（现为东京都养育院）建设、商法讲习所（现为一桥大学）建设等城市改造或商业振兴方面的事业有所涉猎。但在明治十年，因设立东京府会（现为都议会）而解散，议会的功能交予府会，事业方面则交予府厅，商业振兴策略的提案，则由新成立的东京商法会议所交接，结束了其多姿多彩的使命。

东京商法会议所（现为日本商工会议所）

明治十一年，以涩泽荣一为会长，以益田孝、大仓喜八郎等新兴企业家为中心，作为工商业人士的商议机关，在京桥区木挽町成立。受到了农商务省欲将其置于官家管制下的压力，不得不在明治十五年停止活动，但由于找到了妥协点，在第二年改名为东京工商会，重新出发。涩泽荣一和益田孝，也正是作为东京工商会的代表而出席市区改善审查会的。希望重新夺取自主性的涩泽荣一，抓住了与其关系密切的井上馨出任农商务省大臣的机会，令其修改法令，在明治二十四年更名为东京商业会议所，浴火重生，并借此机会，从木挽町迁入南茅场町二十三番地，又移至兜町二番地。然后在明治二十七年，又迁至故地木挽町。最后，在明治三十二年，终于在丸之内安下了家。

而在企业、团体、机构云集的这片城区里，经济报道也自然而然地萌芽了。

中外物价新报社（现为日本经济新闻社）

明治九年，由益田孝亲手在兜町六番地的三井物产公司内创刊，为日本最早的经济杂志。然后先后迁至银行集会所斜对面的北岛町一丁目三十七番地，以及三代町一番地与坂本町周边。还有，在三菱对三井和涩泽荣一联盟的海上之争中，由于益田孝是联盟一方的旗手，《中外物价新报》也作为击退海和尚（岩崎弥太郎）的急先锋而摆开阵势，与三菱系的《东海经济新报》在报纸上反复论战。而这一报社迁至位于丸之内北边相邻的大手町，则是昭和三十九年（1964）以后的事情了。

东京经济杂志社（解散）

明治十二年，由田口卯吉打着自由主义经济的旗号，得到了涩泽荣一的庇护，在第一国立银行二层的编辑部内创刊。文明开化的思想家田口卯吉以此作为舞台宣扬了英国流派的自由主义，他认为日本必须以民间企业的自由活动作为推力，从下往上地推进，才可以实现现代化。

这样，兜町一带就作为商务之城重生了。以往被用作住宅地的特色也逐渐褪去，在居住人口有出无进的情况下，只有涩泽荣一将自家住宅搬到了这里。

涩泽荣一宅

在明治六年辞官后，为了能够专心经营第一国立银行，涩泽荣一租借了银行背后三井家所拥有的房屋，又在明治九年搬到深川，在明治二十一年，又在兜町二番地建起了由辰野金吾设计的洋馆，并搬了回来。除了居住功能，其住宅也成了经济人士举办沙龙之所，作为涩泽荣一的大本营渐渐发挥作用，但因大正十二年（1923）的大地震受到了严重损坏，之后，涩泽荣一便不再住在这里，而是创办了涩泽荣一事务所。

在企业、机构和个人各自进行的城市建设之外，各地区之间的都市设备亦都非常充实，成了这片城区的骄傲。

电灯

明治十八年，在坂本町银行集会所的竣工仪式上，有40盏白炽灯被点亮。白炽灯代替了之前作为试验品使用的弧光灯，开始被大量使用。在明治二十年，通过涩泽荣一、大仓喜巴郎等人创办的东京电灯公司（现为东京电力），在南茅场町四十五番地上启用了日本最早的市区用发电站，并向附近开始输电。在兜、坂本、南茅场这三町中，竖立起了日本最早的电线杆，上面缠绕着电线，街道则被电灯的光明所照亮。而且，这距离1882年爱迪生的电灯泡点亮了纽约的珍珠街仅仅经过了5年。

电话

明治十八年，涩泽荣一、益田孝等人开始计划成立电话公司，并向爱迪生研究室派出了技术人员，但因为决定由官方安装电话，于是规划终止，其各方面准备由递信省接手。然后在明治二十三年（1890），完成筹备的递信省委托涩泽荣一让东京工商会的会员加入电话计划，并且在坂本町的银行集会所、兜町的股票交易所与蛎壳町的米商会所（现为东京谷物商品交易所）三地之间进行了通话试验。从此，东京市内的电话通信便开始了。

如上所述，经过明治时代前三十年的时光，兜町、坂本町、南茅场町已经有了第一国立银行、三井物产公司、三菱公司、东京海上保险公司、明治生命保险公司等开拓日本资本主义的中枢企业，有了新经济的心脏部位般的股票交易所，还有新兴企业家们汇聚一堂的东京商法会议所和银行集会所，以及《中外物价新报》《东京经济杂志》这些刚刚诞生的经济杂志等。无论是通过电话更快地得到准确信息，还是靠电灯比自然时间活动得更久，都是从这片城区开始的。

假设地方上有一名极富进取精神的商人，受到了田口卯吉在《东京经济杂志》上"推动时代的力量正是在商人身上"这一论述的激励，准备将自己精心制造的纺织品销售到美国去，那么他只要去了位于东京日本桥南部的兜町、坂本町、南茅场町，他的愿望必然会全部实现。到了东京之后，坐上人力车往日本桥的方向走，在通町的一角向南拐，过了几片街区之后，便可以看到石拱桥。目光锐利的他一定会发现，在江户时代被称为海盗桥的那座桥梁，现在已经改名为海运桥了。真是吉利的名字啊！过了桥后，左手边慢慢逼近的，是已经在小林清亲《开化名所绘》上见识过了的第一国立银行，在好好欣赏一番之前，还是得先到隔壁的三井物产公司去处理委托贩售的事情才行。由于没有实际的成果与介绍人，在物产方面，或许需要到其背后相邻的东京商法会议所去听一听同行的评价。如果有幸被三井物产公司受理了的话，那么接下来，便需要沿海运桥街往南走 150 米左右，进到日本邮船株式会社去。既然物产方面已经受理了，那么船只公司方面也不会有意见，只不过为了以防万一，肯定是会推荐加入保险的。此时，便要到斜对面写着东京海上保险公司的砖结构洋馆那边去一趟，听一听关于保险究竟是什么的说明。在明白了这是为了保障通商的安全性与稳妥性后，拿了营业指南便可以离开了，暂且结束第一天的工作。商社、船只公司、保险公司都位于步行几分钟的范围之内，可以说这是一条"前无古人"的商务街了。如果就这样回去的话，是肯定没法令激动的心情平静下来的。于是顺便到银行集会所，找以前认识的银行家拿一份介绍书，也刚好看一看刚才经过的第一国立银行内部到底是什么样子。紧接着，下一个项目的融资目标也达到了，形势大好。打开大门时心想，这跟此前的贷款情形完全不一样，店员竟然还会询问我这边的项目内容和预期贷款金额。稍微觉得有点疲劳，于是决定先离开。夕阳已经开始西下，顺便也到背面相邻的股票交易所去看一眼。将自己与这些面带着杀气来来往往的职业股民的幼稚区分开来，看一看自己所持的股票的走向。应该说是有一点上涨吧，那就这样。再出门时，已经是黄昏了。准备回家，稍微多走两步，去一趟中外物价新报社，买了一份报纸，然后拦下一辆人力车。打开报纸了解旧金山布匹市场的行情，抬头看到第一国立银行的五层高塔，商馆的各处开始点亮了电灯。这条街上的电话铃声，究竟何时会安静下来呢？他一边想着什么时候才能出席涩泽荣一宅的沙龙，一边渡过了海运桥。

情况早已十分明朗，在丸之内之前，兜、坂本、南茅场三町已经作为日本最早的商务街诞生了。对这片地方，我希望取其中间一区的町名，将其称为"兜町商务街"。

汇聚在此地的人们，也颇有新兴势力该有的样子。仿佛要与江户商人所喜爱的漆黑的店面作对一般，他们多采用明亮的西洋风建筑。明治四年，兜町向民间出让土地之时，三井、小野、岛田三家，便已经"为供自家与他家广大商民之便，以资助各种物产买卖之流通……共同议定建为西洋结构，以壮大商业"，约定建造西洋风格的城区了。言出必行，三井组大楼和岛田组大楼都是借开化风格的创始人清水喜助之手完成的，到了明治时代第二个十年，进入了真正的西洋风建筑时代后，明治建筑界的著名建筑师辰野金吾同时承担了其处女作银行集会所与东京海上保险公司、明治生命保险公司、涩泽荣一宅等四座楼房的建设工作。在明治时代后期，该街区已经成为最具成果的西洋风建筑街了。尤其是涩泽荣一宅，非常具有水运论支持者的风格，建在了万货辐辏的日本桥川十字路口，呈俯视之势，以端端正正的威尼斯哥特风格倒映在水面上。在室内，则在其中心处建造了大厅，左右以居室加固，若从大厅走上拱廊围护的阳台，则可以俯观水面，在居室里，波浪声不停地透过阳台悄悄地飘进来。涩泽荣一一定是靠在窗边，一边眺望着眼前来来往往的小艇，一边嘴里轻念着"要像威尼斯一样"，构想着这一座前所未有的、通过贸易而振兴的城市。

让我们再次回到市区改善审查会方案的分析上，继续探讨筑港道路为什么会向北靠的问题。明治十八年，在审查会席上，当大家都围绕着筑港与道路进行热烈讨论之时，在兜町商务街上已经汇集了第一国立银行、东京海上保险公司、明治生命保险公司、三井物产公司、三菱公司、中外物价新报社，以及股票交易所了，东京海上大楼与银行集会所正处于热火朝天的建设过程中。这片土地作为一个新的经济中心，已经呈现了一种充满活力的姿态。回答早已十分明朗：即便要让连接中央车站与国际港口的两条干线道路往北偏，也要让他们贯穿兜、坂本、南茅场三町，其理由，当然是为了确保将兜町商务街放在最好的地段上。在此之上，审查会还选中了兜町商务街的正中心，决定在此设置"中央市区内极易惹人注目的广场（现为坂本町公园）"，并在其上方建造"装饰首都外观……巍然壮观"的商法会议所与公共交易所。这一切，都是为了让兜町商务街欣欣向荣而布下的局（参考图43）。在这片城区的生身之父——涩泽荣一的个人历史中，市区改善恐怕从明治四年的兜町出让之时便已经开始了，审查会方案只是对兢兢业业建设到今天的商务街进行了最后的润色。

在晚年，当涩泽荣一回顾审查会经历的时候，他回忆道："说起当时市区改善问题的要点，概括来说，就是这两大说法。要么把东京单独打造成帝都、建设品位优雅的街道，要么从工商业的地盘开始，加入港湾，再打造成所谓的商业城市……而主要从这一方面来立论的，就是我和益田孝了。"在这里，是"这一方面"最终占了上风，并没有"把东京单独打造成帝都、建设品位优雅的街道"，而是决定了走上商业都市之路。

如此想来，明治十二年，由田口卯吉打响第一炮的商都构想，在经历了挫折与搁置后，最终完成了盛大的回归，可以说在此到达了高峰。此后，虽说商都化的浪潮仍然在源源不断地流传下去，但是像市区改善委员会方案一样，将筑港、交通、设施规划三者合一的精彩布局，却再也不会出现第二次了。

夭折，继而重生

沉默的两年

如果市区改善规划会说话的话，那么它一定是十分羡慕银座砖城规划的。在火灾三天之后，便决定了银座砖城规划的基本方针，在半个月内即完成了图纸，顺利推进到施工阶段。所有的决定都是由集中在太政官内的数名参议一致做出的。从那以后十余年，等到明治的英雄时代结束，宪法和议会终于提上日程，规划已经没有办法再无所顾忌了，从起意到最终出台，不得不跨过好几个门槛才行。尤其是像城市规划这种既非主要负责机关决定，涉及对象又涵盖港口、歌剧院等包容性强且能够进行自由干涉的项目，遇到的阻碍自然不少。虽然在设置于内务省的市区改善审查会的席上诞生了追求商业都市的审查会方案，但这也只是在一个省部门内。为了迈出第一步，必须在太政官的席上，征得有利害关系的各省卿的同意。

明治十八年十月八日，内务卿山县有朋在受理了芳川显正再次提出的审查会方案后，即刻向太政官禀报并请求裁定。内容包括对审查会方案的承认，以及在内务省内新设东京市区改善局两项。按照计划，这一早便能得到诸卿同意，由太政大臣三条实美向天皇上奏，下达创办东京市区改善局的敕令。然而敕令却终究没有下达。在明治十九和二十年这两年中，市区改善规划就这样被太政官束之高阁、长眠不醒了。

让三条实美将有力提案人山县有朋的禀报内容束之高阁的，只有可能是其他省施加的巨大压力。当大家在内务省的房间里讨论着市区改善和筑港问题的时候，别的地方却正以外务卿井上馨为中心，对太政官的直属项目"机关集中规划"进行立案，试图把散落于市内各处的各大省机关汇总到一地来。在这两者之间，前者将日比谷作为省厅用地、将霞之关作为宅邸用地，后者却将霞之关一带作为机关街。这两者不仅在规划内容上存在区别，在立案的意图上也完全不同。内务省的着眼点在于打开封建城市江户，让东京于名于实都成为国家之要，外务省则是希望在就与欧美列强签订的不平等条约提出修订的交涉时，日本也能拥有和西方一样的政府机关街，成为文明国家，受到平等的对待。有了这一机关街，日本便能在一直被压制的交涉过程中多多少少扳回一局，这便是鹿鸣馆的城市版。在负责国内治理的人与肩负对外交涉使命的人之间，存在着无法填补的鸿沟。

明治十八年十月十二日，趁内务卿向太政官请求设立东京市区改善局之机，外务卿也申请创办了临时建筑局，以作为负责机关集中规划的部门，双方达成了合意。最终结果便是，只要井上馨作为兼任总裁，就是认可临时建筑局的，东京市区改善局的项目则尽数不予通过。但在这一阶段，还没有决定废除市区改善规划，只是将其一时搁置了。接下来几天在报纸上活跃不已的临时建筑局所开展的活动为市区改善规划带去了一线生机。在几个月之后，展开市区改善规划的希望越来越小。明治十九年十二月二十五日，临时建筑局的总裁井上馨和副总裁三岛通庸向总理大臣伊藤博文（从明治十九年起，太政官制改为内阁制）致信禀报，希望将市区改善的权力，从内务省转移到临时建筑局来。迄今为止一直由内务省掌管的城市规划权，已经基本上被外务省系的临时建筑局夺走了。此时，内务省的市区改善进程已经完全停止，黔驴技穷的山县有朋，在一年后的明治二十年五月二十四日，也写信给总理，逼他做出决定。

> 无论是从交通上来说，还是从卫生上来说，都势必不可放置。此为明治十七年东京府知事提交关于市区改善、品海筑港，以及费用征收的意见书时，省级经官方裁定所提出的开办审查会意见书及其修正方案。从那时以来已数十月余，实施与否仍未决定……虽然表面上并未下令废弃该方案，然而在事实上，便已经不得不终止其目的了……在此，希望速对前日所提出的方案进行充分的内阁讨论并迅速采用。若经过内阁讨论决定不采用该方案的话，也希望能够明确废除市区改善与品海筑港之议。（《市区改善方案采用与否之件》）

"不要再延续半死不活的状态了，甚至就算是要废除规划，也请给我最后的审判。"然而，这般央求的声音依旧没有得到答复，该计划被继续搁置下去。已经进入了进退两难的状态，市区改善的事项也只能继续冬眠下去。在进入冬眠之后两年，政治上的风潮却突然一变。由井上馨全权负责且反复进行的条约修订交涉，让鹿鸣馆的晚会、机关街上的全景绘画等都变得如同镜花水月一般。谈判破裂了，井上馨辞去了外务大臣之职，离开了内阁。

没有了领袖的临时建筑局，便也没有了可以动用的力量。更讽刺的是，临时建筑局恰好被转移到了敌方内务省的管辖范围内，处于一直忍耐到今天的芳川显正的指挥下，最后被解散了。

明治二十一年，经过这样长达两年的沉默之后，市区改善规划终于重见天日了。上一次，内务省是以创办新局的形式来要求规划实施的，这一次，则是向内阁要求发布法令。

明治二十一年一月二十一日，内务省长官山县有朋找了大藏省的长官松方正义一起，就市区改善与筑港规划复活两件事，向内阁进行了询问，但内阁却将筑港的部分驳回了。筑港问题可称得上是商业城市化进程的生命线，为什么会被驳回呢？在这一年秋季召开的市区改善委员会席上，芳川显正被田口卯吉委员追问该问题时，终于公开吐露了内情："关于筑港一事，在下曾提出建议，朝议也基本对此论点表示采纳，就在此时，神奈川县听闻此消息，一片哗然，立即取要道前来，将县下情况尽数禀报，这才终于导致朝议更改意见。"神奈川县，也就是横滨的势力，希望采取手段阻止东京筑港这一点，应该也是很好理解的。在松田道之时代的"东京中央市区划定之问题"没有公布的原始方案里，也写着"早晚应开放东京湾，将彼处之横滨港移至此处，乃最善之法"，把横滨港废港作为了前提。而在市区改善审查会的席上，关于横滨港的问题：

樱井勉 就筑港来说，这件事情上关系最大的，便要数横滨了。虽然不知道横滨是否一定会因此走向衰退，但宁可两败俱伤，也应该坚决执行此方案。

益田孝 ……若从当下的贸易来说的话，则不如选择东京……

品川忠道 ……横滨会变成怎样，与此事无关……

山崎直胤 ……虽说一旦东京的港口好起来了，横滨估计便会垮掉，但就算会这样，也不至于要担心……（《东京市区改善品海筑港审查议事笔记》）

这样的发言摘录，虽然份数较少，但还是被印刷成册，作为内部资料分发给了各方面相关部门。而了解到这一情况的横滨贸易商，就明治二十一年一月内务省关于筑港规划复活一事的汇报，为了保住自己的生命线，希望将已经基本决定了的朝议推翻，于是他们以背水一战的姿态对内阁展开了工作——这样的情况也不难想象。尤其在不平等条约下，横滨还有许多享受着高人一等权益的外国布帛商人，内务府承受的外部压力之大可想而知。但不管外部压力有多大，明治十八年，内务省已经有意要将横滨作为国际港口进行重新整修了，这一事实同样不可忽视。明治十六年，当幕府末年"下关事件"的赔偿金由美国退回，被挪用到了贸易港口整修费上时，如果作为港湾主要负责机关的内务省像涩泽荣一或者益田孝一样真心地希望东京建港的话，肯定会将其视为从天而降的好运。然而，事实正好相反，内务省将钱全部投到了横滨港的大改造上。只有两座脆弱的栈桥伸在外头的横滨港，于名于实都变成了日本的入口大门，并在之后的半个多世纪里一直把东京甩在后头。如此为横滨港进行周到考虑的内务省，轻易地屈服于外界的压力也不是什么奇怪的事。

面对元老院的反对

内务省放弃了建港，将精力集中在了市区改善上，并于明治二十一年二月十七日，将东京市区改善条例共十九条的草案提交给了内阁。在内容上，主要是由规划实施的体制、权限及资金源措施这三项构成。

在内阁表示认可之后，草案被送到了元老院。所谓元老院，虽然是审议内阁所起草的法令是否合适之处，但并没有后来国会那样的决定权，实际上等于咨询机关。其成员，则是由过去有过功勋的政治家或知识分子，其中可见由利公正、楠本正隆等人，因此，也可以说是个类似明治政权养老院的存在。元老院中的大部分人，都倾向于市区改善无用论。

加藤弘之 ……虽然我们元老院并没有足够的权力，不得已要议定这样的议案，但若是我们元老院和欧美各国的议院有着一样的权力的话，那么必可以无须议定这种议案。

……东京的市区改善虽可谓美行一桩，然而却并不可称为当务之急……

津田真道 ……大家看，日本全国的智力知识水平，还无法与欧美各国比肩，日本全国的财富，亦不足以与欧美各国抗衡。要在这一时间，对我们日本的首都东京的市区进行改善，好让其在美观上能与欧美各国的都市相竞争，归根结底，此乃何等之谬论乎……

山口尚芳 ……本案东京市区改善条例立案之目的，是对东京市区进行改良，以呈现更高级别的美观，如此看来……审查员从事调查至今，已经向世间暴露了大量丑态……他们将某某这样的人物当作委员（市区改善审查委员），果真能够获得府民之信任吗……

三浦安 ……只是散漫地将着眼点放在与外国的交际上，看见国外的市区便直接去模仿，此做法甚为不可取……东京的市区就按照现在这样，又不是养不了人，又不是经不了商……

津田真道 ……拿破仑三世之时，对巴黎市区进行了充分的改造，且效果甚佳，然而效仿他们启动这项巨大的项目，则尤为过火……为了这项举措而开心的，只会有土木公司了……这种法案的发布恐怕是因贿赂（来自建筑业人士的）而起的，因此这么干的人应该也不少。(《元老院会议笔记》)

市区改善无用论者们，将供条例草案参考的审查会方案，完全定性为对巴黎改造规划的模仿，将其驳斥为不自量力，是不紧急且不必要的项目。对此，作为少数派的赞成论者则称：

细川润次郎 ……市区改善乃势在必行之事……造出市区改善之势的……毕竟是由于人的嗜好，其原因来自内心，非外部……将东京市区进行改善，使景观尽其宏壮之势，令外国人的双眼感到惊奇，亦不免为人之常情……

冈内重俊 ……我日本帝国，既称为东洋之文明国家，则多少应对作为首都的东京的市区进行改造，为了令其不愧于其名，不可不尽力而为之……目前反复召开条约修订的会议，亦非长久之计。在达成所谓条约修订这一目的、希望他们给予我们以同等的权利时，万一市区不整顿这一点成了其障碍的话，可以说是甚为遗憾了。（同上）

虽然褒贬不一，但双方在将市区改善定性为城市的美观化这一点上，却是如出一辙。审查会也曾对花都巴黎抱有艳羡之情，但他们最后明明已经将重点集中在了开放城市、补充设施及都市商业化等实用方面上了。一听到城市规划，便不由分说地想到巴黎改造规划，也不知道是应该赞美巴黎的这种国际影响力，还是应该耻笑元老院的功课没做足。无论如何，元老院都倾向于完全废除东京市区改善条例草案，洋洋洒洒地写了一大段批判，通报给了内阁。

强制发布《东京市区改善条例》

然而，内务大臣山县有朋却不是个会轻易屈服的角色。他与大藏省长官松方正义联名向内阁递交了一份略为感情用事的禀报书，对元老院的非难进行了逐一反击，"请求不顾元老院的意见，另起草文件，坚决实行原方案"。内阁被山县有朋坚定的决心所打动，无视了元老院的意见，强行通过了《东京市区改善条例》，并在明治二十一年八月十六日发布。日本首个城市规划法令便这样诞生了。

在共十六条法令中，骨干部分便是关于指挥系统和资金源的以下四条了。

东京市区改善条例

第一条 为对东京市区改善设计，及每年度应实施的项目进行议定，应设置东京市区改善委员会，置于内务大臣监督之下，其组织权力以内阁命令为准。

第二条 在东京市区改善委员会中，每当对市区改善之设计进行议定时，应全部向内务大臣上报，内务大臣进行审查，得到内阁许可后，便交付于东京府知事，令其进行公告。

第三条 为充当市区改善之费用，在东京府区内，征收以下特别税种：

地租抽成、营业兼杂项税、住房税、清酒税。

······ ······

第五条 为辅助市区改善之费用，立即将目前供政府用的东京府区部内的官有河岸土地，作为东京府区部的基本财产，下拨为其所用。（《东京市区改善条例》）

在此，决定将特别税与官有河岸土地的出让费作为资金源，将城市规划全权集中在内务大臣身上。从明治维新到现在，由于城市规划的领域之广，谁都能插上一句嘴，因此，在明治时代初期，先是围绕着银座砖城，有东京府与大藏省之争，然后在明治时代第二个十年，有内务省与外务省之间的竞赛，他们分别提出了市区改善与机关集中的规划，到了明治时代第三个十年，主导权的归属总算开始明朗了起来。

在此时期，内务省就算强行突破了元老院的反对，也要急于确立主导权。这种做法是为对抗两大"敌人"所做的准备。其一，是从市区改善权被临时建筑局夺走的苦痛经验中得到的教训，不要再因为城市规划所涉及的范围太广，而再次发生被他省插一脚的事情。其二则是马上要开设的国会。从元老院的例子中也可以看出，议会似乎不太可能允许通过遵循内务省意思的制度，因此需要提前一步逃离其掣肘。

除了时机上的考虑，还有一点值得注意，即《东京市区改善条例》与4个月前刚刚制定的《市町村制度》间的关系。《市町村制度》将明治维新以后一直摇摆不定的地方制度确定了下来，虽然因首个由内务大臣主导确立的秩序而知名，但同时创造两项制度，并不是巧合。对于内务省来说，两者都是国会开设前必须解决的悬案。通过《市町村制度》与《东京市区改善条例》的制定，从明治二十一年起，无论是从制度还是实体上，都可以说日本的城市已经完全落入内务省的管辖范围了。

市区改善委员会方案与项目的实施

达成最终方案

　　明治二十一年八月，等到《东京市区改善条例》发布，规划终于朝着实现迈进了一步。以内务次官芳川显正为会长，由内务省3人、大藏省2人、陆军省2人、农商务省2人、递信省2人、警视厅2人、东京府2人、东京府会若干人，共同组成了东京市区改善委员会。在人员当中，可以见到内务省卫生局局长长与专斋、内务省土木工程师古市公威、府会议员田口卯吉，以及福地源一郎和犬养毅，在此之外，作为临时委员列席的，则有东京工商会的涩泽荣一、益田孝，还有铁路工程师松本庄一郎及原口要。在从明治二十一年十月五日到明治二十二年三月五日为止的五个月里，委员会共计进行了28次评议，虽然产生了《市区改善委员会方案》，但与之前芳川显正方案或审查会方案那样不向上面提交就不知道能否实现的试案不同，该方案是由法令作为支撑的，必定将得到实施。

　　在委员会的中央会议桌上，三年前寄托了商业都市之梦的市区改善审查会方案被作为原始方案得到了扩展。从隅田川河口到品川入海口处，清清楚楚画出来的朱红色筑港线路，迫于横滨系势力不得不被删去，删除了这一部分的方案仿佛没有了核的空壳一般，空空荡荡。从规划市区范围的设定开始，由道路、铁路、水路所组成的交通规划，以及游园、市场、剧场、商法会议所与公共交易所等设施规划，将像以前一样被保留，并留待审议。在会议开始后，围绕图纸的来回讨论却仿佛三年前审查会的热情已经完全消退了一般，从头到尾讨论的对象，都集中在技术问题上。翻遍议事录，也没有什么值得品味的发言，于是我们只能一鼓作气地将各项审议的来龙去脉轻轻地过一遍，并将结论记录如下。

规划市区范围

审查会方案，以明治十八年当时 88 万余人的人口作为基准，将相当于旧江户朱线内 73% 的约 12 692 000 坪作为市区的范围。委员会鉴于其后三年间人口的快速增长这一情况，将规划人口预定为 200 万人，令新的市区范围一下翻了倍，达到了 25 071 084 坪，沿旧朱线的外侧画了一圈，基本上内接于今天的山手线（参考图26）。

功能分区制度

在审查会上决定的功能分区，虽然在会长向内务卿再次提交方案的时候，不知为何被删去了，但委员会却重新将评议的重点集中在了皇居周边的官有土地上，希望能决定其功能。日比谷和霞之关，延续了前临时建筑局的方针，继续被划为机关街，但不日则会把日比谷靠海的一半划为公园（现为日比谷公园）。皇居外门前（现为皇居前广场），则接受了宫内省的建议，作为皇居的一部分被移出了市区改善的范围。此外，备受关注的现丸之内及大手町地区延续了审查会的方针，将其开放，作为一般的市区用地。

公园规划

审查会将大公园与小公园分别立项，但由于管理上并无区别，因此委员会将大小合并成一项，同时改名为公园。由于获取土地困难，因此也不断出现删去与换地[1]的动作，在原有的 9 处大游园中，有 1 处删去，5 处进行了换地，在 43 处小游园中，有 20 处删去，6 处进行了换地，新建的则有 23 处，比删去的数量还多。若将新旧公园的布置进行比较，则可一目了然地看出（参考图 35、38），删去的游园大多位于需要开放空间的下町高密度之地，新建的游园则大部分位于山手地带，多为原神社、寺庙用地。从日本桥、京桥、神田（外神田除外）这中心三区来看，公园从 21 处减为 11 处，其中还包括位于商业地带正中央、原本计划与帝国歌剧院配对的中桥广小路的 3 680 坪的小游园：

须藤时一郎、芳野世经（府会议员） 此项可以删去。

芳川显正 同意删去此项者请起立。

十三人起立。（《东京市区改善委员会议事录》）

在公园规模的收缩中，最后的一丝光明，大概只有原本计划于兜町商务街中心的坂本町公园得到了保留，以及决定新建日比谷公园。

市场规划

审查会方案，将市场的集中化，以及向周边部位的转移作为

1　换地（"减步"），日本的地产术语，指从私有土地中划出一小块，令其面积缩减，但通过周边开发来维持其地价不变或升高的操作。

主要方针，在滨町、芝、深川三地规划了鱼禽肉类市场，在神田与京桥规划了蔬果市场，还在永代新田规划了屠宰场。在委员会召开时，来自河岸鱼市的批发商人提交了请愿书，提出"日本桥与四日市两大市场之事，由于设置并经营已有数百年，若时至今日方才下令转移的话，则在各自的营业上，以及就个人而言，都颇为困难"，对转移表示了反对，并表示如果一定要下令转移的话，希望能够转移到水质更好、水运更方便的箱崎、中洲地区。这一点得到了采纳。因此，屠宰场由一处改为三处，分散配置了。但除此之外，审查会的主要方针还是得到了基本保留。

商法会议所与公共交易所规划

这一设施，便可以称为审查方案的象征了，本是预备要在兜町商务街的正中央、作为"商都之花"而建设的。还未经讨论，大部分委员认为"此类事项应由他们自己（当事人）自由选定，我等最好不要管这种闲事"，就连涩泽荣一也陈述了同样的意见，因此被删去。

剧场规划

以帝国歌剧院为首，审查会方案共规划了四座剧场与歌舞伎剧场，这一条却连评议记录都没有留下，便被删去了。

火葬场

这是作为审查会方案所没有涉及的新课题而提出的一项提案。火葬场在既有的3处之外增加了2处，共设置了5处。仅此一项，会被配置到规划市区的范围之外。而在墓地上，则对青山等6处既有公共墓地进行扩张，此外，还将不满1 000坪的市内神社、寺庙的附属墓地进行转移与集中。

铁路规划

除了建设高架与否这样纯粹的技术问题，连接上野与新桥的市内纵贯铁路，也如同审查会方案预计的一样得到了采纳。而在车站方面，万世桥站和中央车站也得到了许可。

运河规划

审查会方案虽然没有特别重视水运，还是认可了7条运河的新开凿事宜。然而委员会又删去了2条，变成了5条运河。

道路规划

审查会方案的干线道路，是由连接港口与中央车站的2条筑港道路、平行于铁路左右穿行的2条纵贯道路，以及从皇居出发的3条皇家辐射道路组成的，如果想知道这一条究竟经过了怎样的修改，则首先需要从结审的委员会方案中挑出作为干线道路的11条一级一类道路，并制作委员会方案干线道路图（参考图39），再将其与审查会方案的干线道路图（参考图36）进行比较。

正如我们首先注意到的一样，筑港中止的结果，便是2条筑港道路被大幅降到了三级和四级，被遗留在了干线道路的范畴之外。穿行在铁路东侧日本桥大街的商家道路，也被降级为一级二类，从图上消失了，穿行在西侧的旧大名小路，则被朝皇居方向平移了，靠近皇居的部分仍然作为一级一类，但两端则变成了一级二类。在3条皇家辐射道路中，穿过本町路的那条，被移到了往北的石町路上，并且被降级一级二类，其起始点也从旧大手门被移到了中央车站。同样地，在外城河的外侧展开，并穿过日本桥、京桥、神田等一般市街用地的干线道路，也都纷纷遭到了降级，只剩万世桥与上野公园之间的一条广小路，以及原计划作为港口内部的主心骨、却变成了填埋地道路的一条，还保留为干线道路。如果看皇居周边（丸之内、日比谷、大手町等）的官有土地的话，则一级一类的道路从 4 条增加到了 8 条，似乎数量充足。在芳川显正方案与审查会方案中，皇居周边的干线道路，在穿透了外城河这套自我封闭的装置之后，还保持原有的路宽进入一般市街用地，但在委员会方案中，一级一类的 20 间宽，在穿过外城河的那一刻，便变成了一级二类，变窄了 5 间后才被允许进入市街用地。于是以外城河为边界，产生了一种前所未有的地区差距，分别是短促的干线道路纵横穿行的皇居周边地区，与仅仅包括准干线道路的既有市街用地。

如上所述，委员会的评议，完全就像一场撤退战一样，终于结束。明治二十二年三月五日，人们见证了市区改善委员会方案的诞生（参考图 38）。

倒退的商都化进程

三年前的审查会方案与这次委员会方案之间的最大区别，便在于筑港规划的有无了。在评议席上，涩泽荣一与益田孝，就这么静静地看着商业都市化的提案被驳回。对于了解他们在审查会时代的奋斗英姿的人来说，这幅景象或许会显得令人诧异，但从他们的角度看，胜负在开会之前便已经见了分晓。明治二十一年一月二十一日，当内务省被临时建筑局这块大石压在胸口，并试图在内阁内部复活市区改善及筑港规划的时候，益田孝便早早开始了行动，仅仅在一周以后，便在东京工商会的席上陈述了独立进行筑港调查的必要性。会长涩泽荣一对此表示了认可，并任命益田孝、大仓喜八郎、浅野总一郎等人作为委员提前开始调查。道路方面的重要准备工作，也必然是没有怠慢的。尽管东京工商会抱有极大的热情，但仅仅在一个月之内，内务省的筑港规划便消失不见了。要是像芳川显正那次一样被搁置的话还好，但在这次的内阁议席上，则是明确地粉碎了这一规划。而且还是因横滨势力施加压力，才导致了朝议逆转，可以算是最恶劣的方式了。打个比方，如果要再提一次建港的话，之后也的确会再提一次，只要是了解内情的人，便早已知晓走上相同道路就定会得到相同的结局了。如此想来，那么曾经在审查会上主导了局势的涩泽荣一和益田孝二位，如今口风一转，突然沉默，任由会议上的官员主导局势的发展，便也可以理解了。既然在开会之前，筑港规划的萌芽就已经被扼杀，这两位在会后也保持沉默的话，便可以很明确地判断出接下来的走向了。将港口与中央车站以两条道路连通，在位于其中的兜町商务街中心设置商法会议所与公共交易所，还要在近处配设帝国歌剧院的规划——这一精彩绝伦的商业都市构想，从道路、商法会议所与公共场所到歌剧院，都慢慢崩塌。明治十二年，由青年思想家田口卯吉在心中萌生、涩泽荣一和松田道之等人延续继承、被人们鼓吹不已的国际商业都市东京之梦，在十年之后，在此结束。

接下来的走向，不仅止步于商业都市化的发展，还吞掉了下町的公园规划，更将交通规划也清洗掉了。而由芳川显正方案提出、由审查会方案延续而开辟的城市交通方针，亦非毫发无伤，从皇居向外穿行的路线，在穿过外城河、到达一般市区的地方，便将宽度缩窄了一个等级。即便如此，其打开封闭交通的功劳也是无可替代的。但是，像之前两版方案一样、由一种强大的意志所贯彻的状态，已经不存在了。与芳川显正方案或审查会方案相比，委员会方案不管怎么看，都只能评价为一次没有找准目标的规划。

皇、政、经的重新结合

我们也应该承认其中前所未有的"创新"之处。在此，我想谈谈两大倾向，即规划市区范围的扩大，以及皇居周边的复合中心化。

之前的两版方案与江户相比，人口不到其一半，市区面积也只有其七成。对于为幕府末年以来人口减少与活力低迷所烦恼的当事人来说，这种消极的看法无疑是一种自然的选择。以明治二十年为分界线，人口和城市活动都开始呈现急速上升的曲线。委员会准确地把握住了这种变化中的线索，主动提出了 200 万人口与 25 071 084 坪市区范围的方案，在规模上比江户要大上一圈。

此外还有一点值得注意，即皇居周边所呈现的新面貌。对于由 8 条一级一类道路所占满的皇居周边，委员会对其功能进行了逐一区分，决定将旧本丸、西丸（现为皇居）、西丸下（现为皇居前广场）保留为皇居，将日比谷、霞之关作为机关街，将丸之内、大手町作为商业用地。说是要开放丸之内与大手町，将其作为商业用地，但并不是要推出像日本桥那样的仓房和一连串的批发商店，而是要将其打造成适合中央车站周边这一片广大处女地的新经济中心。这样一来，与天皇住处相毗邻的该地块就成了中央机关街这一政治核心与新的经济核心相结合的产物。如果回顾之前的规划，比如审查会方案的话，就会发现，一大核心位于政府机关、皇居和中央车站集中的陆地一侧，另一大核心则位于国际港口与兜町商务街汇聚的靠海一边，形成了两极对立，展示出富有张力且充满动态的骨干结构。此外，在芳川显正方案中，皇居和机关街（丸之内）虽然在地理上相连，但皇居有自己的皇家辐射道路，机关街有专用的官家纵贯道路（原大名小路），商家的纵贯道路也穿行在铁路的另一边，如此一来，皇、政、经便分别被赋予了各自的骨干。但委员会方案，将丸之内经济地区专用的一级一类道路，向皇居方向平移了，变成了皇居与经济地区两用的道路，这条道路再往南延伸，还会成为霞之关、日比谷机关街的主干道。将中央车站作为正门入口，并划定了一块布满干线道路的地区，在这一范围内，皇、政、经各自的核心，都结成块状组合了起来。可以说是诞生了前所未有的、巨大且统一的中心地区。

今天如果漫步在皇居的护城河边，便会理解，这种复合中心的姿态，并非出于某种主动的意图，而是有着更加现实的原因。既有的市区用地的道路拓宽与公园新建，都需要大量收购民间的土地，光靠每年专门用于市区改善项目的 50 万日元是远远不够的。此外，群众还可能对拆迁进行反抗。于是，委员会不得不变得畏首畏尾，但所幸，皇居周边还有大片用于游乐休闲的官有土地（之前一直有陆军的各种设施，但计划在近期迁出），如果开发这一带的话，就不会那么困难了。之前的两版方案，为了建设新的交通体系，或者为了实现商都化，在切割既有的市街用地上没有表现出任何的踌躇，但委员会却抛弃了一切果断主义，参考自己所被赋予的力量，选择了较为现实的途径。其结果便是，将皇居周边用于游乐休闲的官有地，作为块状组合的复合中心的诞生之地。

市区改善委员会的方案，虽然没有表现出像帝都或商都这样轮廓清晰、明确的都市形象，但反过来说，却既保证了让芳川显正方案所开辟的交通计划姑且实现，又继承了审查会方案所追求的、将丸之内一带商业地区化的目标。此外，还设法使公园与市场的规划保存下来，给机关街和皇居相重叠的帝都化倾向也保留了一线生机。迄今为止，为了追求不同的形象所逐一列出的各种要求，都被从原来的形象中剥离出来，纷纷在不同程度上被吸收到了一起。

明治二十二年五月二十日，在结审后两个月，委员会的方案得到了公示。明治十二年五月从松田道之的《东京中央市区划定之问题》发端、历经明治十七年十一月的芳川显正方案、明治十八年十月的审查会方案，以及委员会方案，在经过十年的风霜之后，市区改善规划终于离开了台面，降临到了城市当中。

建筑条例、工业地区制度等

让我们从项目的推进方法开始叙述。委员会方案虽然进行了公示，但并非此后就拒绝修改和增补，它根据可用资金的增减、每年度项目的确定，有时还有来自民间的请愿，以及内务大臣下达的问询而变化。这些问题，都必须先在委员会的席上进行报告，有必要的时候，还需要将外部的专家作为临时委员招募进来，再进行讨论，将结论向内务大臣上报。如果内务大臣表示认可的话，则再由内务大臣向内阁报告，之后，再以东京府知事之名进行公示。像土地的收购或施工这些工作，并不由委员会负责，现场全部交由东京府厅与市区改善部门负责。在资金来源上，地租、营业税或杂税、房屋税、清酒税的特别征收，以及官有河岸土地的买卖与出让资金，都可以得到承认。这些金额每年仅在 30 万日元到 50 万日元，是远远不够的。通过东京府的一般预算，或者国库补助、公债发行等形式，增加了外来的资金。从结果上来说，只有从外部得到了巨大的资金投入时，才能够顺利地推进一个项目。

之后，作为项目之基础的规划方案，在明治二十二年五月委员会方案公示后，却并没有就此完结。在委员会方案结审之后，筑港、市区铁路、建筑条例、工业分区制度、上水道和下水道等课题，又成为新的评议焦点，等待着增补决定的追加。

筑港规划

筑港一事，虽然在之前，已经从市区改善委员会的审议对象中去除了，但以田口卯吉委员为首的要求复活的呼声也很高，于是芳川显正在明治二十二年二月向内务大臣申请了进行筑港审查的许可。之后便杳无音信了。但委员会也没有就此善罢甘休，即便是在执掌的权力之外，还是委托农商务省进行地块的调查，委托赴欧的古市公威委员进行海外情况的调查，继续进行活动。十月，任命田口卯吉、涩泽荣一、益田孝、古市公威等人为筑港调查委员，十二月，古市公威将旅欧时委托法国人雷诺制作的筑港方案上交，最终还是石沉大海。在委员会以外，内务省本省也向御雇的外国人德里克寻求设计方案，虽然在明治二十二年三月，拿到了完成方案，但同样没有了后续。经过六年的沉默，到了明治二十八年八月，委员会采纳了涩泽荣一的提议，再次任命涩泽荣一、古市公威为筑港调查委员，但也没有见到什么大的动作，只是任光阴白白流逝。之后，在明治二十九年八月及明治三十年二月，迅速完成立案的声音再次浮现，但就连委员们也知道，这只会徒劳无功。与委员会的低迷相反，东京市会则以星亨为中心，开始积极着手进行筑港规划，在明治三十三年（1900）六月，以古市公威的方案为基础，决定将筑港作为东京市的独立项目来进行。然后在次年三月，向帝国议会众议院为东京筑港申请了国库补助，并得到了许可。只不过在那之后，又经历了被形容为"光怪陆离"的星亨刺杀案，东京市会的规划便也烟消云散了。筑港规划虽然从不同的方面被多次提出，但内务省也不过像是每次往高阁上多垒一张图一样。究其原因，还是在于明治二十一年去除东京筑港的阁议决定，以及为了横滨港的富足这两点。东京湾要从桎梏中获得解放，还得等到昭和十六年开始建设东京港。

市区铁路规划

明治二十一年十一月二日，田口卯吉委员的提议得到了采纳，决定建造"围绕外城，即牛迁、市谷、四谷、赤坂、虎之门等一周，由万世桥到新桥"的市区绕城铁路，虽然委托铁路工程师松本庄一郎制作了完整方案，但由于时机尚早，止于方案规划的阶段。

建筑条例

明治二十二年十月九日，芳川显正出示了委托建筑师妻木赖黄起草的建筑条例个人方案，委员会对此表示认可，并且任命了调查委员，以进行更加深入的考虑，但此后却再无音讯。明治三十六年八月，中岛锐治委员陈述了建筑条例的必要性，也得到了采纳，但仅仅在重新任命了调查委员会后，便又就此终止了。结果，日本真正的建筑条例，等到大正九年，《市区用地建筑物法》与作为《东京市区改善条例》继承者的《城市规划法》一同发布，才真正出现。

工业分区制度

明治十八年，市区改善审查会决定了功能分区制度，并将工业用地布置在了深川与本所，但在向内务卿再次提交的时候，将这一项去除了。在明治二十五年（1892）十一月二十八日，由芳川显正提议，再次对工业用地分区制度进行了评议，在十二月九日，得到了详细的完成方案。这一方案未能实现，与建筑条例一样，等到大正九年《市区用地建筑物法》发布，分区制度才得以施行。

上、下水道规划

上、下水道的规划与市区改善是两个课题，大概从同一时间起就已经着手办理了。往年江户的上水道，与伦敦、巴黎相比，在规模上来说并无优劣，但由于缺乏过滤装置且采取的是过去木管道的流水方式，难以避免污水或雨水混入，还变成了传染病的感染途径，因此人们都强烈地期待对其进行改良。明治七年，虽然御雇外国人多伦的上水道改良意见得到了采纳，其本人也热情地与楠本正隆、松田道之等历任东京府知事进行了合作，但最终却未能实施。之后，继任的芳川显正，在为市区改善芳川显正方案立案的过程中，虽然受内务卿的命令，开始进行上、下水道的改良，但在芳川显正方案中，上、下水道的部分却被去除了。对于去除的理由，芳川显正的说明是："此方案中所记载之处，唯独止于道路、桥梁及河川之改正上，在市内不得不实施的最重要的住房形制、水管的铺设及下水道的设置等，很遗憾无法涉及。然而可想而知，道路、桥梁、河川应为本，水管、住房、上水道和下水道应为末。故确定道路、桥梁及河川之设计之后，其他方面自然也可容易确定。"也有人取文中的"道路、桥梁、河川应为本，水管、住房、上水道和下水道应为末"一句，来批判芳川显正无视市民的生活，然而，正确的理解方法正如其字面意思所言：从施工的顺序上来说，在配置管道之前应先决定道路的位置。而在内务省属下的城市规划方案里，也没有什么比上、下水道更受优待之事。芳川显正才将上、下水道与不知道什么时候才能实施的市区改善分离了开来，在明治十七年十一月，便立刻决定，在以"恶病巢穴"而闻名的神田里町一带铺设西式下水道，由石黑五十二负责设计，并于次年竣工。虽然上、下水道规划先行了一步，但在明治二十一年十月十五日召开的市区改善委员会席上，由芳川显正委员长提议，决定将其并入市区改善制度。委员会委托御雇外国人伯顿（Burton）进行设计，分别在十二月和次年七月，完成了上、下水道的设计方案。需求尤为紧急的上水道规划，吸引来了伯顿、帕尔默（Palmer）、吉尔（Gill）、克罗斯（Kross）等知名外国工程师，他们通过自荐或推荐提出了各种规划方案。委员会数次召开会议，进行取舍，终于在明治二十三年四月十八日对上水道的规划结审，并于七月二十三日进行了公示。下水道的规划，则决定延期至上水道完成以后再进行。

如上所述，在市区改善委员会方案的追加课题中，筑港、市区铁路、建筑条例、工业分区制度都被尽数留在了会议桌上，只有上、下水道规划这一项，得到了实施的许可。

从结果来看，如果将市区改善项目的内容逐条列出，便会包括：皇居周边的政、经集中化，道路、水路、铁路的交通规划，公园、市场、火葬场、墓地的设施规划，以及上、下水道的规划。让我们来看一看这一项目的经过和实际成果。

丸之内办公街的诞生

委员会方案虽然希望将机关街与经济地区都集中在皇居周边的官有游乐休闲地上，但究竟要如何实现呢？让我们来看看机关街。

计划设置在霞之关与日比谷的机关街，虽然之前是经与市区改善呈对立关系的临时建筑局之手规划的，但在临时建筑局没落之时，地块的决定权，便转移到了市区改善这一边。明治二十二年十一月二十九日，面对内务大臣提出的机关街具体位置的问题，委员会追认了临时建筑局所定下的地点。而在决定了机关街地点的时候，委员们的工作便结束了，具体的建设则委托其他部门。在这之后，原先分散在市内的各大机关开始集中于霞之关与日比谷一带，明治二十七年的海军省、二十八年的司法省（现为法务省），以及二十九年的法院，各种雄伟的砖结构建筑纷纷拔地而起，冒出了尖塔或穹顶，终于在经过大正、昭和时代之后，产生了这般令人印象深刻的光景：沿着宽阔的林荫道，排列着凝聚了各种匠心的机关大楼。而在山坡上，则耸立着白色石墙的议事堂。

但话说回来，机关街还是更像突然插进市区改善规划的项目，与之相反，丸之内与大手町地区的新经济中心，毫无疑问是以市区改善规划作为亲生父母而诞生的。一般来说，或许会认为三菱才是丸之内办公街的生母，但如果追根溯源就会发现，它的生母还是市区改善规划，三菱则只可称作养母罢了。

江户遗留下来的这份馈赠应该如何使用呢？这片位于城市中心且如此广阔的游乐休闲用地，无疑是能够左右东京未来的重大选择。芳川显正的方案与帝都的"心脏"定位十分相称，希望将这一带作为省厅用地，以供政府专用。与此相对，提出商都化的涩泽荣一则在审查会的席上，以东京工商会作为支持，强烈要求将其作为市街用地，向民间开放。结果，则是将丸之内与大手町一带转换为市街用地的意见，获得了认可。在受了商都之梦影响的审查会方案中，第一号经济地区是兜町商务街，丸之内则被选为二号。而兜町得以成为日本资本主义的摇篮，从地理条件来分析，是由于占据了水运之要的位置，以及作为前大名宅院旧址为新时代提供了一片完好的处女地这两点。除此之外，筑港规划还确保了兜町商务街获得极其丰厚的地利。以明治二十年为分界线，随着水运让位给陆运，作为兜町商务街生命根基的筑港规划被从委员会方案中除去了，兜町商务街因此失去了所有的地利。将目光转向丸之内地区，作为地上王者的铁路取代了慢慢消亡的运河，发端自中央车站，地处机关街旁边，且凌驾于兜町一带之上的这片面积广阔的处女地展现在人们眼前。可以说明日经济的所在之处，早已经清清楚楚地摆在所有人面前了。

明治二十二年五月，等到委员会方案进行公示，丸之内也开始了民间出让的进程。为了让这里成为新经济中心，必须决定相应的街区分隔和建筑条例。前者依照委员会方案的道路规划，制作出了更加准确的图纸，并从一号到十六号为止，为出让地订立了整齐有序的、宽阔的区划方案（参考图45），后者则由东京府起草，涉及防火规范等内容，并在委员会席上得到了认可。

然而，虽然出让一方正在着手准备，但难以确定可以接受出让的对象。由于政府强行给之前盘踞在丸之内一带的各种陆军设施掏了拆迁费，因此便为丸之内打出了总面积135 000坪、总额150万日元的下限来。其结果，则是地价比周围高出了一个档次。再加上其范围极大，因此对谁来说，都不是能够腾挪出来的金额。

要是在 16 个区划当中，能够允许一点一点进行分割出售，或者找在日本桥边开店的那些批发商人过来，纷纷用"门帘"把这片地区瓜分掉，或者干一些轻车熟路的出租屋生意的话，那么可能是会有人来投标的。为了创造有秩序的新经济中心，政府是决不会在一次付清的事上让步的。如此算来，能响应政府劝告的，也只有新兴企业家了。涩泽荣一、大仓喜八郎、三井（推测为三井八郎右卫门先生）、渡边治右卫门及其他两人，加上三菱的第二代总帅岩崎弥之助，共计有 7 人报了名。前六人是希望以涩泽荣一为代表共同创办一家对丸之内进行开发的公司，而三菱则做好了独自吃下这块大面积土地的准备。三菱、三井和涩泽荣一联盟这两大组织，就在几年前还上演了海面霸权史上著名的血战，现在重新在陆地上开战。只要一次付清的条件还在，双方便只能携手去会见政府了。明治二十二年七月左右，根据涩泽荣一团队与三菱主管川田小一郎的对话，确定了以涩泽荣一团队的名义，或者全员联名，以一次付清的形式接受这次出让，再在其后进行分配的方针。然而第二天，在涩泽荣一与岩崎弥之助这两位领导的谈判席上，岩崎弥之助却又强烈要求只以三菱一家的名义申请。对于这一提案，涩泽荣一团队里的各方人士自然不会接受，于是提出需要时间调整。但结果，他们却接受了这一条件，与三菱约好进行下一次的交涉。

条款书[1]

关于地块出让之申请书，应当由三菱一手提出申请意向，由六人与其共同申请。

1　条款书（"廉书"），一种将理由逐条列出的古代文体。

若上述地块出让许可成立，则于总坪数当中，除去道路用地及铁路用地，将剩余坪数之半数金额，按照出让价格在六人中分配。

在上一条之后，此地块及建筑的总出让申请价格，应与六人进行协议，得到同意后方可做出决定。

在获得出让许可后，地块分割之方法，则由双方共同派出委员，进行适当计算后，方可订立。

建筑上亦相同。

如上所述，在协议成立之后，应当再简单为其签订内部协约书。

（涩泽荣一向川田小一郎寄呈之书简，明治二十二年七月十日）

既然已经交换了这份条款书，对岩崎弥之助的说法予以了直接认可，便确定由三菱一次付清，再与涩泽荣一的团队友好地进行分配，好让各自可以着手开发。不知为何，三菱却单方面毁了约。可以认为其原因在于此时从英国发来的一封电报。

当时，三菱的大管家庄田平五郎和末延道成，正在欧洲巡游的路上，途经英国，赶去参观造船厂时，在格拉斯哥当地的酒店里读到了日本寄来的报纸，得知了丸之内出售的事情，于是火速发送了一封联名电报，说应该通过三菱之手进行收购。庄田平五郎作为东京工商会的核心成员，在明治十三年松田道之任知事的时代里，就曾经和涩泽荣一共同担任过市区调查委员，在明治十八年市区改善审查会的时代里，还参与过东京工商会将丸之内改为商业用地的诉求，并起草了建议书，就在昨天，还刚刚被伦敦繁盛兴隆的办公城所吸引。因此，如果说丸之内看起来仿佛就像伦敦伦巴第街的复制品，也并没有什么令人惊讶的地方。

得到了从格拉斯哥传来的心腹之言后，岩崎弥之助更坚定了全部购入的决心。这样的话，涩泽荣一的团队就没有出手的余地了。三菱之所以愿意正面对抗、将整片土地都收归己有，是因为这很有可能令双方本业上的主心骨产生裂隙。从银座砖城到兜町商务街，对于一直成功地推动着城市建设的"建设楼房与城市的后台老板"涩泽荣一来说，这可以算是一次败北了。岩崎弥之助完全切换到对整片土地进行收购的方向，不仅是因为庄田平五郎的电报，还因为三菱的内部因素——当时，与三井和涩泽荣一联盟的斗争，使得三菱被迫以日本邮船株式会社这一新公司的形式，把作为祖业的海运拆分出去，继而寻找全新的支柱。据说三菱将日本邮船株式会社的股票全部卖出后才筹措出了 107 000 坪（除丸之内之外，还包括三崎町等）共计 128 万日元的巨额土地费用，涩泽荣一虽然把独占海面的三菱赶了出去，但也因此把一片绝佳的陆地"拱手送人"了。

明治二十三年三月六日，三菱接受了除道路等公共部分以外所有土地的出让，同时立即以已经回国的庄田平五郎为中心，着手对还残留着长屋门和庭院等大名小路风貌的丸之内地区进行再开发。道路拓宽与新建的项目由市区改善委员会负责，三菱只要负责建设高楼就可以了。三菱雇用了在伦敦长大的建筑师乔赛亚·康德（Josiah Conder）及其爱徒曾弥达藏，从测量与地基调查开始，在明治二十五年一月动工了。明治二十七年一月，日本首座办公楼——三菱一号馆竣工。按照次年明治二十八年建成二号馆、明治二十九年建成三号馆延续下去，到明治四十四年（1911）为止，已经发展到 13 座红砖或石材建造的出租大楼鳞次栉比，且中心街道还被称为"一丁伦敦"的程度了（参考图 46），而"中央街"更展现出了可能会被错看成外国街角一样的完成效果（参考图 44）。进入大正时代，工程开始向北移动。在东京站前的大街上，将出现以丸大厦为首的美式办公大楼群，巨大的白色方盒排成一排，呈现"一丁纽约"之景象。

　　巨型的摩天大楼在人行道两边高耸入云，上下左右布满了形态相似的窗户，保持在同一高度的屋顶线一直向远方延伸。丸之内，为日本的城市带来了现代以前从未见过的均匀且巨大的空间。与之相比，兜町的商务街所展现出来的，又是多么田园牧歌式的街景呢。仿佛是体现了涩泽荣一不喜爱独占而提倡合本主义的梦想一般，包括对手三菱在内，各式各样的企业和机构，都将各自的设计集中到了一起，城市的未来既不像伦敦，也不像纽约，像是缔结在了威尼斯上。然而，涩泽荣一仿佛追求古老的自由贸易都市一般的造城之梦，却如同在岩崎弥之助的力量面前遭遇了挫折一般，在丸之内办公街繁盛兴隆的背后，兜町商务街失去了筑港，也没有铁路，水运既已终结，且地块狭窄，距政府也很远，完完全全地失去了地利，慢慢地衰落下去。明治二十八年，从明治生命保险公司迁至三菱二号馆开始，东京海上保险公司迁至一号馆，日本邮船株式会社迁往三号馆，东京商业会议所在"一丁伦敦"的一角盖起了新楼，三井物产公司也迁去了日本桥的骏河町。最终，原本应当称为涩泽荣一大本营的银行集会所，以及应当称为城堡的第一国立银行，待到涩泽荣一辞去领导一职时，也像等不及了一般，去丸之内寻找新天地了。在明治时代的前期，起到了新经济摇篮作用的兜町商务街，在这里留下了唯一的证人——股票交易所后，便走向了消亡，被丸之内的办公街取代了。自涩泽荣一在市区改善审查会上的发言开始，将丸之内作为经济地区开放的方针，在由委员会继承之后，可以说终于在此应验了。只不过最后对于涩泽荣一本人来说，是以一种十分讽刺的方法收场的。

霍乱与上、下水道

明治二十三年四月，增加到委员会方案里的上水道规划，在明治二十五年，以五年的时间为目标开始动工，其间虽然因为公债发行推迟、净水厂计划地点的收购困难，以及铁管贪污案而受到了阻碍，但终于在明治三十二年十二月十日，开始向全市供水。后来的水管究竟为何比先来的道路提前着手，仅仅推迟了不到三年，便一点也没有让步地完成了呢？答案是它还起到了应对传染病的作用。明治十九年的夏天，东京遭受了死亡人数超过1万的恐怖霍乱病灾，因此，将受细菌污染的水直接送到每家每户的流水式江户管道，也变得可怕了起来，无论如何，都必须尽快对上水道进行改良。

等到上水道完成后，便开始对下水道进行调查了。通过"上、下水道之父"——工程师中岛锐治之手，建立起了规划人口300万、雨污合流、由简易沉淀方式处理的下水道规划，并于明治四十一年（1908）四月十一日进行了公示。但是资金已经见底，在得到国库补助并得以动工的时候，已经是大正二年（1913）十一月了，位于下谷、外神田、浅草等低湿地带的部分，在大正十二年完工，而在四年前，《东京市区改善条例》就已经被《城市规划法》废除了。而对上水道起到辅助作用的下水道的改造计划，却推迟了这么久才完成，据说，是因为防疫方法的变化。这一时期，刚好处于全世界传染病对策的转换期，之前以英国为中心发展起来的、通过上水道和下水道的整修而进行的卫生学上的预防方法开始退出舞台，通过德国科赫博士发明的疫苗，对病原菌进行抑制的免疫方法成为主流。这种"从上水道和下水道的整修到注射疫苗"的转换，通过科赫博士的爱徒北里柴三郎和志贺洁，最早传到了日本，令日本成为继德国之后，第二个采用注射方式防疫的国家。这就使得对下水道整修的热情逐年降温。从大正时代一直到昭和时代，帝都中都一直散见运污马车的车痕。

"新设计"的达成与项目的完结

虽然丸之内的开发与水管的铺设都在顺利推进中，但在前者中，市区改善的工作仅止步于街道的划分，之后便交给了三菱，后者，则无疑是中途追加的、来自其他系统的课题。市区改善规划的本体，最终还是在交通规划和设施规划上，尤其是交通规划，已经成为规划的生命所在。然而在明治二十二年，虽然项目已经开始，但最高 50 万日元的自主资金，对于规划的全面展开来说，还是过于微薄，市区改善委员会不得不按照总金额来确定实施的顺序。涩泽荣一希望从商业中心地着手，但另一边，慎重派却以资金上的困难为由，主张当即对烧毁旧址等十万火急之处进行改善，即"旧屋修缮"的方式。结果，则是"旧屋修缮"占了上风。再加上明治二十四年，上水道工程也开始动工，资金全部被投入了地下，地上只有水管铺设等在必要之处进行的碎片化修理。讽刺的是，"道路、桥梁、河川应为本，水管、住房、上水道和下水道应为末"被完全颠倒过来了。等到明治三十二年上水道完成的次年，在明治三十三年五月七日，委员会又去掉了 29 条主要道路，决定在五年内集中投入 1 500 万日元，迅速完成项目。项目实现的关键，则在于自主资金的增加。内务省就去掉《东京市区改善条例》第七条的最高 50 万日元的限制，在明治三十四年（1901）的第十四次帝国议会上进行了询问，然而，议会却参照之前的各种实情表示，并没有多余的税金可以花在不知道费用多少和不知道何时能够完结的没有计划的项目上，对此进行了否决。

在各方面都不顺利的情况下，委员会只能让规划去配合资金了。明治三十五年二月，委员会决定对规划进行削减，并花费了一年时间对缩小方案进行整理，在明治三十六年三月三十一日进行了公示（参考图 41）。这一份规划，便被称为"市区改善新设计"，此后，委员会方案被称为"旧设计"。

如果在此整理一下旧设计时代的项目实绩的话，那么除了若干处"旧屋修缮"，到明治三十六年三月为止，已经完工，或者已经开始动工的项目少得一只手便可数得过来：在道路方面，包括丸之内与日比谷地区的一部分，在公园方面，则包括坂本町与日比谷的两处新建，以及六处桥梁的新架。其中，真正能够算得上项目的项目，或许只有日比谷公园了。日比谷公园，虽然是依据明治二十六年（1893）的旧设计而设计的，但作为最早的都市大公园，在设计方案上却十分艰难，即便是委托茶之宗匠、建筑师辰野金吾，做出来的也都是别扭的茶庭风或者建筑前庭的风格，于是最后便交给了林业学者本多静六。他参考德国的公园图集画出了图纸。开始动工，则要等到明治三十五年四月，已经很接近新设计公布的时间了。原本，至少有一项成果可以列在旧设计的名下，但实际上的情况，却恐怕连一项也没有……

旧设计该如何进行削减，才能做成新设计呢？从道路上来看，从旧设计的316条到88条，进行了显著的削减。皇居周边与市街用地的中心街道虽然没有问题，但在周边区域，则越往外越明显地依次遭到降级或删去。在降级上，是从一级一类到二级、二级到三级，依此类推，最低的五级道路，从170条降到了仅15条，被逐出了规划范围外。规划中的运河则从30条被降到了仅仅4条。公园则从49处被缩减到了15处，从下町撤出的势头尤为醒目。市场、火葬场和墓地，则基本没有变化。铁路例外地有了明显进展，与旧设计上野—新桥之间的一条路线相比，新设计增加了郊外联络线（现为山手线、中央线等），共计有7条线路。话虽如此，铁路规划也与道路和公园不同，是以铁道院和民间的电铁公司作为推进母体的，委员会不过是接到了申请，帮忙调整了路线。如果看郊外铁路的话，新设计也毫无掩饰之余地，进行了大幅让步。在对丸之内与日比谷等皇居周边的道路进行补充，以及将以日本桥大街为首的一般市街用地动脉进行扩大上面，还是保留了旧设计的骨干部分，可谓背水一战了。

明治三十六年，在得到了起死回生的新设计之后，这一次似乎终于可以开工了。但就在次年明治三十七年（1904），项目又因为日俄开战而出师不利。在两年的战时体制结束后，人们像决堤一样涌进了东京，市内满溢的人口，开始像水一样朝着郊外，慢慢往西、往南渗透。在中心城区里，公司和商店相继拔地而起，地价也以每年两成的曲线陡峭上涨。城市的骨骼却与江户并无二致。不过任谁看来，情形都再明显不过了：旧的体量与新的内容之间的斗争，已经到达临界点了。

没有一丝犹豫，在明治三十九年（1906），委员会通过发行公债，以及设置东京市临时市区改善局这两种方式，决定火速完成新设计，这次，终于不会再有财政困难等拖后腿的声音了。于是立即开始了"速成"进程，比如在丸之内地区，将隔开丸之内与大手町的辰之口内城河填埋，开辟了20间宽的一级一类道路，完成了街区的分隔，在日本桥大街上，则将一边商家的屋檐削短，开通了15间宽的一级二类道路。市内没有一天听不到市区改善施工的声音，经过了三年半的时间，在明治四十三年（1910），项目终于大致完工了。在为散落于各地的剩余26处工程投入了三年时间与1 000万日元后，新设计终于在大正三年得以实现了。

在道路上，与旧设计时代的"旧屋修缮"加起来，共投入了2 812万日元，收购了381 445坪土地，改建了总长度96 575间的道路，改建长度相当于东京—静冈之间约170千米的距离。新架的桥梁也有13条。虽然比起旧设计来说，不可否认地有一定程度的缩小，但对于"江户"来说，可以说是一次不小的改造了。

而这一道路工程的亮点，竟然是明治四十二年（1909）日本桥大街的改良。在万世桥—京桥之间，2 650米街道的西侧，削去了足有200家商家相连的屋檐，将道路拓宽了5间，达到了15间宽，在左右各分出半间，以作为林荫道。自明历"振袖大火"后、大街在江户重建中改为10间宽以来，竟然已经是时隔250年以后的拓宽了。街道的景观自然也受到了影响，根据《明治十四年东京防火令》，涂成了仓结构漆黑一色的日本桥大街，以此为分界线，抹了灰的西洋风商店也如雨后春笋一般蔓延开来，与仓结构等日本风的商店占了一样的数目。像在黑芝麻里面混了白芝麻一样的街景就此成形了。在此之上，时代潮流仿佛也迎来了新艺术的全盛期，街上出现了不少轻快而妖艳的多余装饰，在行道树由煤气灯照亮的另一边，则是如百鬼夜行一般连成排的造型。如果说银座砖城是如今车站前无秩序且具有魅惑性的商业街之祖，那么市区改善后的日本桥大街则可以算是中兴的翘楚了。

同时，铁路也按照新设计得到了顺利推进。上野—新桥之间的铁路开通，中央车站（东京站）也完工了，此外，山手线与中央线的大致形状也开始显现，数条近郊的私人铁路线开始运行。与此相比，设施规划则进展不佳，虽然火葬场与墓地按预计完成，但除了旧神社、寺庙的用地转用，新开设的公园竟然只有御茶之水一处，市场则碰也没碰地残留了下来。如果将新设计的主要目标放在交通规划上来考虑的话，便可以说，新设计在大正三年已经按照计划完成了。

我们走过了一段很长的路程。从明治十二年中央市区论萌芽，到明治十三年的《东京中央市区划定之问题》、十七年的芳川显正方案、十八年的审查会方案、二十一年的《东京市区改善条例》、二十二年的委员会方案、三十六年的新设计，一直到大正三年完成，舞台经过几度转移，时间也已经过去了35年。各位演员，都饱经了时间的风霜。中央市区论的楠本正隆、市区改善的鼻祖松田道之、筑港论的田口卯吉，都已经不在人世，提出了开放交通规划的芳川显正，也以内务大臣作为政治生涯的尾声，退出了政坛，坐在枢密院的副议长之位上赋闲养老。而仍然坐在第一银行（前第一国立银行）领导椅上的涩泽荣一，也已经在等待着两年后的隐退了。但是他们一定没有忘记，筑港论从弱冠24岁的青年思想家田口卯吉，传到39岁的第一国立银行领导那里，又让34岁的东京府知事松田道之四处奔走。一切都从明治那个年轻的时代开始，大多数冒失的理想与梦想化为泡沫消失，只有几个变为现实，改变了城市。市区改善就这样作为年轻人的规划而诞生，又作为老年人的事业而结束了。

第四章

大礼服之都
——机关集中规划

江户这座城市最有意思的一点，或许在于它将居住这项人类的基本行为作为了自己的执政之本。不问商家大小，也不问经营好坏，大部分在市内起床洗漱的商人和工匠，只要没有自己的土地和房屋，便没有支付"町入用"（市民税）的义务，也不会受到五人组的限制[1]，然而这种自由的代价，却是没有诉讼的权利，也无法选举町名主。有没有居住的土地，变成了区分市民权有无的关键。此外，武士、工匠、商人、僧人、非人等身份制度，不仅表现在穿着与发型上，还可以通过其居住的地方而表现出来。被束缚在土地与房屋之上，这句话一般用来形容农村，但偏偏江户也是如此。身份也好，市民权也好，都与土地和房屋紧密关联。

　　人的活动，大体上与其住所是密不可分的，就算像越后屋这样积累了大量财富的大店，主人的日常生活也离不开下町。道理对于上层人士来说也一样，比如相当于今天区役所的町年寄役所里，就设置了喜多村、樽屋、奈良屋三家的自宅，此外，不必提都厅，就连南北町奉行所里面，也有一半都是奉行的宅院。虽

1　五人组是江户时代的一种近邻自保制度，一般由相邻的每五户形成一个组织单元。

然也有像评定所（相当于最高法院）、传奏宅院（敕使滞留所）这样专用的设施，但大多数的政务是在被称为官邸的住宅的对外部分里面处理的。将军自然也不会例外，反而还十分典型地将本丸分成了大奥与中奥、表两大部分，前者是将军就寝、用餐、放松的地方，后者则相当于老中、若年寄、三奉行、大目付所聚集的中央政府，以御铃走廊作为分隔，往南走是国事中枢，往北则是有后宫宫女服侍的私宅。[1]中央政府与一个人的食宿之处是一样的规模，与其说应该为将军的奢侈而惊叹，不如说应该感叹幕府的统治结构有多朴素。在税租、治理方法和财政上，都交由各藩的领主裁量，多亏了这种地方分权，以及更尊重祖宗礼法、厌恶新事物的封建制度，中央政务才有可能简化至此。

只要政务不出私人宅院的大门，便也不会产生政府独有的建筑表现手法。住宅和官衙一样，都收进了书院结构的大屋顶下方。被称颂为大名小路（现为丸之内）的地方，虽然在其一部分汇集了以奉行所、评定所为首的一系列住宅，但也并未呈现不一样的光景，不过是在涂成黑色的竹条壁板或海参墙建成的长屋的另一边，摆上了上等的大名宅院的甍宇而已。

1　老中是江户幕府的职务中具有最高地位、资格的执政官，直属将军。三奉行是日本江户幕府行政、司法机关的总称。大目付是江户幕府的官职名，位于老中之下，其主要任务是监督大名、旗本、诸官吏的政务和行为。御铃走廊（"御铃廊下"）为连接大奥与中奥之间的长廊，门口挂有巨大的铃铛，敲响铃铛时有宫女开门，并跪拜迎接。

明治政府的家

将江户城本丸变成机关街

然而，对于现代国家来说，像江户一样政府机关与宅院不分的这种公私合一的姿态，早已不被允许。各藩属所封领地的隔墙已经被连根拔除，税租与法律也都被收归到了中央政府的手中，祖法与旧习都已经被抛弃，非得开辟新的事业不可。政府的人员和业务繁杂起来，因此必须寻求一种与之相配套的专用设施了。

在考虑体量问题的同时，也绝不能忘记表现手法上的问题。曾经结束了中世时代的战国武将，离开了京都这座都城，用白壁的天守阁来象征新时代的开始。与此相同，倒幕成功的新政府领导者，也期盼着一种新的政府机关建筑，能够用于纪念自己的时代。新政府所寻求的，是能让自己搬进去的一个家。自此，"机关集中规划"便萌芽了。

明治元年，刚刚进入江户城的新政府并没有立即开始建造梦想中的新机关大楼，而是让天皇住进了西丸大奥，由太政官（内阁）在西丸外侧设置了中央政府，各省厅则各自分散到市内各处旧大名的空宅院中搜寻临时的落脚之处，如大藏省占据了酒井雅乐头的上宅院，陆军省占领了井伊家的上宅院，外务省进驻了松平美浓守的上宅院。可以说，发出新建太政官以让各部门机关集中起来的声音，只是时间的问题。

在明治三年十一月，这样的声音最早是由来自金泽的前田侯所发出的，虽然与其意思稍微有一点不同。为了给太政官凑足新建的费用，他从自己的俸禄中拿出了两万石现成的白米。这位加贺百万石[1]的想法，不无旧幕府时代常见的，藩主向将军家进贡的味道，正是近期即将启动的废藩置县这种激烈疗法所瞄准的目标。新建的理由却一语中的：如果天皇也像过去的将军一样，模糊公私之间的界限，在同一屋檐下就寝、进食并处理政务，那么则必然"可致酿成弊害，因此务必以天子之裁决，在皇居之外另寻善地，对太政官进行新建"。这是一种追求皇政分离的建议。太政官采纳了这条意见，并命令大藏省进行研究，担任大藏省改善部长的涩泽荣一，在次年十二月，便早早复命了。

涩泽荣一首先对政府内部的情况做了一番批判，称各省厅之间的职权还未确定，各种决定如乱麻一般纠缠，各大机构也经常朝令夕改，因此，在此基础上，作为端正此"不完备之国家"的方策：

> 应新建一中央政府，将各省局机关皆合并于此，并排设置于其境内，以将事务分离开来，淘汰无用之官或不紧急之职务，共同亲睦友善，对各自管理的事务进行整理，令太政官坐于其首领之位，可以日理万机。若真可实现至此，则庶政可得到密切的审查、判断，

---

1 金泽所在的加贺藩，为江户时代最大、最富饶的藩属，因此有"加贺百万石"的外号。

万事可以快速辨明，政权归一，权力不分，无任命于各职、招致分歧之患，通过天子之裁断，亦绝无纷杂错乱之弊端，省去下达文书之烦，减少上递请奏牒书之劳。如此，方可确立国体，振兴庶政指日可待。若采纳本议，则应深入考虑中央政府建造之规划、省厅布置之形式，以及其经营费用之计算，再次进行审议，并予以禀告。（涩泽荣一，《太政官衙建设建议》）

不仅是皇政分离，趁此机会，还要对官僚机构进行重组。涩泽荣一的这一复命得到了采纳，太政官任命大藏省，对在前本丸旧址上新建中央政府进行立案。讲述后续经过的史料极其稀少。翻阅我们所能找到的零星记录，在明治五年五月左右，已经决定在西丸下（现为皇居前广场）新建中央政府了，各省厅的布置则学习古代大内的模样画出了图纸。在布置上，选取了奈良都的政府构成作为范例，可以说质朴地反映了当时的新政府，正以奈良朝作为自己的楷模，遵循着王政复古的大义。这一提议却没有实现。

然后在次年，明治六年五月，作为皇居与太政官的旧西丸起火，天皇移住赤坂，太政官则临时迁至西丸下。此非长久之计，因此，到了明治七年十二月二十三日，太政官决定分别在前西丸旧址建设新宫，在前本丸旧址建设中央政府。接到太政官之命后，工部省便开始调查，大概在明治八年内，准备好了在本丸旧址上将机关集中的规划。此方案目前只有布置图被保留了下来（参考图47），从内容来看，配合地块的形状，将所有机关部门配置在了一个等腰三角形中，将太政官配置在旧天守台的一侧，右手边为陆军、海军、文部、司法，左手边为内务、外务、大藏、工部，分别排成一排。姑且算是摆脱了古代的形式，采用了新式的布置，但是并没有强调轴线，西洋风的中庭也颇为朴实，全无当时风靡欧美的巴洛克式城市规划的壮丽。可以说只是沿着三角形的地块，将建筑进行了等距排列吧，整体是一种朴素的构成形态。而选择了周边包围着护城河与石墙的前本丸旧址这一点也不禁让人感到过时。现代的机关街考虑到国民国家的原则，以及政务上的方便，通常建成向市区开放的模样，就算是想要显得威风凛凛，也不会像过去一样，做成在围墙背后无从窥探的模样，反而常常是全面露出，直接展示自己的力量。这次的规划也没有动工便走向了消亡。

　　建设新机关街的要求在明治三年和明治七年两次被提出，不幸的是，前者刚好与银座砖城规划重叠，后者恰好与皇居营造规划重叠，因此在画好图之后便遭到了中止。此后，或许是知道了其困难吧，一段时间内再也没有相似的声音冒出来了。

井上馨归来

明治时代第二个十年后期，新政府逐渐摆脱了初创期的混乱，开始稳固局面，于内于外，时机都更加成熟了。

在政治方面发生了巨大的变化。新政府虽然仿效奈良朝的政体，采取了太政官制度，然而无论如何，都难以弥补一千年的差距，因此便计划转向立宪制，决定以明治十八年为目标，废除太政官，设置内阁制，继而召开议会。在太政官的屋檐下，律令错综复杂的时代迎来了终结，政治中枢将被二分为负责立法的议会与掌管行政的内阁。所谓机关街的街区，或许会仅限于内阁及各省所构成的行政机关，但在此，我也希望一并提及议院（国会议事堂）与法院。过去被涩泽荣一哀叹为"不完备之国家"的明治政体，终于得以五脏分明，并得到了巩固。而在此基础之上，以明治十八年内阁制的启动为契机，要求新的容器的声音，也自然再次高涨了起来。

与这种内部的成熟相同，不，或许已经超过了其内部，出人意料地，从对外关系上出发、要求建设新机关街的呼声也渐渐高涨。在明治维新的动乱时期，幕府在与欧美缔结的国际条约中，失去了决定关税的自由，以及承认了部分治外法权等，这使得政府陷入了极为不利的境地。因此，对这种不平等条约进行修订的愿望，成为新政府近乎悲切的新外交课题。明治十二年，政府以井上馨作为外务卿，属下配以青木周藏，命其开始对条约修订进行交涉，然而，列强自私自利的条款，也不是这么容易就会撤回的，它们顾左右而言他，拖延着时间。其理由之一，是日本国内的法制不健全，因此，在立法、司法像欧美一样完备之前，要修改国际法，岂不是荒谬至极吗？另一条理由，则是日本若希望与列强坐在同一张桌前谈判，那么至少要将文明程度提高到相称的水平，才会有资格。这两条，虽然都不过是强人所难，但对于被称为未开化意识、受到了苛责的领导层来说，似乎是起了效果的，因此，姑且不论法制上的调整，在文明的程度上，为了显示日本文明开化的面貌，政府计划了一个"大型表演节目"，与鹿鸣馆一同被选中为重点剧目的，便是机关街的新建了。

由于内部成熟和外部需求的压力——后者更为关键，在鹿鸣馆的晚会渐入佳境的明治十七年，欧化主义者井上馨，再一次带着机关集中规划，回到了城市规划的历史中来。自银座砖城以来，已经过了多久呢？以这位喜欢热闹的元勋登场为分界线，之前被封闭在薄暮中的机关集中规划，终于迎来了朝阳。

外务卿井上馨，首先从规划之要的建筑师选择上着手，从众多的人选中，选中了前一年将自己提案的鹿鸣馆完成得十分优秀的外国人乔赛亚·康德，将他从工部省提拔到了太政官中。乔赛亚·康德遵循井上馨的指示，将用地定于日比谷到霞之关一带，从地质调查开始，在明治十八年一月提出了两个试选方案（参考图48、49）。方案一，在中心布置小公园，周围则排满各大机关，这种没有中心轴线的分散布置，给人一种仿佛学校般安静的印象，与这位彻底的中世纪主义者十分相称。方案二，将土质较软的日比谷地区的靠海半边作为一座大公园，将各机关靠山而建，集中在三栋大型建筑中。比起方案一，方案二中存在从海到山的中心轴线，因此产生的统一感要高得多，但巧妇难为无米之炊，在威严感与纪念性上的表现又不是很好。这样的内容，究竟能在多大程度上满足井上馨诚挚的欧化之心呢？

乔赛亚·康德是作为英国建筑界所期盼的新星而出道的，但却难以改掉其对东方美术的向往，因此舍弃了在祖国的荣誉，于明治十年来到了日本，一方面在工部大学校（现为东京大学工学部）培养出了辰野金吾（东京站的设计者）、片山东熊（赤坂离宫的设计者）等人才，另一方面又将前来教授舞蹈的老师前波久米迎娶为妻，还拜故意对新时代背过身去的异类民间画家河锅晓斋为师，取了"晓英"这个名号，抽空还会兴致勃勃地到院子里去旁听一下插花，是一位传奇人物。舍弃了维多利亚王朝的伦敦，来到了这一片远东的花园，这种追求优雅的心境，自然也不可能表现出纪念性或威风感来，他只擅长阴影幽深的中世纪建筑风格，有时也会做出浪漫风格加一些东洋趣味的东西来。

井上馨是听了传闻之后，怀揣着对花都巴黎一样的机关街的向往，才拜托乔赛亚·康德来设计方案的。他对此又会怎么看待呢？两人在鹿鸣馆时辛辛苦苦隐藏的认知差异，早已经无法掩盖了。井上馨不光对乔赛亚·康德的方案一和方案二，甚至对乔赛亚·康德本人都已经完全死了心。而乔赛亚·康德这一边，似乎本来也已经对明治政府失望，之后，便一直以三菱的岩崎家作为赞助人，一直到大正九年在日本去世之前，都过上了与政府完全无缘的宅邸创作者的生活。爱上了西洋的外务卿，与一名舍弃了西洋的建筑师，这两人在明治十七年至十八年的联手尝试，止步于太政官内部的调研。

赫尔曼·恩德与威廉·伯克曼的活跃

俾斯麦的建筑顾问来日

明治十七年和十八年的规划，或许从一开始，就没有被认真对待。在明治十九年一月，刚好上个月内阁制才开始实行，又将条约修订的交涉定在了四个月以后，在这个绝好的时期，井上馨自信满满，一早便向刚刚诞生的内阁总理大臣伊藤博文申请创办部门，用以执行机关集中的规划。内阁虽然褒贬不一，但还是接受了这一请求，在二月十七日，允许设立临时建筑局，作为与会计检查局（现为会计检查院）同级别的内阁直属组织。

总裁自然是由作为外务大臣的井上馨兼任，稍晚一些，副总裁由警视总监三岛通庸兼任。技术队伍的长官选中了松崎万长。他是一名27岁的建筑师，有传言说他是孝明天皇的私生子，年仅9岁就在京都洛北受赐松崎村一地；明治五年，仅13岁的他加入了岩仓遣欧使节团赴欧，留在柏林接受了初等、中等教育，进入柏林工业大学研修建筑学（并未正式毕业）；明治十七年，时隔十二年回国后，据说他已经忘记怎么说日语了。其下属，则配有妻木赖黄（康奈尔大学毕业）、河合浩藏（工部大学校毕业）、泷大吉（同上）与渡边让（同上），虽然乔赛亚·康德继续担任了顾问，但基本上没有实权。从班底上来看，可以说是明显凌驾于皇居营造规划之上、自新政府启动以来最为充实的阵容了。

已经与乔赛亚·康德一刀两断的井上馨，还是希望采用欧洲本土的一流建筑师，因此通过当地的大使馆，在英国和德国进行搜寻，在半途中则又将范围缩小到了德国。其理由，是刚从德国回来的心腹、外务次官青木周藏一边倒地倾向于德国，甚至被揶揄地称为"西洋与东洋的斑点狗"（头山满语）、"德意志翁"，从更广泛的背景上来说，可以认为这是当时的政界对色彩鲜明的"铁血宰相"俾斯麦及其率领的德国抱有向往之情所导致的。日本驻德国大使馆，便在"铁血宰相"俾斯麦内阁的技术顾问官僚群体中找寻，虽然一开始与水利工程师进行了交涉，但由于专业不同而遭到拒绝，最后，终于找到了建筑师赫尔曼·恩德（Hermann Ende）。

赫尔曼·恩德当时已经 57 岁，作为德国公立建筑学院（Bau-akademie）的才俊惊天出世，作为风靡 19 世纪后半叶的新巴洛克风格在德国的旗手奠定了自己的地位，之后出任母校的教授，此时正升任政府中建筑监察官一职，还即将成为母校的校长。虽然称不上能够完全代表德国，但他在教育界、政界都有着根深蒂固的势力，是在美国、俄国都从事过海外工程的经验丰富的大师。对于日本提出的意愿，他虽然以高龄和公务为由拒绝了一次，但转念一想，"绝非出于得到金钱的欲望，是要将德国的建筑方法向外国弘扬，在与建筑相关的工业中，比如制造德国建筑风格中所用到的砖材及其他材料的工业，达到能让各国起立鼓掌的程度，将恩泽留在他国，那么姑且不论个人的荣誉，就算是为了德国的声誉，也从心底激起了奋发的精神"，于是同意访问日本。

然而，这却不是凭借一人之手便可以完成的任务。赫尔曼·恩德推荐了自己建筑事务所的合伙人——威廉·伯克曼（Wilhelm Böckmann），后者与日本政府签订了正式的合同。威廉·伯克曼是比赫尔曼·恩德小三届的建筑学院晚辈，虽然担任了母校教授以及政府的议官，走上了与赫尔曼·恩德相似的道路，但与艺术才能出众的赫尔曼·恩德相比，他在结构、材料等务实方面的实力较强，两者相辅相成，在1860年开设了恩德—伯克曼建筑事务所，成为知名的组合。

　　就政府机关的设计来说，他们不仅担任政府的建筑监察官这一职务，还在四年前的德国国会大厦设计竞赛中获得了三等奖，无疑对"德意志国的建筑方法"充满了自信。对于赫尔曼·恩德与威廉·伯克曼的加入，原本就偏爱德国的青木周藏、亲近英国的井上馨都欣然同意。

　　光凭赫尔曼·恩德与威廉·伯克曼两人，也是无法完成这项工作的。两人来日之后，对现场进行了视察，在柏林的制图板上制成了施工图。为了现场管理的顺利进行，需要在日本驻场的建筑师，根据两人的推荐，由日本政府雇用了理查德·西尔、赫尔曼·慕特修斯、曼兹、阿道夫·斯特格缪勒、蒂策等建筑师，以及事务负责人赫尔曼·韦德曼，两人还自掏腰包请了福格特。威廉·伯克曼提出日本的砖和水泥质量不够好，故请来了从事水泥工业的布里格利布博士，以及砖块制造工程师齐泽。此外，以纾解在异国他乡的无聊为名目，他们让歌艺高超的齐泽夫人与阿道夫·斯特格缪勒的夫人也加入了他们一行，这两人因此成为在日本知名的德国女性。除了这些陪同人士，再加上中途插进来的霍布雷希特，总计有12名德国专家，为了建设日本的机关街远道而来。

多亏了赫尔曼·恩德与威廉·伯克曼的身份保证，许多日本的技术人员，也像互换手牌一样，得以到德国去。临时建筑局的妻木赖黄与渡边让得到了政府的出资，河合浩藏则得到了威廉·伯克曼的奖学金，他们各自都以柏林工业大学为目标。自他们开始，从事建筑雕刻的内藤雄三也被选中。而这一风潮，更波及工匠们。木匠、泥匠、石匠、屋顶工、砖匠、漆匠、金具匠等13人，加上浅野水泥所派遣的水泥见习生，留学生共计20名余名。建筑师和工匠们对来日的威廉·伯克曼的工作过程进行了观摩，结果却都认为再这样下去也毫无益处，于是决定留学，接受再教育。然而在工匠方面，那位鼎鼎大名的费诺罗萨却有不同的意见。虽然费诺罗萨论述了日本之美与工匠的技艺之高，主张柏林并没有什么好学的，但有意传播"德意志国的建筑方法"与"恩泽"的威廉·伯克曼，却丝毫没有放在心上。结果，12人从柏林，20人从东京，共有32人为了这项规划而跨海远航。从中也可以看出日德双方的壮志来。

明治十九年二月，威廉·伯克曼与其助手们作为头阵来到日本。为了决定哪一个政府机关、应该建在哪里、以什么样的方式建造等，自然需要仔细聆听日本方面的诉求，还需要带着详尽的地图，与摄影师一同在市内来回走动，登上山丘俯瞰下町，从下町寺庙的大屋顶远眺山手地区，通过一张张底片显影掌握东京的地形与景观，对地质进行确认，计算降水量，调查过去地震的强度。此外，还寻访砖厂、木材厂、炼铁工厂、采石场，检查材料的质量，询问运输的方便程度，鉴别工匠的手艺。两个月后，机关街的整体配置，以及最早着手的议事堂、司法省、法院三座建筑的略图得以成形。在将此图供天皇过目之后，威廉·伯克曼便将图纸带回了柏林，通过赫尔曼·恩德的彩色羽毛笔，进行了美丽的渲染。这一方案，以原方案的作者命名，被称为威廉·伯克曼方案（参考图50、54、56、58）。

从整体布置上来看，威廉·伯克曼方案超出了机关街的范围，甚至侵占了一部分普通的市街用地，其意图在于对东京进行整体改造，并成就一项壮观的巴洛克式城市规划。可以说是不亚于巴黎的世界前沿水平。其中的单体建筑群，适宜地展现了他最擅长的新巴洛克式风格，尤其是议事堂，继承了四年前德国国会大厦的优点，较好地实现了将新巴洛克的纪念性带上了一个新台阶的帝国风格（参考图54）。可以说，威廉·伯克曼方案就像是一项身着大礼服[1]的城市规划。

井上馨激动得拍案叫绝。然而问题却并不是光靠高兴就能轻松解决的。规划的内容，自然不仅限于在一片既有的土地上，摆上几栋机关大楼而已，周边的道路与公园自不必提，还需要包括一般市街用地的改造。而在知道了井上馨内心的想法以后，威廉·伯克曼也理所当然地对政府里正在立案的另一项城市规划感到了担忧，于是提出建议："诸官衙建筑，乃与东京市区改善有着重大关系，若于市区改善一事未定之时，先行建造诸官衙，则不无前后倒错之感，现今一旦着手，万一发生了市区改善规划出现故障之事，恐令双方蒙受损失。故应先等市区改善方案完全制定之后，再着手确定其位置。"然而，井上馨已经对这一计划做好了完全的心理准备了。从前一年，临时建筑局与东京市区改善局双方刚好赶在同一时间，要求创办各自的部门之时，机关集中与市区改善之间的斗争便已经蓄势待发了。因此，成功

1　"大礼服"指西式的宫廷服装，明治时代被确定为日本上层的正装，为日本向帝国转变的象征。

创办临时建筑局、拿下了首局的井上馨，虽然得到了威廉·伯克曼的忠告，但也不可能选择在此时与已经奄奄一息的市区改善进行协调，他故意命令威廉·伯克曼提出仿佛要吞并市区改善一般的方案。这也可以说是理所当然的结果。接下来，便是对人的争夺了。

三岛通庸的《秘密建议书》

由于在不平等条约修订的交涉上花费了不少时间，井上馨察觉到副总裁的必要性，于是自众多人选中挑出了警视总监三岛通庸来。当时，无论是在日本，还是在作为日本法律模范的德国，警察对于城市规划都有很大的发言权。或许可以认为，将警视总监直接通过兼任的形式挖过来，不只是一种人事调动，还是为了让机关集中规划能够跨越壁垒、侵吞市区改善规划而进行的人才占有。市区改善一方也是这么理解的，他们推出了内务大臣山县有朋与大藏大臣松方正义来回疏通，以反对三岛通庸的就任。井上馨并不害怕，还向总理大臣伊藤博文寄送私信，强逼他承认了三岛通庸的兼任与入局。

关于三岛通庸兼任副总裁一条，警视厅中已经生出种种议论，因此在《日日新闻》(《东京日日新闻》)中，福地源一郎就建筑上的事情进行询问，传闻说，为使警视厅与市区改善一并对建筑规则进行维持，必须由警视总官(监)兼任市区改善相关的职务。我等对山县有朋、松方正义两大臣之共同看法甚为难以认同，既然已与同人（即三岛通庸）有内部约定，且对世间大半人士皆已公开，因此提出请愿，务必令其受命兼任之，若非如此，则议论所特地推动之事亦无意义。在此希望诸事顺遂，于今明两天中进行任命。（明治十九年七月二十二日井上馨向伊藤博文寄呈之书简）

结果，在这次斗争上，市区改善规划又对机关集中规划一方举了白旗，让他们成功得到了三岛通庸。

或许可以说是功效显著吧，在七月二十四日就任副总裁的三岛通庸，没有给自己往年的绰号"土木县令""魔鬼县令"丢脸，直接对其"明治政权的万里长城"（德富苏峰语）进行巩固，并为了从根源上断绝市区改善，展开了最后的战役。只要一座城市里有两项规划，那么决战迟早是要来临的。明治十九年十二月二十五日，井上馨与三岛通庸向总理大臣伊藤博文呈上了三岛通庸起草的建议书。

信封上写有"秘密建议书"的汇报，其内容由两点组成。从他们梦想的第一建议来看：

第一建议

临时建筑局总裁、伯爵井上馨与副总裁三岛通庸向上进言。

一　应于东京近郊选择方便适宜之地，将本都迁移。

以上小官等，原本便着手进行东京市区改善之规划，今又退而顾其无穷大计，更认为应将首都迁至东京近旁，以当下之皇城充当第一离宫，乃最为当然之策……以东京全体论之，若单凭本都之海门，将首都建设成一大商业都市，其时则实乃便利之至，成为本国第一要地，此点自不待言。退而视其不便之处，则一为土地卑湿；二为水质不良；三为地震频繁；四为疫病众多；五为一旦与外国发生战事，则会顷刻变为枪林弹雨之城，无可以保全平安之地；六为不论其胜败，也需要屡屡迁守，动辄丧失军机、受敌欺侮，失去攻守其宜之易。现既其不便如此，则即便可以作为离宫，也不足以作为首都之所在地。乃迁都于东京近处，希望此地有以下之便。一则必须与海相隔二十至三十里；二则必须有沟渠河川之便；三则必须远离丘陵起伏之地、位于平坦广阔之地，尽四通八达之便；四则必须选取土肥水美之地；五则必须寻找西北面靠近山岳、东南面开放之场所；六则必须冷暖适中、卫生适宜。有此六大利处者即可，无需他项。则相比上州地方，即赤城山、南新田、佐位、那波等诸郡而言，于中间利根川一带之间，在武州、幡罗、榛泽、儿玉等诸郡当中搜寻即可。若可如此，则应首先建造首都，再涉及东京之改善，独以其地利之宜，将其作为帝都之辇，则可得本国万世之基础……

二　应将首都范围计划为方圆三里，并迅速收购其土地。

欲确定以上首都范围，则内应以东京为参考，外应以欧美各国首都为参照，大概得其适宜之处，并迅速对其土地实行收购，以便计划适宜的道路建设，以及市区的建造。

三　首都建筑的区划及地块的处理。

……　……

四　资金供给不应中止，应当继续。

……　……

五　阁议不应沮丧，应当贯彻始终。

……　……

以上五条所陈述之处，乃以古今为对照，以实际经验为参照，必不敢凭空立言。若幸得阁议采纳，则更需听取外国工程师的意见，就其地点进行实测预算，并进行汇报。望赐以明鉴。（井上馨、三岛通庸，《秘密建议书》，明治十九年十二月二十五日）

第一建议的宗旨，便是在上州建造方圆三里的新都，并进行迁都，这一条肯定是会像烟花一样，属于转瞬即逝的一类，真正的建议，则是在非常直白露骨的第二建议中。

第二建议

临时建筑局总裁、伯爵井上馨与副总裁三岛通庸，就其本职责任来说，希望能够尽其所能，因此将以上见解进行逐条陈述。

一　就本局所掌管之项目中，应加入东京市区改善一项。

如上，既以本年度二月第十二号令设置本局，虽然掌管、判定的是诸官衙、议院等建筑，但从位置与结构上而言，却本应与市区之体裁有着不可分离的紧密联系。然而市区亦急需进行改善，因此既已进行规划，又已完成了审查，对各官衙、议院进行并排建造的准备亦已就绪。因此，将此事并入本局进行掌管，乃理所应当之事。若不如此，则彼此之间体裁相异，甲乙之间取向相差，若顺其自然的话，则将有无法改正的弊端。故从今往后，希望在本局的职掌中，加入东京市区改善一项。

二 对于东京市区改善委员会之决议，应不予以认可。

以上，虽然原本在审查委员会中，已经进行了讨论，并完成了审查，然而现在反复对其仔细考量，则其大体上乃遵守旧态、因循过往的道路规划，一言以蔽之，不过是道路整修的方案。无须说，原本东京即乃日本全国之首都，为亿兆民众停留之地、万货汇聚之地，外国人往来之地……故若欲举行此等大事，则应勉励而行、果断决定。若欲果断决定，则非对其规划进行重新审查不可。必须将其改正再重新实施。没有其他办法。其一，应视东京市区犹如新开拓地一般；其二，应抛弃细枝末节；其三，应期盼亿万人民之幸福，忽略一人之穷困；其四，应为万世基础做打算，不顾一时之艰难；其五，应令御雇外国人威廉·伯克曼先生重新进行地质调查、充分审查其规划之利害。若像这样推行，并坚决执行这五件事情，则足以预知其结果如何。此乃此事必须果断决定的原因。此乃请求对审查会的决议不予认可的原因。

三　应首先确定市区改善的大规划。

如以上各项所述，应视东京市区犹如新开拓地一般，必先定下大的规模，再触及其他事项。故定下目标，先以皇城为中心，开通其南侧从高轮（到达品川之线路）、其北侧从下谷丰住町（到达千住之线路）、其西侧从四谷大木户（到达新宿之线路）、其东侧从永代经深川到达木场这四条大型道路，路宽为二十间，左右各收购十五间，作为住房建设用地，道路则以马路为十间宽，人行道各为五间宽，铺设水管，建造明沟暗渠，住宅则应建造石结构或砖结构的双层连排住房。应该订立规划，一段完成后便开始下一段，直至逐渐完成整条道路为止。

四　资金供给不应中止，应当继续。

…… ……

五　阁议不应沮丧，应当贯彻始终。

…… ……

于天皇陛下御前商讨此事，位列诸大臣之席上，上奏此议，面对责难进行辩护，即便经过大难后即将来临的十年、百年之风霜，遭遇大臣其人之更迭，在制度与文化变迁之际，也希望能够议定这套方策不会改变，犹如以上五条誓文一样……

以上五条所陈述之处，乃以古今为对照，以实际经验为参照，必不敢凭空立言。若幸得阁议采纳，则更需听取外国工程师的意见、就其地点进行实测预算，并进行汇报。望赐以明鉴。

明治十九年十二月二十五日

警视总监兼临时建筑局副总裁 三岛通庸

外务大臣兼临时建筑局总裁、伯爵 井上馨

致内阁总理大臣、伯爵 伊藤博文殿下（同上）

《秘密建议书》所希望达到的第一条与第二条内容，正是要就此将市区改善规划粉碎，并将其权力转移到临时建筑局，可谓最后一击。而市区改善的阵营，却已经再也没有坚持下去的力气了。对于此时此刻这样的结局，市区改善的领头人芳川显正的表现，在 6 年后的回忆录中，是这样记载的。

　　当时，政府初次设置临时建筑局，将要建造各大官衙。外务大臣井上馨兼任了总裁，招聘了德国的工程师数人，专门任命于此事，附带计划了市区改善的方案。先生（芳川显正）听闻此事，悔恨不已道："此绝大之事业，不仅经受世人非难、深深责怪，还由建筑局兼以为之，吾事已尽。"见到有朋（山县有朋），垂泪而道："事已至此，无论何事皆不可为也，从今往后，我等应断绝改善（市区改善）之念头，不复提起。"有朋则从容安慰他道："事或进或停，必有其时，不可违背其时也，君且待之，不可操之过急。"（《越山先生传》）

内务省的市区改善规划，已经到了"事已至此，无论何事皆不可为"的地步，已经清清楚楚地败下阵来。

"柏林之父"霍布雷希特来日

　　临时建筑局毫不顾忌地越过了机关街的藩篱，将手伸向了市区改善，从柏林聘请了德国的工程师霍布雷希特。他的任务是"确切查明东京地基之高低，以协助市区改善方案的完成，同时制定应于将来实施的排水方案，确定他日汲取其附近河水进行完整灌溉的方法，起草与其相关的法令草案，确定其公告方法，并拟定土地收购的方案"。比起承担了机关街建设的赫尔曼·恩德与威廉·伯克曼来说，霍布雷希特的职责范围明显要广了许多。虽然是在赫尔曼·恩德与威廉·伯克曼的介绍下才聘请霍布雷希特的，但这两位介绍人似乎轻视了他的力量，这可是一位非同小可的人物。

　　在明治期间来日的众多技术人员中，像霍布雷希特这样在世界范围内拥有众多实际成果的人不多。他从农艺起家，之后转向土木，因营建下水道而闻名，首先建成了祖国的柏林下水道，又担任了莫斯科、开罗、亚历山大等其他国家城市的下水道规划，其工作扩展到了城市的方方面面。仅在柏林，他的工作就从下水道开始，涉及了市区铁路、绕城公路等，甚至有评论称"霍布雷希特的规划，建造了今日的整个柏林，包括德国首都的周边部分"。在晚年，他虽然害怕自己规划的下水道网络被切断，顽固地反对地铁规划，成了人生的污点，但也完全可以被称为柏林的奠基者。而在技术的广博之外，其兄长还作为俾斯麦的心腹，担任了财政大臣，这也是他的强大武器之一。

　　这样的一位人物，为了"协助完成市区改善方案"，在明治二十年的三月来到了东京。虽然只停留了短短一个半月，但影响却很大。由曾经担任过市区改善审查会委员的内务省卫生局局长长与专斋带队，霍布雷希特考察了多摩川的水系，了解了市街用地的实情，并定下了他所擅长的上、下水道规划。而且在这些分内之事以外，他还提出了穿过市街用地的高架铁路方案，考虑到日本财政上的困难，更对威廉·伯克曼豪华壮丽的东京改造规划做出了很大的修改，将其规模缩小。

霍布雷希特对威廉·伯克曼方案的缩小做了陈述。

> 我又指出，应当将威廉·伯克曼先生的规划中日比谷门与银座之间所设的三角街道废除，以及在银座设置中央车站乃不可行之事。（霍布雷希特、赫尔曼·恩德，《报告》）

然后：

> 正如我已向井上馨伯爵禀报，并得到其同意的那样，我将街道改造之方案进行了缩小，移动了建筑所在地，并将日比谷练兵场作为建筑用地来使用……将练兵场的土地空置在那里，在美观上实为东京府最令人嫌厌之处。明明有如此广阔的空地适合使用，实际上却呈现了村庄一般的面貌。因此，从经济上和美观上来说，应将此地作为建筑用地来使用，方为上策。若按照我的规划，将练兵场圈起来，外围设置足有六十米宽的道路，种植树木，并作为漫步道，将其中心作为庭园，使树木繁茂，或用作草地，铺设纵横道路，若在周围漫步道与中间的庭园之间划分出若干区域，作为建造众多公共建筑之场地的话，一则出资一次，

便收获了无数的优秀建筑，二则可以建造出世界各国中类似案例不多的一大美观市区。(《霍布雷希特、赫尔曼·恩德两位的意见梗概》)

在此他对威廉·伯克曼方案进行了否定，作为替代，用60米宽的林荫大道将日比谷练兵场的旧址围了起来，将各政府机关在内侧排成一圈，将中间作为庭园，便得到了口字形的霍布雷希特方案（参考图51）。

赫尔曼·恩德和威廉·伯克曼没有料到，回国后，经威廉·伯克曼介绍到东京的霍布雷希特，竟然抢了他们作为介绍人的风头，还在他们的地盘上，擅自将威廉·伯克曼方案大加拆分，而且与日本那边的联系也越来越紧密了。规划的指挥系统不可避免地出了乱子。五月，赫尔曼·恩德比霍布雷希特晚了一步，携带着绘制得十分精美的威廉·伯克曼方案，带领着第二队技术人员来到日本，而在此等待他们的却是霍布雷希特的方案。赫尔曼·恩德对日比谷的口字形规划表示，"我认为日比谷练兵场的面积过大，因此在美术上不相信它会有多美"，指出了其美观上的不适合性。除此之外，他还称"从一开始便认为其地质不良，深知对其地面进行整治花费不小"，试着指出了对地基脆弱的担忧。但终究，对于实力已不在一个档次上的霍布雷希特，赫尔曼·恩德还是无法反对他的决定，只好同意了。这种事后承诺一般的同意，为日后埋下了祸根。后来，口字形规划由于受到地基较软的阻碍，不得不废除，其责任，也正如"赫尔曼·恩德……认为若在日比谷练兵场内建设八座省机关大楼，便将成为便利无比的模范官衙，醉心于此，丝毫不顾其地质之柔弱……赫尔曼·恩德以威廉·伯克曼与河合浩藏皆在德国，外部关于其方案也无抗议之声为由，断然实施了自己的那套说法……以上所述，乃赫尔曼·恩德之一大失策，亦成为我等官员失去信任的原因"所说，完全归到了赫尔曼·恩德一个人身上。对于来自日本建筑界的这些批判，赫尔曼·恩德和威廉·伯克曼认为自己并没有责任："有一点希望确认，当时若不是中途对威廉·伯克曼方案所撰定的建筑土地进行变更，且临时建筑局违背条约，对我等的建筑项目进行干涉的话，私以为，工程会比今日的情况呈现显著进步。"选择了日比谷的并不是赫尔曼·恩德，如果要问责的话，首先应该找霍布雷希特，甚至更深一层，追究中途采用了霍布雷希特，扰乱了指挥系统的井上馨的不是。

霍布雷希特在留下了口字形的规划之后便回国了，将具体机关的布置与设计交给了赫尔曼·恩德。虽然在大框架上已经受到了限定，但赫尔曼·恩德的设计还是没有让自己艺术派的名声蒙羞，完成得十分精彩（参考图52）。

为了将所有机关容纳进边长600米的巨大正方形用地里，在四角以同样的外形建造了内务省、大藏省、海军省，以及农商务省兼文部省，令其整体上像是构成了一座巨大的建筑，在此基础上，在靠海一面的中间，将较小的东京府厅与专利局布置成了入口大门一般的样子。如果看单体建筑的设计，则偏离了威廉·伯克曼方案的纯欧洲风格，大胆地采取了和洋折中的形式（参考图55、57）。这种既不能完全说是欧洲风，也不能完全说是祇园祭庙会彩车的奇异造型，被称为"和七洋三的奇图"，遭到了当时在德国派的风潮中积累了诸多不满的辰野金吾等日本建筑师的批评，但在明治时代众多实验性的和洋折中风格的建筑里，它可以说是完成度超群，并显示了赫尔曼·恩德的高超本领的建筑设计了。务实的威廉·伯克曼虽然并不把费诺罗萨的话放在心上，但艺术派的赫尔曼·恩德却对异国风情的造型颇有感觉，亲自坐人力车在日光、京都、奈良的古建筑中往返，将成果全部融入其中。虽说如此，但在其根本构成上，却并没有学习日本建筑，其骨干还是新巴洛克风格，可以说这是一座身着和服、高腰碧眼的欧洲建筑。

井上馨的失势与临时建筑局的崩坏

机关集中规划从威廉·伯克曼开始，经过霍布雷希特，传到了赫尔曼·恩德的手上，终于在整体与部分上都找到了归宿。之后，便是一路迈向动工了。然而在前方，政治的惊涛骇浪却像是讥讽技术人员的努力一般，将临时建筑局整个冲垮卷走了。

在赫尔曼·恩德回国还不到一个月的明治二十年七月，由井上馨作为全权代表，来回共计进行了 27 次的不平等条约修订交涉，终于以谈判破裂告终。

机关集中规划的直接目的是作为条约修订交涉的筹码，仅如此，井上馨在意的便不仅仅是一个方面了，比如就在与威廉·伯克曼签订关于工作内容合约的两天之前，井上馨向伊藤博文总理寄去了一封信：

> 私以为，议院与司法省、法院这些建筑，应采取雇用同一人（威廉·伯克曼）负责的方针……令其他建筑暂且停留于规划上，看届时之模样，可再订立合约，即使不成，也可由日本政府自由处置，若能如此，便绝无挂念了。如谈判破裂，最终传至德国公

使耳中，其时既已与同一公使有条约修订之事务，则进行陈述将异常艰难。在此煎熬的情况中，私以为尤其有必要注意，不应再对对方造成些许之不快。要达成条约修订的目的，前路仍然不易，成败之别，唯独因德英两政（府）决心之深浅决定，因此情况实为细致，希望在万事上皆必须考虑后续，注意将应成之事整合起来。这一边的情况，由于其他同寮（僚）仍然不太明白个中深意，因此唯有依赖长辈，别无他法，望仔细斟酌。（井上馨向伊藤博文寄呈之书简，明治十九年六月十九日）

从中可以看出，倘若与威廉·伯克曼的合约谈判不成，担心将对德国公使造成不快，因此井上馨希望谨慎行事。而且，正如井上馨在信中所述，在作为交涉对手的列强当中，最为强劲的便是英德两国了。由此看来，在外国建筑师上，不是选择花都巴黎，而是选择在伦敦与柏林中找寻，或许也是出于这一"实为细致"的考虑。此外，首先选择了司法省、法院与议事堂这三座着手，也是为了向责备国内法制不健全的列强们展示，我们拥有与西方一样的司法、立法设施，才定下的苦肉计。而且，对于威廉·伯克曼大胆的东京改造方案，井上馨为了设法避免直闯波瓦索纳德[1]的家，虽然出了一个细微得有些令人生厌的主意，但这也是为了尽量不刺激这位对井上馨的条约修订交涉提出了批评的知名法学家，是细心考虑的结果。

---

[1] 波瓦索纳德，法国法学家，明治政府御雇的法律顾问，被誉为"日本现代法学之父"。

然而，无论再怎么操心，作为这一切之根本的条约修订交涉，到现在也已经泡汤了，一切都成了无用功。明治二十年九月，井上馨担下了责任，辞去了外务大臣一职，没过几天，便又辞去了临时建筑局总裁一职，离开了内阁。接着，三岛通庸也抛下了副总裁的交椅。临时建筑局在创设一年零七个月后，便失去了其目标与领导者。

从临时建筑局启动之时开始，对井上馨的持续的批判，便早已连对他极为理解的伊藤博文都难以压制了。在阁议席上，对临时建筑局的创办提出询问时，作为一贯的农本主义者而知名的农商务大臣谷干城便称"至于其缓急顺序，则可认为是尤其需要注意之大事。因此，如此制定其大体目的，优先今后必须建立的递信省等，对其他事项逐渐追加处理，令思考程度较低的民众感到如此惊愕，乃非施政之良策"，表示了反对。福泽谕吉等自由民权派认为时机尚早，对他进行了非难，称其"在提倡节俭政费的第一届伊藤内阁中，不仅当上了总裁，还大兴一些并不着急的土木"。在同时期写就的《伊藤内阁史》中，也称"伯爵（井上馨）令世人不喜之举颇多，特别是在其与商业有直接关系的项目上尤为甚之。故像推举伯爵作为临时建筑局总裁这样的事情，令世人颇为不满"，让各路传言不绝的井上馨来担任土木项目的领导，已经被算作伊藤内阁的一个污点了。

而这种反对派的首要势力自然是曾经遭受过伤痛的内务省。在井上馨辞职的同一天，早已无人庇护的临时建筑局，就被从内阁转到了内务省，置于内务次官芳川显正的指挥之下。可以说是要生要死都任由处置了。在过去，当芳川显正由于市区改善的权力被夺去而"垂泪"的时候，内务大臣山县有朋从容安慰他的"事或进或停，必有其时"的"其时"，在此终于降临了。以这一天为分界线，仿佛是要与第二次重生的市区改善规划进行交接一般，机关集中规划一路滚下山来，一直到三年后废局的那一天为止，其命运如下所述。

明治二十年九月，总裁井上馨辞职。临时建筑局从内阁被移至内务省接管，位于内务次官芳川显正的管理之下。

明治二十一年一月，终止德国留学制度，将尚未完成学业的建筑师与工匠召回。

同年二月，减少向赫尔曼·恩德、威廉·伯克曼委托的内容，建筑的实施限于议事堂、司法省、法院三座，设计则限于海军省与大臣官邸，其余予以废除。

关于空置的临时建筑局总裁之位，虽然推举了品川弥二郎，但被其拒绝了，结果由山尾庸三担任。

同年九月，废除了由霍布雷希特与赫尔曼·恩德拟定的位于日比谷练兵场旧址上的口字形布置规划，决定将靠海半边较软的土地作为公园，将预定在此建设的各机关移至靠山一侧的外樱田町（参考图53）。公园规划也由市区改善委员会接管。

同年十二月，决定了今后的长期规划。（1）合约到期后，断绝与赫尔曼·恩德、威廉·伯克曼的联系。（2）除了从属于恩德—伯克曼事务所的理查德·西尔等人，继续通过其他德国技术人员之手，对司法省与法院进行建设。（3）议事堂的委托止于设计这一步骤，在与赫尔曼·恩德、威廉·伯克曼的合约到期后开始动工。（4）除上述三座建筑之外，断绝与赫尔曼·恩德、威廉·伯克曼一切关系，由乔赛亚·康德与日本建筑师负责后续事务。就这样，临时建筑局决定了与赫尔曼·恩德、威廉·伯克曼进行切割的政策，其理由是，"虽然已经委托其对设计与施工进行监督，但远在千里之外对日本建筑进行监督，原本就给人一种在村庄的家中生病，医生却远在城市中进行诊断的感觉。"

明治二十三年三月，临时建筑局被废除。理由是，"临时建筑局乃一种特别的机构，虽然由内务大臣进行管理，但其官制自主独立……内务省与此局的关系，如同强国与其属国的关系，感觉颇为不妥。"虽然临时建筑局被撤销了，但德国与日本的技术人员还是原样留下，继续建设司法省与法院。

与赫尔曼·恩德、威廉·伯克曼一刀两断

如上所述，在设立以来经过四年三个月后，临时建筑局被废除了，虽然在国内已经无迹可寻，但在国外，由于与赫尔曼·恩德和威廉·伯克曼的关系，受合约约束的部分并没有那么容易割舍掉。日本这边在到期前一年的明治二十三年六月，决定了中途解除合约的方针，并筹集好了赔偿金，任命西园寺公望为驻德国公使，开始交涉。但赫尔曼·恩德与威廉·伯克曼表示不能同意，并回复如下：

> 我等之考量，从最初起便不在该项目所得之利润上。毋宁说，一则是帝国政府对我等明确表示了充分的信任，一则在于应向贵国输入日本建筑师可作为模范的建筑方法之事。尤其关于此事，如当时来往商议的文书中所明确表明的，与帝国政府进行了充分而深入的探讨。我等因这两点而着手此事，并且预测到会损失在德意志的名望，方才应承御命，全力投身于日本的建筑事业……

有一点希望确认，当时若不是中途对威廉·伯克曼所撰定的建筑土地进行变更，且临时建筑局违背条约，对我等的建筑项目进行干涉的话，私以为，工程亦会比今日的情况呈现显著进步……

日本政府提议支付酬金，并与我等解除合约。然而我等意见如前述所言，在该项目上并非为了利润，而是以名誉为重，因此，若帝国政府之命如上文一般，则我等将着实以非常喜悦之情报答。即声明：若由于状态不畅，尔等无法按照规划年限竣工的话，则于条约过期后，仍应无报酬进行工作，直至竣工为止。

如果他日帝国政府考虑启用本国人来完成项目，直至竣工为止，并明白其判断与责任皆由日本政府所负，则恕我等在此明言：即便贵国人建成了与我等规划相似的建筑，在结果上也不可能令其达到与欧洲风格相同的档次，且绝不会成为日本建筑师足以作为模范的工程。原本近年来，经我等许可，在德国进行研究的日本书生，对于他们的才能及好学，我等诚挚地表示完全认可……唯独可惜的是，书生所受的教育年数颇短，因此，即便我等非常尽力，仍无法令其到达足够的高度……因此，帝国政府才有了以上感觉，应立即令我等之名誉与此建筑项目紧密相连，并永远如上文一般表态。即声明：此广大之纪念建筑，乃依照德意志国建筑师赫尔曼·恩德及威廉·伯克曼二位之规划而实施，二位颇为虚心，一心只愿将建筑完成。因此，对日本建筑项目如此随意在合约到期之前放弃的决定，我等表示无法理解。如上所述，该项目与我等的名誉绑定，因此只要在任一日，便会吃苦耐劳、全力以赴。如果能够承诺，即使合约到期之后，工程仍未完成，仍令我等继续无薪从事此业务，直至将工程完成为止，则我等必会对万事尽到所有义务。(赫尔曼·恩德、威廉·伯克曼向山尾庸三寄呈之书简，明治二十三年五月九日)

赫尔曼·恩德和威廉·伯克曼吐露了他们的心声：为了身为建筑师的名誉，即使不要报酬，也要将规划完成。但日本那边却早已没有了能够体谅这种心情的人，日本政府决定断然解除合约，并在明治二十三年八月进行了通告。

一切都结束了。之后，德国的技术人员也纷纷在合约到期之前离开了日本，只有一人留了下来，并在民间开设了设计事务所。已经动工的工程则由内务省土木局接手，终于在明治二十八年与二十九年分别建成了司法省（现为法务省总机关大楼）和法院。略带勇武的德国建筑的雄姿，终于出现在了日比谷这片土地上。

机关集中规划的意义

巴洛克城市规划的美学与功能

32 名技术人员，从大洋的东西两头，乘着蒸汽船，跨越了海洋进行交流，与这种仿佛遣唐使画卷中出现的华丽序幕相反，其终幕却像是看了一场南蛮渡来的魔术[1]，令人意犹未尽。历经四年三个月，临时建筑局竟然只完成了司法省和法院这两栋建筑。而在城市规划史的天平上，这两座遗留下来的红砖建筑，究竟有着怎样的分量呢？如果说机关集中规划真的有分量的话，那么它也必定只存在于五彩缤纷的梦中。

赫尔曼·恩德和威廉·伯克曼为我们描绘的东京改造画卷，与著名的巴黎改造规划属同一系谱。从 1853 年到 1870 年，也就是日本明治维新的前后，当时的巴黎市长奥斯曼打开了旧有的城墙，创造了今天的花都巴黎。这一城市改造的余波，越过了法国的边境，传到了德国、意大利、奥地利、西班牙，甚至美国，覆盖了除英国之外的整个欧美地区，成为日本现代城市规划正脉的

---

1 近代欧洲传教士从日本南部上岸，被当时的日本人称为"南蛮渡来"，他们所带来的科学技术，当时常常被认为是幻术。

赋形者。霍布雷希特曾在1862年提出的柏林改造规划，可以算作最早的实际案例之一。这一脉，被称作"巴洛克式的城市规划"。在此，我希望对此进行稍微详细的叙述。

对于这种规划，今天仍然褒贬不一。作为其始祖的巴黎改造，由于是献给当时法国皇帝拿破仑三世的城市改造规划，出于这一政治上的原因，从一开始便遭到了反对派对其道路规划的批评，称"奥斯曼特地将街道设计成了炮火容易攻击的样子，比如那条长长的、笔直的大道"。拿破仑三世因经历了伦敦流亡，十分热衷于通过城市规划来将民众揭竿而起的伤害降到最低。而其心腹、内务官僚奥斯曼便趁着巴黎改造，将适合叛乱者出击后逃走的迷宫般的窄巷一扫而空，改为开辟辐射状的大街。或许正如传言那样，这是为了让军队镇压更容易。不过也有研究表示，在这座刚刚完工的花都舞台上，就算对卷土重来的巴黎公社巷战进行详尽的检视，也看不出来巴黎改造规划起到过这样的效果。若是真的有镇压的意图，并就此叙述巴黎改造规划的反动性，同时又对其现代性进行论证的话，那该是何等的讽刺啊！其实，组建队伍，展开行动，命令炮队及早移动的军队，基本也是将"大量"与"快速"这两点当作了主题，这一性质本身就属于新时代的特征。无论是好是坏，这项规划之所以能成为世界城市进程中的一座里程碑，其理由也在于此。

现代这一时代，诞生于工业革命。在这个时代中，"更快、更多"这一工厂里的标语传遍了各行各业。城市也并不例外，并且还十分典型地以蒸汽发动机的节奏作为信号，令人与物品都像决堤一般倾泻，涌入了巴黎这座原本像蛋壳一样的城市，造成了极度混乱。由于这只古老的容器才刚被各类新事物填满，因而也开始发出不和谐的声音。假以时日，是容器先出现问题，还是里面装的东西先开始腐败呢？除了存在这种功能上的故障，城市的美观也受到了影响。中世纪以来，由双手建造的街景，开始日渐受到损害。事已至此，为了让旧的容器符合新的内容，只能将容器切开了。不仅欧洲如此，包括今天的第三世界在内的所有历史悠久的城市，都会在现代化的进程中陷入这种窒息的状态。而当出现这一"症状"时，果断对城市进行"外科手术"的做法，便是从法国的巴洛克式城市规划开始的。

顺带一提，英国并没有像法国那样，走上以"大手术"对旧都进行改造的道路，它从1903年起，采取了独特的解决方法——在郊外建设工业与农业结合的新城。这被称为"田园城市规划"，与巴洛克式城市规划并称为欧洲的两大现代城市规划。

让我们具体叙述一下巴洛克式城市规划的方法。从城市的功能上来看，"手术"采取了以下三种措施。

改善交通

对于城市的窒息症状施以大型手术。首先将城墙摧毁，去除这道坚固的外箍，让街道得以自由往外延伸，之后将铁路导入市内深处，让可供数辆双驾马车并驾齐驱的林荫大道（boulevard）和大道（avenue）纵横交错。辐射状的道路网取代了此前狭窄弯折、如同迷宫一般的道路网，仿佛在之前梗死的肺部细胞上接通了一根粗大的气管一样。虽然在建设道路网的时候，并不一定要做成辐射状的图案，但巴洛克式城市规划无一例外，像着了魔一般地喜爱辐射形道路，或许正是因为其爆炸性、穿透性的形状，才正好与蛋壳一般封闭的欧洲城墙城市形成了鲜明的对比。这种图案可以上溯到文艺复兴时期的理想城市规划上。理想城市方案的辐射状图案，总是从单个核心出发，形成静止的结构，与此相对，巴洛克式城市规划的特征，则是有两个以上的中心点，即通过多个核心之间互相的引力形成一种动态的结构。这种动态性，与现代这一时代的动态感之间，或许存在着一种隐秘的联系。

改善设施

正如广场会因时间段的不同，时而变成市场，时而变成剧场一样，从中世纪至今的城市也一直处于一种与其他功能互相重叠未分化的状态。在稳定、亲密的社会中，这种未分化的状态无疑是好的，然而到了现代，从外部突如其来地涌入了大量变动的人口与货物，助长了这种混乱。与此相对，巴洛克式的城市规划所谋求的是各种功能的高度专业化，正如为把那条小路、这座广场对面的停船处散布的小市场集中起来而专门开设的中央市场一样。其结果，则是在市内出现了巨大的中央市场、剧场、站厅、医院、政府大楼、公园、广场等。可以说，巴洛克式的城市规划把以大量生产为宗旨的工厂专业划分体制直接带到了城市当中。

结构化

这样专业且庞大的各色设施，并非毫无规划地盲目配置在城市里的，各设施之间都有着明确的关系，就像以 40 米宽的林荫大道将中央车站与市场相连，又以大道将中央车站与公园相连一样。

与具有以上功能的手术一起，巴洛克式的城市规划还带来了一种新的街景之美。奥斯曼属下的建筑师所能大显身手之处，在于如何将无限延伸的林荫大道、处处高耸的建筑，还有乘坐马车飞驰的人的视觉体验等这些"大量"与"快速"所赐予的产物，凝结在一种美学中展现出来。毫无疑问，蜿蜒曲折的街巷、若隐若现的建筑等此前面向散步之人且处于中世纪风格深刻阴影之中的封闭美学，在此已经派不上用场了。他们巧妙运用了透视法，即透过无限远处的一个点来把握整体的几何学方法，让巨大的城市服从于一种秩序。在单体建筑的设计上，也同日光东照宫一样，采用了在简单的骨架上按照喜好加以豪华装饰的巴洛克风格表现手法。此外，还以规模更大、更加豪华的方式，对广场的纪念建筑和喷泉、公园的雕塑等进行装饰，仿佛在广阔的舞台上追求虽粗糙但声势浩大的演出一样。让我们想象一下在花都巴黎乘着双驾马车驰骋。随心所欲地穿过城市的林荫大道，便能看到行道树与屋檐都排列得整整齐齐的百货大楼，这些轮廓线向着远方的凯旋门慢慢收拢。在这种透视法发挥了效用的街头，到处都有壮丽的歌剧院或大教堂，马车穿过凯旋门，又绕过立有方尖碑的广场，前方便是位于巨大公园中的一片森林。自罗马帝国灭亡以来，从未目睹过的雄壮、具有纪念性的城市之美，就这样诞生了。

"世界各国同类先例不多"的机关街

像这样成长于巴黎的巴洛克式城市规划，在功能与美观方面的高超之处，又是如何通过德国人之手，实现在了日本的机关集中规划上的呢？让我们从仅仅比巴黎城市规划晚了十几年的威廉·伯克曼的宏大规划开始看吧（参考图50）。

首先吸引我们眼球的，应该便是呈辐射形态的道路网了。沿着从东南靠海一侧向西北山手方向延伸的轴线——中央大街最终通往了中央车站，仿佛包围在其两侧一般斜向前进的，则是辐射状的天皇大街与皇后大街，它们朝向纪念建筑的一点集合而去，在合并之后变成日本大街继续前行。又过了一段之后，分成两条路线，往右走是皇居，向左转则会经过国会大街，到达国会议事堂。从位于山坡上的议事堂，可以沿着欧罗巴大街一直到达位于芝的滨离宫、延辽馆等。在这些名声响亮的干线道路上，又从上下左右乃至斜向插入了数条无名的街道，并在这一切的正中央，让铁路与轴线呈直角穿插，从而诞生了有多个核心的辐射形态。而为了往这副骨架上增加血肉，还布置了皇居、议事堂、各政府机关、军营、广场、公园、博览会场、宾馆、外国人聚居地及国际港口等丰富的设施。

在美观上，机关街也并不逊色。威廉·伯克曼趁着立案的机会，还变作了摄影师，爬上山坡与寺庙的屋顶，仔细地端详着东京的景色。其结果则是，虽然已经将从海边到山手地区的轴线选作了整体布置的坐标，但因为太过美妙，又确定了从筑地本愿寺有名的大屋顶上往霞之关丘陵望去的这一视角。比起功能来说，他将设计母题更多地放在了对壮丽的城市美的呈现上。

假设有一位外国宾客从位于隅田川河口的国际港口上岸。当他乘坐马车沿着美丽的运河飞驰一会儿之后，便进入了宽40余米的天皇大街，如果继续快马加鞭地飞奔，那么首先在左前方会出现又大又长的中央车站，预示着机关街就在不远处了。穿过一条狭窄的道路之后，视野便变得开阔起来，左手边有一大片圆形的公园，右手边则依次排列着剧场、法院和警视厅大楼。而穿过一片红绿色的砖楼之后，以纪念碑为地标向右斜方拐去，便是两边都排列着行道树的日本大街了。在这里，有如画的景色在等候着（参考图56）。向远方望去，在霞之关的山丘上，白色墙壁的议事堂顶着高高的穹顶，两边是参谋本部与司法省，面前则是外务省等机关，仿佛要将成片的山麓缝合一般连绵不绝。从樱田门的角楼右边，可以透过森林窥视到两座尖塔，或许是西洋风格的皇居吧，石头与砖造的建筑一栋接着一栋，有时圆润、有时尖锐地划破天空。而把视线从丘陵转向平地的话，则在日本大街的两边，左边是广阔的博览会用地，右边是世博会召开的预定地点。在砖结构的会场旁边，围上了高高的脚手架，回荡着施工的喧嚣，一直跨过拱桥、延续到护城河对面的练兵场。可以说堪与花都巴黎争奇斗艳了。

威廉·伯克曼方案中的这种城市美，相对于赫尔曼·恩德位于日比谷的口字形方案并没有什么变化。虽然规模相对较小，也说不上是能够乘坐马车驰骋的面积，但如果要比一比绚烂繁华的话，这一方案的密度还要更高一些。在边长600米的正方形用地四周，围满了足有60米宽的林荫大道，在其内侧以口字形布置各大机关，并将中间的庭院打开。位于地块四角的建筑，被整齐地做成了相同的模样，从远处望去，仿佛是有一座巨大的建筑，站在了霞之关山丘的肩膀上。如果是从银座那边过来的话，你会发现在一排横向的树木背后、一整座城郭般的巨型建筑上，还盖满了热闹的屋顶和尖塔。左右两边，以内务省和大藏省加以固定，在中间，则为建得像城门一般的专利局与东京府厅，穿过立有四排六根柱子的石头森林之后，视野便开阔了起来，进入了四边各300米的敞亮庭院中。中间竖立着明治天皇威风凛凛的立像或骑马像，还有4名明治维新的英杰站在其脚边，可谓锦上添花。而仿佛与此呼应一般，在庭院的四边，则以"和三洋七"的墙壁作为背景，排列了12座维新英杰的雕像。建筑、庭院与雕塑三位一体，成为壮阔豪迈的新巴洛克式的空间。

赫尔曼·恩德与威廉·伯克曼的提案，无论是在功能上还是在美观上，都与巴洛克式的城市规划一脉相承。如果真能按照图中那样实现的话，则一定会达到"建造出世界各国同类先例不多的一大型美观市区"的程度。就算是在19世纪后半叶，在世界上的同类案例之中，这也无疑是屈指可数的优秀作品。

城市版鹿鸣馆

赫尔曼·恩德与威廉·伯克曼的方案，就其自身而言，可以说过于欧洲化，是一份过于异质的城市规划。对于这座东洋的孤岛来说，到底适不适合呢？让我们拿前文叙述过的另一份规划来做一下对比。围绕城市规划权的归属，机关集中规划与市区改善规划似乎已经陷入了剑拔弩张的对立状态中，这场斗争也不仅仅是井上馨的外务省与山县有朋的内务省之间的权力斗争，还可以认为是对城市规划本身的思考方式的对决。两者在所有事情上都持相反的态度。机关集中规划的推动者是外务省方面的人物，担任设计的也是当时一流的外国建筑师。他们虽然仅凭几个月的"日本旅行"体验便完成了方案，但既然如此，也就自然不把东京自江户以来的现实——这样麻烦的东西放在眼里了，仅仅遵循井上馨与三岛通庸"应视东京市区犹如新开拓地一般"的指示，用尽心思将欧洲最新的华丽规划以更加纯粹的方式描绘出来。完全就像是把舶来的名贵花朵，整盆移植到异国的土壤里一样。市区改善规划则与注意外部看法的外务省正相反，是以实现国内统治为宗旨，由内务省所推行的。在立案人中，没有以自我表现为本职的建筑师，它是完全由土木工程师、行政官员、企业家、卫生学者、军人等实务家经过反复讨论而提炼出来的规划。其时间跨度极大，从明治时代第二个十年一直延伸到了明治时代第三个十年；其讨论极其深刻，涉及城市个性、每条具体道路等，论述无所不及。正如井上馨与三岛通庸所批判的，"其大体上乃遵守旧态、因循过往的道路规划，一言以蔽之，不过是道路整修的方案而已"。虽然不能完全否认这一批判，但其实质并不是这样的。就算是受到欧洲式规划的刺激，但它并未对其效仿，而是选择了从江户历史与东京现实着手，脚踏实地，一点点地改变城市。这两份规划之间的差别，在如何将封闭的城市打开这一点上表现得最为突出。两者的目标虽然都是将封建城市江户打开，但机关集中规划像威廉·伯克曼方案中看到的那样，采取了爆炸式的辐射形态，市区改善规划则以芳川显正方案为代表，继承了江户以来的道路形态，始终致力于对其进行修改及重新解读。正如我们已经叙述过的，辐射状的形态是与蛋壳一般坚固的城墙城市相反的形象，透视之美也是文艺复兴的产物，可以说巴洛克式的城市规划无疑是欧洲固有历史的直接产物，但问题是，要将像卷心菜一般、柔软地封闭起来的日本封建城市江户打开的话，这种方法究竟适不适合呢？机关集中规划的做法，像是在用凿子剥卷心菜一样，不禁给人一种下手粗暴的感觉。市区改善规划，则像是菜青虫一片一片地向内啃食一般，通过细小风眼的累积将城市打通。究竟是从外部进行移植，还是在历史的基础上从内部出发，这两份规划的分歧，就在于此。

一直以来，外务省与内务省这两座机关都是处于水火不相容的对立关系之中的。因而这种分歧无疑是源自其想法的差别。但再深入分析，则可以认为，这是与围绕日本现代化的两大倾向，即到底是采取欧化主义还是从内部推动变革这一主题相呼应的。我希望能再略微详尽地论述这一点。

以今天的眼光来看，明治初期的欧化主义风潮，就像乱七八糟的文明开化奇谈所象征的一般，或许会被诊断为位于风潮正中的一种临时性的热病。从牛肉锅、皮靴、蝙蝠伞、洋服，到洋馆乃至银座砖城，虽然在衣、食、住上这股风潮很快就退去了，但在明治维新的一段时期里，当时的领导层都将欧化主义当作了一根放心依赖的手杖。比如，在明治四年，政府派出了岩仓遣欧使节团。以岩仓具视为代表，木户孝允、大久保利通、伊藤博文等新政权的核心人物都出国了近两年，带领着包括银座砖城的由利公正及当时还处于少年时期、之后成为临时建筑局头牌工程师的松崎万长在内的共计一百余名官员与留学生环游欧美。但这个旅行团的目标，却正如太政大臣所下达的《事由书》所说，在于为不平等条约修订的交涉做准备，是去学习欧美先进的"国体政俗"并将其带回日本的。他们认为，不仅要在政体和制度上推行欧化，在"俗"，即在文化风俗上，也必须与欧洲比肩，才能实现平等的往来。这些政策可以说是之后井上馨担任外务卿时所推广的欧化政策的先驱。然而讽刺的是，对欧化主义的深刻反省也正是从此时开始的。使节团实际上的代表大久保利通虽然也是抱着希望实现"国体政俗"的进步的想法而出发的，但在亲自探寻列强力量之源头的途中，他一改此前的想法，将"国体政俗"的欧化放在了末位，懂得了列强强盛的根源在于"殖产兴业"。这一认识之深刻，甚至令他的性格发生了改变，据说也是从此时起，他沉闷忧郁的形象才开始深入人心的。回国之后，大久保利通立即以劝业寮作为首要部门，创设了内务省，在左右配以工部省与大藏省，建立起三省体制，向殖产兴业之策迈进。自此，"国体政"的欧化首次被放在了末位，"俗"则被视为末中之末，他转而开始从自己脚下的土地出发，铺设了一条追求内发的新道路。如此诞生的内务省，在大久保利通死后，再未被数次回潮的欧化主义所感染，在城市规划的世界里，也理所当然地绝不以欧洲的最新手法作为榜样，而是推行追求内部蜕变的市区改善规划。要是在机关集中规划启动的时候，大久保利通还一息尚存的话，那么内阁的反对派就必定不只是农本主义者谷干城将军一个人了。而井上馨的欧化"高烧"，要是有大久保利通这剂退烧药的话，无疑也不会上升到那么高的程度了。

井上馨的欧化症可谓根深蒂固，可以追溯到明治维新之初。他的旧名叫闻多，据说是因为目光敏锐、双耳聪慧，在早年被藩主毛利敬亲所赐。他对于时代风潮的敏感，或许也是由其天资所致。1862年，他甚至跟随高杉晋作，和伊藤博文一起在御殿山参加了英国大使馆的放火行动。这样的一位攘夷志士闻多，在第二年就为了秘密前往英国留学而远渡上海，被当地林立的洋馆之宏伟面貌吓破了胆，因而摇身一变，从攘夷变成了欧化。据说，这种变化令同行的伊藤博文都傻了眼。从那一天起，井上馨便着了欧化的魔，所到之处皆播撒病菌。在明治元年赴任的长崎制铁所里以命本木昌造架起铁桥开始练手，第二年在大阪的造币寮中，启用了托马斯·詹姆斯·沃特斯，不仅完成了大规模洋馆群的建造，还点亮了煤气灯，开通了有轨马车，甚至让工匠都开始理发、穿着西式制服。这一系列政策，在前面都可以冠上"日本最早"这一形容词。明治三年，他回到大藏省本省，令托马斯·詹姆斯·沃特斯建成了有名的大藏省分析所，成为东京第一座砖结构建筑。明治五年，他提出了银座砖城的规划，建好了文明开化的露天舞台。就这样，井上馨在巧妙地带来了欧化主义最早的浪潮之后，便辞了官，暂时失去了落脚之处。明治十二年，他又为了不平等条约的修订而返任太政官，直到明治二十年引咎辞职的八年间，一反常例地长期担任外务卿一职，如鱼得水一般地推动着欧化进程。这已经是第二次浪潮的开始了。明治十三年，以完成不平等条约的修订方案原稿为期，决定建造洋风的会馆——鹿鸣馆，待到明治十六年竣工时，便拉开了传说中的鹿鸣馆时代的大幕。究竟建造洋馆、召开舞会是如何成为文明证明的呢？以今天的眼光来看，尽管实在难以相信，但当时的领导层却对此十分理解。山县有朋、大山严等武夫粗人虽然迷惑，但也在假面舞会中尽享风流，伊藤博文等高襟一族也挺起胸膛，和夫人小姐们一起为了参加晚会、游园会而坐上马车，前往各国公使静候的鹿鸣馆了。在那段时间，经常一连数日，白天在外务省进行严苛的不平等条约修订，夜晚在鹿鸣馆举办众多华丽的晚会，白天与夜晚的主角，都是井上馨。时代也随着他的指挥棒跳起了舞步。在交涉与晚会都渐入佳境的明治十七年，井上馨才终于想到，要建设这一片应该称之为城市版鹿鸣馆的洋风机关街了。

这样的来历，对于临时建筑局副总裁三岛通庸来说，也基本没有什么差别。他作为东京府权参事，曾经讽刺地在与井上馨对立的东京府知事由利公正手下，负责银座砖城的规划。但在从明治七年到十七年依次赴任的酒田、山形、福岛、枥木这四县中，他由于对自由民权派的打压，以及道路改造、普及洋风机关大楼等工作，得到了"土木县令""魔鬼县令"的绰号。在三岛通庸走过的路上，自由的草都得到了根除，代以文明开化式的县厅、学校、医院、警察署等。当时，全国各地的开化风格建筑多以石灰漆涂面，只有陆奥四县早早地切换成了耐雨的木瓦板墙面，这也是因为三岛通庸对于洋馆的出色认识。

井上馨与三岛通庸这两位一直高举欧化主义大旗并不停推动实施的人物，背负着这些实绩而首次联手推行的，便是机关集中规划了。对于两位演员来说，舞台自然是在首都东京，剧目则是中央机关街，对于自岩仓遣欧使节团到此时都不能缺少欧化主义这根手杖行走的明治时代来说，机关集中规划无疑是欧化主义的最终完工阶段。正如大久保利通曾看破的一样，无论再怎么对"国体政俗"进行修缮，对于条约的修订来说都没有意义，鹿鸣馆也好，招聘赫尔曼·恩德和威廉·伯克曼也罢，都是竹篮打水一场空，待到谈判决裂时，井上馨便也随之失势了，此后便再也没能掀起欧化的潮流。若是这份规划顺利实施，那么明治城市规划的主人公，便需要在已经登场的涩泽荣一等新兴企业家，以及松田道之与芳川显正等内务省官僚之外，再加上井上馨和三岛通庸等欧化主义者了。该规划却止步于孕育了银座砖城，没能创造出贯穿明治时代的潮流。

明治十九年机关集中规划所留下来的，不过是几栋建筑。这份规划却是一份精彩的巴洛克式城市规划方案，也极好地描绘了封建城市江户退出历史舞台后的开放城市形象，且更是明治特有的时代精神——欧化主义的精华。因而，机关集中规划在历史的叙述上依旧占据了不可动摇的地位。

第五章

东京的根基

散开的波纹

虽然在时间前后上有些跳跃，但从银座砖城规划开始，到防火规划、市区改善规划，以及机关集中规划，我们已经对这四项城市规划逐章进行了叙述。其中的每一项都将舞台限定在了东京，在时间上则是以明治时代作为中心，它们的影响超越了一座城市、一个时代，形成了巨大的浪潮，向全国各地及后世扩散开来。让我们来追踪一下其传播的踪迹。

机关集中规划

临时建筑局的提案虽然当初曾经有宏伟的意图，但在现实中却仅仅止于形成了机关街，没能撼动城市的整体。当时所提出的"应视东京市区犹如新开拓地一般"的姿态，在历史上却不会简简单单地绝迹。当时的人们，尤其是夸下海口的政治家，或者希望一切都能按照笔下的样子改变的建筑师，以这项规划作为领跑者，意欲从根源上对城市或首都进行重建。这种容易令人着魔的理想主义热情，一代代地传向了后世。经过了大正十二年的大地震，从巴黎回国的建筑师中村顺平面对"犹如新开拓地一般"的东京，发表了辐射形态的振兴规划，表明这样的梦想仍然存在（参考图59）。在战后登场的丹下健三的《东京规划一九六〇》，也成了这一难以治愈的梦想的第若干棒跑者。

银座砖城规划

这一规划成功地对全国各地的商业街产生了极其重要的影响。前面已经说过，全国各地"银座类"的命名便是一大有力证明，在此就不赘述了。如果从用砖来建造城市这一技术层面来看，这项事业必然不会仅仅终结于银座地区。此前的砖块，完全是在政府直营的西式工厂建设中作为新锐的材料而受到重用的，商家想都没有想到过要使用它。但在这样的时代里，突如其来地提出了银座砖城规划后，砖材便实现了量产，大批工匠也随之诞生，最为重要的是，市井中人也都开始了解砖材。砖材逐渐渗透到了生活与城市当中。在银座之后，明治时代的东京见证了数条砖造商业街的出现。比如，明治十八年，借东京府之手，浅草中央商店街改建成了连排平房形式的砖城，在明治时代第三个十年前期，同样是借东京府之手，二层连排房屋形式的柳原河岸砖城也在神田的土地上亮相了。此外，芝地区效仿银座在地面上铺砖，形成了以芝的砖街而为人熟知的城区。它们在时间上都非常接近。可以认为，在明治时代第二个十年后期与第三个十年前期，曾经有过一段砖红色街景的风潮。

如果转而查看地方上的情况，则果然还是找不到像东京这样以街区为单位采用这种新材料的案例来，但也有像明治十一年大火后函馆的城市建设一样，商家非常热情地运用砖材的案例。这可以视为银座砖城规划的遥远的回声。

防火规划

这一规划的秘诀，在于不依靠砖石等新的建筑材料，而通过仓结构的路线防火制度将赫赫有名的江户火灾压制下去。防火规划虽与文明开化反其道而行之，却证明了传统的黑色街景的力量。防火规划公认的影响也不小，比如，被称为"小江户"的、与江户存在"亲子关系"的埼玉县川越，就在明治二十六年的大火之后，将此前的涂屋结构、木结构全部换成了成排相连的仓结构。在明治三十三年被大火吞没的富山县高冈，也计划进行同样的重建。全城重建的案例无疑是少数，然而以今天的东日本为中心所广泛分布的仓结构商家，其房舍大多数建于明治时代。可以认为，这种仓结构的复兴现象，正是通过明治时代第二个十年的东京防火规划而打响了第一炮的。

市区改善规划

与在红黑两色的城区中像水一样渗透式的传播不同，市区改善规划把地方上的主要城市彻底洗刷了一遍。即便不是在东京，古老器皿的堵塞情况迟早也会变得碍眼，因此，"我们的城区也需要市区改善"的声音随之高涨。尤其是在江户时代，自夸有海内最高财力但在新世纪的进程中慢了一拍的大阪，也有了深重的危机感。早在明治十九年十月，大阪府区部会便向知事提出了一份建议书，并得到了知事的认可；明治二十年一月六日，设置了大阪市区改善方案调查委员会，进入立案阶段，并于三月完成方案制定。此乃学习东京的市区改善芳川显正方案，将路宽分为15 间宽的一级道路，一直到 4 间宽的五级道路。从一级第一号路线的御堂筋起，共计由 29 条路线构成，是以交通网为中心的规划。进展与交涉却停滞在此，规划被束之高阁了。明治三十年，以市区扩张为期，大阪市参议会重新提起了市区改善，并委托民间建筑师山口半六进行设计。明治三十二年，山口半六提交了被称为"大阪市新街道设计"的完成方案。其内容是由 212 条道路、20 条运河与 29 处公园组成的，尤其是道路上的规划，极为详细，

317

从一级 15 间宽到七级 3 间 1 尺 8 寸为止，所有道路全部被设计为人车分离，并将连接梅田站与港口的筑港道路作为主干，组织起了整个方案。此外，还可以散见东京市区改善芳川显正方案中所没有的独特性，比如地块分割与地块编号的提案等。山口半六在巴黎中央理工学院接受了土木、建筑、行政、经济学等广泛的教育，并与这些繁杂的技术反其道而行之，可以说是最早体现出城市规划师"什么都不是，但又什么都是"职责的人物了。在大阪之后，他又在明治三十三年负责了长崎的市区改善立案。如果这两市的规划都顺利启动的话，那么或许众多的地方都市都会效仿，从而开辟出一种新的城市建造模式，即由民间城市规划事务所打造出草案，再由自治体提交到内务省获得许可。这种期望却没能实现。究其原因，并不是山口半六为了长崎的调查而过度操劳，引发了胸部的旧患突然逝世，而是内务省并不允许在帝都之外的地区实施市区改善。直到大正三年，东京市区改善的项目终止之后，内务省的这道高墙才被打破。到大正七年，大阪、名古屋、神户等各地的请命终于得到批准，内务省首次同意人口在30 万以上的城市进行市区改善，并受理了对大阪、京都、横滨、名古屋、神户五大城市的指定。之后，《东京市区改善条例》在大正九年随着向《城市规划法》（旧法）的转变，得到了发展性解除 [1]，适用范围扩展到了全国。同一部法律更在战后的昭和四十三年（1968）得到修订，演变成今天的城市规划法（新法）。在明治时代第二个十年萌生的市区改善规划，就这样一步步地塑造了日本城市规划的正脉。

1　发展性解除，指某种组织或法律为了向下一个阶段发展而消除之前的形态或内容。

如前所述，如果尽数观察向各地及后世散开的波纹的话，那么银座砖城、防火、市区改善、机关集中这四大规划，与其说用"明治的"或者"东京的"来形容，不如说是"现代的""日本的"城市规划才更为准确。

东京对江户的回应

这四项在时间上不完全吻合、谋划者与支持势力也各自不同、有时还互相竞争的规划，或许会因此被视为没有任何共同点的、分散的提案。它们的目标，有的是帝都，有的是商都，虽然各有不同，但它们都站在更名为"东京"的旧江户上面。如何翻越江户这座山峰，是这四项规划所共同背负的主题。明治城市规划的课题，就在于超越封建城市江户这一点。

如果江户与欧洲是在同一条山系上相连的话，那么事情便很简单了。政府只要引入同样的方法就可以了。然而，以江户为首的日本封建城市，却是产生于海岛之上的，它们同欧洲的城市从诞生起便有所不同。普通的城市，就像罗马时代发源于西堤岛的巴黎一样，经过漫长的历史，从细小的胚芽逐渐演变为各自固有的树形，日本的封建城市，却是在近世最初的一小段时期，遵循着相同的建造方法，如同雨后春笋一般，连续出现在全国各地的，就算在世界史上，这种发展方式也可以说是很少见的。而且，虽说近代以前，城市普遍都是封闭的，但是日本的封建城市却并不像大陆的封建城市一样被高高的城墙围在里面，而是通过木门、护城河等各式各样的自闭装置层层围绕，建成了从外向内越来越坚固的这种少有的自闭结构。其结果，是将如果战败则必定会丧命的领主放在中心，通过几重机关厚厚地围护起来，按照从重臣到小卒的顺序，从内到外防护越来越薄弱，而对于与胜败无关的町人，则将他们丢在基本没有防护的周边地带。与大陆不同，日本是岛国，没有外部民族的屠杀之忧，因此就危险所进行的防备来说，可以说这是很合理的方法。这种内刚外柔的封闭方式还有一大优点——对于人口的增减，只需要外部进行伸缩即可，不会对中心部位产生影响。此外，与社会秩序之间的紧密联系也是其一大特征，武士、工匠、商贩、僧人都根据身份分开居住，有着适合各自的自闭装置。尤其是工匠与商贩，以五户为单位编户，并且将每一町整合起来，推举一位名主，用木门把每一町包围起来，在组织方式和物理上明确各自的地盘。或许正因为有了一种共同体一般的自闭结构，才能将物的秩序与人的组织方式巧妙地对应起来，因此江户才拥有了日本最多的人口。在存在相当多底层游民的情况下，武家的统治毫无破绽地持续了 250 年。从形象上来看，如果从远处走来，随着一步步前进，会看到农田另一边稀疏的人家，看到相接的房屋像鱼鳞一般覆盖着地面，在旋涡一般高涨的地区正中心，是白色墙壁、威严耸立的天守阁，这些连成一片的清晰形象，是不亚于欧洲中世纪城市的名作。

当这一名作失去了领主，像巨大的空壳一般倒在地上的时候，明治时代便开始了。如果能在这个空壳中填满新时代的内容的话，无疑不需要什么城市规划了。新生政府从幕府那里夺来的近代这个时代，无论是工业革命的技术、资本主义的经济，还是中央集权的政治，都无法容纳到 250 年前的容器中去了。一方面，街道无法容纳下驰骋的车轮，挂着门帘自夸的商业街在新的商品与大量变动的客人面前束手无策；另一方面，新经济也寻求着港口与办公街，政治也需要机关街的存在。此外，人们还期盼着城市面貌有朝一日能与新时代相称。耍小聪明的修缮是无法满足这些要求的。在古老容器与崭新内容之间的落差面前，明治时代的东京发出了摩擦的声音，高声悲鸣起来。

对于这样的都城，在新时代登场的若干势力都果断地承担起了重任，认为应该重新建造自己的城市。主人公则是欧化主义者、内务省及新兴企业家这三者。打头阵的，是以井上馨为首的欧化主义者，乘着文明开化的浪潮，通过银座砖城规划，大为扬眉吐气了一番，然而，作为最终工序的机关集中规划，却走进了死胡同，欧化主义，最终还是没能成为穿越时代的线索。松田道之与芳川显正等内务省的官僚，采取了脚踏实地的途径，从防火规划开始，在镇住了江户的火灾、稳固了脚下的土地之后，才耐心地推动市区改善规划，终于形成了日本城市规划的正脉。涩泽荣一所率领的新兴企业家等各方人士，也都发表了商业都市之梦，向筑港规划和经济地区的建设迈进。

以上四项规划和三者的努力，究竟有没有令东京成功地超越了江户呢？至少，这三者中的任何一方都是没有能力按照自己的想法对东京进行重建的。既然四大规划皆有得有失，那么也无法衡量究竟哪个规划所取得的实际成果更丰硕。不如将这四项规划之间的藩篱拆去，视为同一项明治时代的规划，并在此基础上一点点重拾这座横躺的巨大躯体上的改造踪迹，进行总结后再放到历史的天平上去衡量吧。这样才比较合适。

我希望能够重新归纳一下对下町进行改造的实绩。

防火改造的实绩

对于有着"木结构城市的黑死病"这一别称的火灾来说，银座砖城规划与明治十四年的东京防火令这两大措施，立下了巨大的功劳。前者通过总楼板面积 33 545 坪的砖结构建筑，对银座一带进行了稳固，后者则沿着日本桥、京桥、内神田地区的主要街道，将面向街道的 10 697 栋可燃住房全部改为了仓结构涂面，更包括麴町在内，将覆盖街区内部的 29 999 栋建筑的木板屋面重新铺上了瓦。以明治二十年为分界线，这种防火改造令江户火灾消失在旧三十六门（日本桥、京桥、神田、麴町）范围内。

商业街改造的实绩

可称为下町之命脉的商业街振兴，首先便是从银座砖城规划开始的。在街上划分出人行道，在大街上以煤气灯和行道树加以装点，然后面对这样的街道，以砖结构连排房屋的形式，并排建造了总长度在 7 700 米以上的商店，更在其中 6 600 米以上的部分加建了托斯卡纳式列柱的连廊。随着砖城的出现，零售商业街的未来也变得明朗起来，以此为分水岭，以古老的暖帘而自夸的日本桥一带渐渐没落，被银座取而代之。被抛在后面的古老商业街，也随之盘算着一场蜕变，在得到了市区改善新设计之后的明治四十二年，日本桥大街（京桥—万世桥）进行了道路拓宽，划分了人行道，同时，街上的商店也学习银座，改造为站售的橱窗商店了。代表下町的万世桥—京桥之间的大街，将残留的江户之名一扫而空，见证了现代商业街的诞生。

小公园开设的实绩

此前的下町，除神社寺庙以外，公共的开放空间严重缺乏。依照市区改善委员会方案，明治二十二年（土地收购的年份），委员会将日本桥区坂本町的一角与小学合并起来，首次建造了

1 915 坪的坂本町公园，明治四十二年（土地收购的年份），在汤岛二、三丁目内建造了 6 213 坪的汤岛公园（后改名为御茶之水公园，再之后废除）。这些公园为密度过高的下町打开了通风孔。

之后，让我们转移到山手地区，看一看皇居周边与旧武家地上的改造踪迹。

机关街建设的实绩

将中央集权与一新作为宗旨的新政府，认为巨大的机关街是必要的，因此，在明治十九年，做出了机关集中规划，但在仅仅建成了法院与司法省之后便被终止了。决定将机关街的选址从此前的前本丸旧址深处改到霞之关开放的丘陵地带上这一点，功不可没。

办公街落地的实绩

手握江户财富的日本桥批发街在进入明治时代之后便走向了衰退，取而代之的则是兜町商务街的登场。由于致力于实现兜町城区中兴的市区改善审查会方案未能得到实施，因此兜町也走向了衰退。接着，对审查会方案进行大幅修改而完成的市区改善委员会方案，选择将丸之内作为经济地区，并决定向民间出让。三菱在买入这一地块后开始建设办公楼。明治二十七年三菱一号馆竣工之后，丸之内办公街便取代了兜町商务街，作为资本主义的总部而茁壮成长。

大公园开设的实绩

明治三十六年，按照市区改善委员会方案建设 54 400 坪的日比谷公园，以作为霞之关机关街与丸之内办公街之间的连接点。与坂本町近邻的小公园相反，这里是供东京整体，尤其是政治与经济上的中枢地区使用的大公园。

让我们总结一下横跨下町与山手两边的改造踪迹。

交通体系重新编排的实绩

江户的交通网在本质上是封闭的，但随着市区改善新设计，狭窄的日本桥大街得到了拓宽，皇居周边弯曲的道路也被拉直，上野—新桥之间铺设了铁路，到了大正三年，已经形成一个开放的体系。道路的改良，达到了 96 575 间的总长度，增加面积达到了 31 445 坪，新架设的桥梁共计 13 座。

上、下水道铺设的实绩

按照市区改善委员会方案，开始改良在疫病面前不堪一击的江户时代的流水式上水道，并在明治二十三年替换为铁管的加压式上水道。下水道的进程却遭到大幅推迟，在大正三年市区改善规划结束时，只有下谷、浅草、外神田地区刚刚开始动工。

以上，便是三者的努力与四项规划所留下来的实际成果概览。

防火、上水道、商业街更新，以及办公街建设四项都取得了重大成果；交通体系的重新编排姑且算是有所成果。公园则大小共计仅有日比谷、坂本町、御茶之水三处，机关街则共计只有两栋建筑。考虑到之后日比谷公园被视作大公园的范本，坂本町公园则成了邻近小公园的先驱，法院与司法省两栋建筑也成了霞之关机关街的先导部分，那么从启蒙的角度来看，实际略小的公园、机关街规划，也可以说是起到了很好的效果。

除这种功能上的改造之外，就新的城市空间的诞生来说，还有一点不能忘记。那就是，东京从此拥有了三种全新的特质。

第一，是在丸之内的办公街中，不住人的"白天建筑"在街道两旁并排耸立着，看上去一模一样的窗户整齐地布满了整栋建筑。在不断地增加扩充后，最终形成了与今天的摩天大厦区一脉相承、巨大、均匀且无限展开的空间。

第二，是在霞之关的机关街上，与道路相隔了足够距离、带有进门处的中央机关大楼，展现出威风凛凛的面貌。机关街的空间，在与办公街一样庞大的同时，却没有其均匀的感觉，有着纪念碑式的个性，最终应该会完全覆盖议事堂矗立的山丘地带。

在江户时代是完全找不到与上述两种巨大空间，尤其是办公街平滑的空间类似之处的。这两种巨大空间与作为大量生产时代经济总部的丸之内十分相称，直接反映出了大量与均匀的时代的宿命。

第三，是银座的商业街。近代的后裔不仅仅是办公街及其指挥下的工厂。大量的生产呼唤大量的消费，作为消费的对外舞台的小型零售商业街，为了吸引路过顾客的注意，便在整条街都布置了各种装饰，通过噱头来夺人耳目。冰冷的办公街与熙熙攘攘的闹市区，正是近代这同一生母所产下的孪生兄弟。银座的商业街正是如此。明亮的建筑、色彩缤纷的店面，与点亮了夜晚的路灯组合起来，再加上在此漫步的男女的服装与身姿，创造出了繁复而富有变化的空间。这种景象，原封不动地留传到了今天所有的繁华商业街上。丸之内、霞之关、银座的景象，都是不存在于江户时代的，它们是从明治时代开始的东京的新特质。

以上，便是在失去了领主的横躺的巨大躯体上施加改造后取得的实绩，以及其所得到的空间。三者的梦想与四项规划，保护了人们不受火灾与疫病的侵害，并赋予东京政治、经济乃至消费的场所，更准备了将所有这些连为一体的、开放的交通体系。今天，任谁都觉得理所当然的人行道、上水道、下水道与公园，还有在银座购物与去丸之内上班，追根溯源都可以归于明治时代的规划上。将这种实绩摆在面前，或许可以说明治时代城市规划后的东京的确是超越了作为封建城市的江户。

对于与巴黎、伦敦有着不同造山方式的江户这座大山来说，这种超越的方式究竟适不适合呢？以城市开放这一最大课题为例，可以说试图"移植"巴黎道路形态的机关集中规划最终走向了失败，市区改善规划的"旧物修缮"法则得以付诸实施。后者无疑是一种朴实的做法，日本的封建城市是通过石墙、堤、护城河、升形和木门等大大小小的自闭装置像卷心菜一样封闭起来的，对柔软地封闭起来的对手来说，有升形则去除，有护城河则架设铁桥，拉直火钩、拓宽道路等市区改善规划逐一击破的推进方式，可以说是最适合的了。这种与对象相配合的高超技巧，在机关街和办公街的建设上也是相似的。市区改善令皇、政、经三者毗邻，形成团块状的中央地区，这也正是江户把武家地统合起来，放在正中心位置，从而使得这片土地成为游乐、休闲的公有地，供新时代使用的结果。用仓结构这种江户的技术消除了江户火灾之患，也是同样的道理。如果像这样考虑的话，那么无论是在交通上，在机关街、办公街上，还是在防火上，都可以认为明治的城市规划正是基于倒在前方的江户这座大山的地形而选取了最合适的走法所产生的结果。

如果是配合固有的地形，才得以翻越这座大山，那么在此之上还有什么期待的话，对于屏息前进的明治这个年轻的时代来说，或许就有些过于残酷了。再深入挖掘一下，若考虑到法国在接受了近代的挑战之后，诞生了巴洛克式的城市规划，英国则提出了田园城市规划，那么这种城市的新的整体形象，或者说城市的模板，是东京所创造出来的吗？在已将封建城市江户视为城市名作的基础上，应该也有回答这个问题的必要了。答案却并不令人舒心。无论交通还是公园，都是为了满足十万火急的需求好不容易才实现的改造，明治时代还残留着许多未完成的课题便落下了帷幕。在此之上，三者的梦想与四项规划，都各自单独前进，我们得到的成果，也不是处于各方力量共同支持一个整体形象的关系中的。若要举出其难点，便是住宅与工业区的课题完全被遗漏，交给了下一代人。竟然只有皇、政、经这一复合中心的诞生是符合未来发展形势的，除此之外，则全部都是零零散散的成就了。

我不禁觉得，明治时代的城市规划，或许不是从山峰，而是从山腰上跨过了作为城市名作的江户的。

然而，从大革命开始共经过了 80 年，法国才诞生了巴洛克式城市规划，英国想到田园城市规划的时候，已经是工业革命完成 110 多年以后了。如果考虑到这种新形象成熟所需要花费的年月之长，那么明治时代的城市规划，之所以能在如此短的期限内实现对前代的超越，或许正是因为这只是迈向遥远的整体形象途中，所经历的第一段山路。

后记

　　大概已经是十年前了，当时，厌倦了整日埋头于研究室内堆成山的资料的日子，我组建了此前与好伙伴说起过的"建筑侦探团"，开始在东京的街头漫步。一个人拿着相机，另一个人则拿着地图和笔记本，两人的兜里都揣着买咖啡的钱，一条街道也不放过地在地图上进行标记，寻找战前的老旧大楼和商店，还有时髦的洋馆，从下町一路漫游到了山手。街头漫步很令人疲惫，就算前几次身体可以承受，但次数多了以后也会脚疼。但即便如此，我们也每天都想要去看建筑。这莫不是江户目明[1]以来的另一大"愚行"吧！我们在一两年内便走遍了东京的中心地区。

　　自从上京以来，对于东京这座城市，我只知道自己的住所与学校途中的闹市地区，其他则一概认为是充满了某种恐怖和混乱、无法掌控的广袤空间。但在一步一个脚印地进行确认之后，我发现看上去的混乱不过是几个部分之间的相互组合而已，广袤的感觉也不过是其中一个部分变大了而已，其内容还是十分单纯的。虽然对东京还未到了如指掌的地步，但我至少明白了，它既不是

1　目明，江户时代受捕快差遣协助捉拿罪犯的人，多为"戴罪立功"的释放犯人，但也因此多有不法行为，对一般民众的生活造成了干扰。

超越人类智慧的怪物，也不是无从下手的对象。在城市里，有着每天漫步也不会腻的丰富变化，隐藏着深深的褶皱。东京是一片森林，而且是一片过于庞大的森林。

这片森林有着各式各样的剖面。山手地区的住宅地、丸之内的办公街、下町的商业街和海边的工业区，无论走到哪一个部分，都有着各自的色彩，奇妙地拼成了一整片森林。我就像因第一次发现了以为其他人都不知道的事情而得意忘形的小孩一样，向土生土长的东京人讲述我的"发现"。得到的反应非常奇妙。绝大部分的原住民，对于自己生长之外的地区都极为陌生，对于一条河沟、一座山坡另一边的光景都一无所知。此外，先不说在日本桥长大的人，在大川长大的人都把隅田川称为母亲河，神田儿女则高唱着"神田出生哟"[1]，在麹町长大的人则号称自己就住在皇居隔壁，他们都声称自己的居住地是东京的中心。另外，大家往往对其他地方有抵触情绪，比如山手对下町，下町对山手，都是互相翻着白眼的。据说在"原住民"的概念中并没有东京，只有各自原本的地区。只见树木便不见森林，令人意外地，东京正是一片人迹罕至的森林。

另一点我觉得奇妙的事情，是住在山手的人说起下町的时候。他们所用到的语言，就像是在厨房一角或围栏背后偷偷观察一般，连里巷的人情世故都毫无保留地仔细描摹了出来，比起下町人讲述下町，他们在表现上要有感染力得多。一般来说，所引用的都是荷风，虽然散人的余韵已经淡去，但那种住在麻布的洋馆里，在深夜里徘徊在玉之井一带的姿态，总觉得还是鲜活地扎根在文

1　神田乃江户的中心市区，民间流传着"江户儿女哟，神田出生哟"的俗语。

学家们的城市观里的。[1] 这种"讲坛下町主义"[2] 的姿态,虽然也没有那么可怕,但在他们的语言中闪现的"从市井的一幕或街角的褶皱中观看城市的视角",却令人难以抗拒,尤其是有了长谷川尧等强大无比的人存在,所有的一切几乎都要被他们彻头彻尾地带跑了。但转头才发现,不对,这些街道的细微之处,应该是不问都鄙,在哪里都存在的。但都中所有,鄙中少见的魅力,却存在于"熙熙攘攘的百货商店、气派的大楼、巨大的动物园"当中。重拾这些儿童时代对东京的向往,令摇摆的心平静下来,我才能站稳脚跟,认定这些让东京之所以成为东京的"骨骼与内脏"是我们真正的老朋友。至于细微的部分,则暂且束之高阁。

于是我便确定了,将东京这片森林的每一个侧面都作为平等的对象,对支撑着这片森林的地基的形成进行探索。首先要做的,就是解读前人的研究,然而与这些材料好好打交道却很难。比如,如果看银座砖城的话,大多会举出漏雨或一时的空置房等问题,断定它的失败。而从东京整体来看,银座却正是借这一机会,才超过了日本桥的,同时,为了将江户的骨架转变为东京的骨架,这无疑也是必不可少的工作。因此我不认为银座砖城规划有他们说的那么差。如果看市区改善规划的话,则有人举出了主旨书中的一段"道路、桥梁、河川应为本,水管、住房、上水道和下水道应为末",断定这是一项完全无视市民生活的规划。但如果读一下原文,了解一下内务省的处境,便会发现,这不过是在说施工的顺序罢了。而工程着手的情况,却正是以上、下水道为本,道路为末的。

1　玉之井,乃关东大地震后兴起的私娼街,永井荷风常常流连于此。"荷风散人"是永井荷风的别号。

2　意为一味在文学界、文人圈子、象牙塔中讨论下町。

我觉得有哪里不对。果然，还是得自己追根溯源，调查、处理和改正，才能令自己满意了。我已经对主题有数了——究竟是谁，怀着怎样的梦想，建造出了今天的东京？在调研的过程中，有两件事情一直被我放在心头——一件是不认为江户要比东京更好，另一件则是不用未来的眼光来抹杀东京。只要遵守这两点，便能够既不落入"文学"这个容易沉迷其中的浪漫主义山谷，又不会轻易走上"社会思想"这座千年王国的山脊，如此，必定能够达到将过去以原样呈现的"历史"的高峰。

像这样写下来，听上去便似乎有了一种仿佛我是凭一己之力从"历史"中走过来的感觉。但这不过是语言上的修辞而已，在现实中，每次走投无路，我都会从"文学"与"社会思想"的泉眼中偷水喝。比如，抱着"既不从过去，也不从未来对近代这个时代进行断罪"的这种别扭的想法，却并没有让自己感到孤立无援，这多亏了矶田光一的"近代的评价"及前田爱的"所谓近代即是开放"。这些观念为我的思考送来了养分，才令我写出了本书的《市区改善芳川显正方案》一章。还有，"江户乃城市的名作"这句撒手锏式的评论，也是在研究会的夏令营上，听《新人会的研究》作者亨利·史密斯（Henry Smith）提出的。通过这一句话，我学到了一种透视的角度，能把城市当作一件融制作意图与结果于一体的作品来看待。我认为，正是借鉴了前人各式各样的见解作为手杖，拨开了层层丛林，我才终于到达这片能够仰望天空的地方。

在喘过一口气之后，回过头来看看身边，我发现自己还是受到了研究环境的诸多恩惠的。能够在这片黑暗中，手持长棍、勇往直前地将近代城市史这一项前路艰险的研究持续下来，我唯有感谢给予我平台的"蛮不讲理"的学生们，你们让我可以不顾应做的工作，只做想做的事情；还要感谢东京大学生产技术研究所的村松贞次郎老师的厚爱，您让我得以自由自在地发挥。在下已经竭尽全力，努力回应你们的期待了。此外，还要感谢"建筑侦探团"的搭档堀勇良先生，城市史研究会的渡边俊一、石田赖房、西山康雄、山田学先生，以及对作为本书原稿的我的昭和五十五年度（1980）东京大学博士课程论文《对明治时代城市规划的历史研究》进行审查的稻垣荣三、川上秀光、大谷幸夫、铃木博之等各位老师。还要感谢负责本书出版发行的岩波书店、冈本磐男等，还有负责装订的田村义也先生。再次感谢各方人士的大力支持。

1982 年 9 月 28 日

藤森照信

同时代馆藏版寄语

八年前，在这本书出版之后，曾有过一段时间的"东京论热潮"。作为一本以实例解读明治时代城市规划前进步伐的研究型书，本书按理是不太可能引起社会的报道热潮的，但是作为一本历史研究书，本书确实在这一热潮中受到了瞩目。

我认为，"东京论热潮"的出现反映了日本国土上的两大变化。

一是农村地区失去了力量，时代的活力都集中到了城市里。虽然在近代以后的时间里，这是一种逐渐的变化，并不是从今天才开始，但至少其进程是到前段时间才告一段落的。被称为"瑞穗之国"的日本，虽然是以建立在稻作基础上的农村为据点的，但当农村完全失去了自主性之后，在经济与文化上显然便都只能依赖城市了。

这一变化，对学术研究产生了很大的影响。以社会调查与民俗调查为例，在很长的时间里，社会与民俗都是以农村作为最主要的舞台的，但在城市化的时代里，这一点却不再成立了，此类研究不停计划将着力点向城市转移。在我的专业建筑史上也有着同样的情况，由于大正初期开始对民居进行研究，因此说到民居研究，指的基本都是农家，但在近年来，町屋开始变为核心的课题了。

城市化正在席卷所有领域。

在农村向城市转变的同时，在国土上还发生了第二种巨大的变化，即向东京的单极集中。随着城市时代序幕的拉起，散落在国土各地的城市并没有以同样的活力增长，东京似乎是将各大城市从农村吸收来的活力再次汲取了一遍，因而开始了膨胀和跃进。

让所有人都看到国土上所发生的这些事情的，便是"东京论热潮"了。

既然是论述的热潮，便应该对所有领域都表示出关心，但"东京论热潮"却并非如此，它令人意外地着重在几个领域上，其中之一便是建筑和城市设计。从大意上来说，"东京论热潮"似乎只把看得见的东西当作城市了，也可以说是对"容器"的关心。我虽然不是很明白为什么对城市的关注会连接到对"容器"的关注上去，但是随着"东京论热潮"，无论是属于旧事物的洋馆和下町的房子，还是属于新事物的街道设计和店面装饰，都突然开始成为普通人所关心的对象了。

与本书所梳理总结的东京城市规划的研究完全处于同一时期，也就是在读研的学生时代，我弄了一个"建筑侦探团"，与堀勇良等伙伴们，凭着喜好从东京的下町漫步到山手，不停地发掘被遗忘的洋馆，但在"东京论热潮"到来之后，回头来看，这一边也受到了未曾预料的瞩目。

于是我们暴露在了他人的目光中，也被人指出了自己完全没有意识到的东西。《制造东京》或许可以称作对明治时代的有实力人士在东京描绘的梦所进行的研究吧，它与在城市当中来回走动、搜寻奇怪建筑的"建筑侦探团"，两者之间又究竟有着什么样的关系呢？被人指出了之后，我才发觉的确如此，如果说一边是足有一抱之粗的主干的话，那么另一边不过是枝叶，且还是被虫咬过的枯叶。也可以说，是极大与极小的关系。

这一点令我想起以阵内秀信《东京的空间人类学》为首的一系列对东京的下町或山手进行的"城市研究"。他的关注点既不太大，也不太小，是刚好对得上人们生活的尺度，但这种作为生活的容器的"城市"，对于我来说，却是没有可以描写的余地的。如果将城市比作人体的话，那么当我倾向于骨骼和指甲这两种身体的极端的时候，他所着手的却是腹部或者手脚部位。他的这种"中庸之德"，我尤为欠缺，这也是没有办法的事情。

在"东京论热潮"中，我完全没有回归中庸的想法，越发走上了向两边极端化的方向。我在明治城市规划研究的延长线上，一方面对当代东京的方向进行了全方位的考虑，另一方面则延续了建筑侦探团的发展步伐，又开始了"路上观察"的工作，时至今日，终于告一段落。作为明治东京规划的延续，希望在此将自己之后思考过的事情做一番描述。

大正以后，东京的规划历史是如何展开的呢？

"市区改善规划"为明治时代的东京城市规划画上了句号，当它在大正三年大体完成之后，后续究竟是怎样的呢？虽说理应着手大正与昭和初期的东京规划了，但关于这一时期，我却没有再研究下去了。其理由之一，便是因为石田赖房、渡边俊一等同学校的各位前辈已经在进行这方面的研究了。另一个理由，则是我觉得后者无论如何也对不上我的口味。

明治时代的城市规划，看起来就十分痛快。对于像搁浅的鲸鱼一般横贯于面前的江户，要点在于如何将其重新切割雕刻这一主题上。由于挺身而出的是明治维新的各个主要角色，因此他们所说的话、所做的事，都是自由奔放、随心所欲的。这样的时代是极其少见的。出色的个体将自己的思想清晰地表达出来，再直接与现实中的东京进行碰撞，有的顺利，有的失败，每经历一次，轮廓都会变得更加鲜明起来。

但同时，在市区改善规划结束之后，日本的城市规划也渐渐看不清面貌了。其最大的原因是城市规划本身基本运作方式上的变化。石田赖房博士曾经教导过我，明治的城市规划是项目型的，都是发表一种具体的城市形象，然后为了在一定的期限内将其实现，准备法律、人员和资金源，但大正之后的城市规划则是操控型的，没有人赋予其一种思想，也没有一个明确的城市形象，是姑且确定一项道路规划或者别的，再根据某种一直存在的法律、人员和资金源，没有期限地持续将道路拓宽进行下去，如果出现了问题，再根据当时的情况，从部分着手加以处理。关东大地震复兴之时的后藤新平对这种操控型的城市建设持排斥态度，但与明治时代不同，他所夸下的十分个人的海口，却以漏洞百出的状态结束了。

如果说明治时代的城市规划是通过"形象"来建造城市的话，那么大正之后的城市规划便是通过"法律"来建造城市的。而我十分不擅长法律。

话虽如此，但在此，我还是简单地记录一下大正之后的事情。

代表大正之后的法律时代的，便是大正八年（1919）发表的《城市规划法》了，这是明治时代的《东京市区改善条例》在经过了发展性解除之后的产物，但明治时代与大正时代的问题意识之间的差别，主要还是源自时代的演进与城市的发展。

明治时代城市规划的基本问题意识，指的是如何将作为封建城市建造的江户重建为近代都市东京，而大正时代的问题意识，指的则是如何处理像这样建成（虽然只能说是半途而废地建成的，但是却已经指明了方向）的东京所新产生的问题。具体来说，便是住宅和工厂应该怎么办。就这两点来说，明治时代的城市规划，并没有提出具体的方策来。

以今天的眼光来看，明治时代虽说是工业革命的时代，但工厂问题却并没有占据核心地位，颇令人意外。理由有两点：其一，在经济方面引领了明治时代东京论的田口卯吉、涩泽荣一、益田孝等各方人士，尤其以作为理论家的田口卯吉为代表，对贸易、流通、金融等商业方面的事宜极其重视，把力气都花在了将东京建造成国际商业都市或在东京中央部位建设近代商务街等事项上了；其二，对明治时代城市规划的思想进行了盛大论战的明治二十年前后，在东京选址的工厂规模较小且大多集中在周边，还没有发展到引发一系列问题的程度。

而明治时代城市规划的领导者没有留意住宅上的问题，肯定是觉得，既然还有下町在，那么按照以前的样子继续居住即可，且既然还有山手在，那么空置的武家宅院也可以按照身份相应地分给新时代的成功人士和官员居住，他们认为只要替换一部分居住的人，那么在物质上即可以直接延续江户原有的居住模式。这一点，虽然没有领导者明言，但可以认为是一种默认的共识。

因此，工业和住宅，便都未出现在明治时代城市规划领导者的视野之中。

然而到了大正时代，确切来说，是日俄战争结束之后，东京众所周知地呈现急速成长的态势，在城市中出现了明治时代各方人士从未想到过的、新的性质的问题。这正是飞速增加的白领阶层与工人阶级的问题。

在作为白领工作场所的办公街上，既已给出了丸之内办公楼城这一答案，但未明确之后如何解决他们的住宿问题。而江户以来的住宅用地已经填满了。应该怎么办呢？

对于工人们来说，岂止是住宿，就连工厂用地都没有任何原则地不断膨胀，在思想上形成了社会主义的基础，在政治上引发了工人运动，在社会上则催生了以贫民窟为首的各种各样的底层问题。在这种城市膨胀的背后，却可以透视到农村的凋敝。作为坚持资本主义的政府来说，要如何面对国土与城市上产生的这些新的变化呢？

这些事情都是无所谓的吧——在当时的领导层中，沉默的大多数所持的肯定是这样的意见，但也有一部分人对这件事的重要性做出了回应。这便是内务省了。

内务省对此问题的处理十分精彩。明治末年，坐镇内务省的山县有朋，令他的智囊森鸥外阅读德国的社会主义文献，开始了学习。在对这种题材关心的延长线上，作为国土或者城市规划论上的一大成果，内务省地方局的有志人士在明治四十年（1907）刊行了《田园城市》一书。

这本书是以内务省地方局"掌握地方自治"的革新派官僚井上友一为中心总结而成的，是对国土与城市进行重新编排之论。当时，田园城市的思想在英国正值巅峰，这本书在对1898年埃比尼泽·霍华德写下的可以称为其宣言的《明日的田园城市》（*Garden Cities of Tomorrow*）进行译介的同时，也对其在日本需进行的调整做了一番叙述。

在工业化的进程中，井上友一敏感地察觉到，时代的中心正由农村开始向城市转移，他预测作为明治政府与天皇制精神支柱的农本主义总有一天会失势，城市里的工人将渐渐靠向社会主义，作为对这两种危险进行一举两得的回避的政策，便是英国的田园城市了。田园城市的思想，是在农村地区的正中心建造小范围的工业地区，结合农业与工业彼此的优点，创造出新的城市。井上友一所期待的，当然有这种英国流派的一面，但作为日本自己的意识，同时希望它既能够保证人们有工作，又不会消灭农本主义，成为一种半工半农的田园城市。

这种农本主义的田园城市观，既没有在内务省内部，也没有在其外部持续下去，但是借此机会，却在内务省外部传开了"田园城市"这个词和其思考方式，在内务省内部，白领与工人这两种新的阶级也成了内务省官员思考城市规划的关键点。

从内务省地方局局长井上友一开始的新意识，被地方局中以池田宏为首的各方人士所继承，最终在内务省内形成了被称为"社会政策派"的群体。其核心便是池田宏。在大正之后的城市规划上，池田宏的言行在众多人士中尤为出众，甚至可以说是唯一打动了后世历史学家的人。今天人们理所当然地使用的"城市规划"一词，便是他所创造的，决定了其内容的也正是他本人。

让我们简单地看一看其经历。

池田宏生于明治十四年，明治三十八年（1905）毕业于京都帝国大学并进入了内务省地方局，在井上友一的手下工作。明治四十年后成为地方官，在奈良县和神奈川县做地方行政工作。明治四十四年回到内务省并进入土木局，大正二年留学，次年回国之后，成为内务省城市规划的负责人。

在这样的经历当中，池田宏开始对城市产生了新的思想。

这种思想便是，治国的基本并不在农村，而是在城市，将城市支撑起来的，则是广大的市民。这样的话，管理国家内务的内务省，便必须将着力点有意识地从农村转向城市；内务省的城市政策，也不应该像明治时代一样，根据强力的商人和企业家来制定，应该立足于普通的白领阶层；就工人来说，也应该致力于改善其恶劣的生存状况。

被称为"社会政策派"的内务省年轻官僚对这种思想产生了共鸣并汇聚一堂。大正九年，以他们为原动力，内务省内创办了名叫"社会局"的部门，池田宏担任第一任局长。

立足于这种思想，池田宏思考着打造与明治时代不同的大正时代全新的城市规划。具体来说，则是在大正六年（1917），为了探索城市所应有的新面貌，招来了内务官僚和建筑师，成立了"城市研究会"，将其成果作为战胜明治时代城市规划的武器来使用。在大正三年，市区改善规划基本完成之后，作为其法律依据的《东京市区改善条例》，在大正八年经过发展性解除，成了《城市规划法》。而内务省负责进行这一发展性解除的正是池田宏。

正值明治时代的市区改善转变为大正时代的城市规划之际，池田宏的具体目标便是解决如何在郊外建设优良的住宅地区这一难题。《东京市区改善条例》是为了改造既有市区用地的规划，对于一边蚕食着周边农田或森林、一边扩张的郊外住宅地区并没有起到什么作用。这一缺点，通过池田宏的"区划整理"这一新的城市规划手法而得到了克服，此规划意在为进出郊外的白领阶层提供良好的居住环境。

如果依照区划整理的方法，便可以防止住宅地蚕食农田和森林，能够通过规划对郊外住宅地的形成进行引导。

在池田宏为了白领住宅将区划整理的手法编入《城市规划法》后不久，便发生了关东大地震，池田宏当上了帝都复兴院的规划局局长。他将这一手法作为强力的武器，用到了既有市区用地损毁旧址的再开发上，产生了许多没有预料到的成果。

池田宏作为内务省社会局局长，为工人和底层人民推行的若干政策，却都没有开花结果。在城市规划方面，只有同润会等少数成果得以实现。时值震灾复兴时期，以对工业地区内呈点状分布的不良住宅用地进行改善为目的，在内务省社会局的管理下，创办了作为财团法人的同润会，但如果按照池田宏的真实想法，其实同润会不应该是财团法人，而应该是从事社会局事务的机构。同润会作为最早由政府创办的住宅提供机构而为人所知，是战后住宅公团，以及现在的住宅—城市整备公团的前身。但在初创时期，池田宏的目标却并不是为白领提供住宅，其主要的目标是改良隅田川流域等工业地区中的大片不良住宅用地。

如上所述，池田宏在从大正时代到昭和时代初期的一段时间里，将东京改造的要点从"市区改善"转向了"城市规划"，还着手进行了震灾复兴规划立案及同润会的创办等工作，依照将普通的民众视为新城市的主人翁的思想采取行动。从整体上来说，其进展并不顺利。理由在今天已经有了各种探讨，但最关键的一点，还是因为城市中总有一股势力，反对他的思想与行动，希望能剥去他的主心骨。具体来说，便是明治时代形成的地主阶级。伊东巳代治等代表他们利益的贵族院议员，从法令审议的场所开始，有时也通过市民运动，反对以池田宏为核心的内务省的城市规划，真正地剥去了他的主心骨。

最重要之处，指的是经济方面。在讨论实施城市规划所需的资金及为拓宽道路而需要进行的换地，究竟应该由谁来负担的时候，池田宏希望尽量由全体的城市地主阶级来分担，但是遭到反对。

大正十三年（1924）十二月，在定下了震灾复兴规划的方向之后，池田宏转任京都府知事。曾经是内务省"明星"的他，虽然在升任东京府知事之时，在省内受到了很大的关注，但从明治时代开始便一直厌恶他的思想和行动的力量也无疑十分强大。

　　与池田宏的退场同时，战前城市规划的基础标高终于确定了。

　　话虽如此，但由池田宏设好了基础标高的大正、昭和时代战前的城市规划，是在明治时代城市规划所完成的改造的基础上进行重叠，改变了东京的面貌的。

　　到了战后的昭和四十三年（1968），池田宏所制定的《城市规划法》受到了全面的重新审视，诞生了被称作"新法"的《新城市规划法》，将城市规划的权限从中央政府转移到了地方自治体上，一直延续到今天。

写给现代文库版的追补

在明治时代的东京规划之后，接着应该便是大正、昭和时代的城市规划了吧，但它们却不像明治时代那样，位于巨大个体与出色想法的交叉路口上，这两个时代的城市规划已经形成了规矩，需要通过机构与法律来推动。因此，对于喜欢个体和想法的我来说，还是感到敬谢不敏，于是没有再进行下去。我日渐忙于做建筑侦探与进行路上观察，没有那么多时间进行城市规划的研究了。

但即便如此，还是有一点例外。我对池田宏所率领的城市研究会抱有兴趣，在本书的《同时代馆藏版寄语》中，对汇集在城市研究会中的内务省社会政策派的活动进行了略述，具体来说，便是《震灾复兴规划》了。

我曾写道，当初池田宏所立案的《震灾复兴规划》，未能得到完全执行便中止，其原因之一是"城市中总有一股势力，反对他的思想与行动，希望能剥去他的主心骨"。

在文中，我对此没有进行具体叙述，因此在这里稍做解释。虽然从整体上来说，《震灾复兴规划》并没有完全得到实施，但其中也有得到了实施的部分，这便是区划整理。所谓"震灾复兴"，正是对下町地区损毁的无边无际的原野实施区划整理的过程。

根据区划整理而得到的土地，应进行道路的拓宽与新建，还应作为小学与附属的小公园用地。写出来虽然简单，但实行起来却极为困难。必须将定下的每一片区划的地主召集起来，成立区划整理组织。最困难的是，还要将每个人的土地都减少一点，同时改变一下土地的形状，或者挪动一下土地的位置，才能够得到道路用地，或者新建小公园所需要的土地。既要在今天和过去都寸土寸金的东京，征求中小地主的同意，希望他们能配合提供土地，又需要他们同意在一定金额的范围内无偿提供土地。如果要在所有损毁的旧址上全部进行一遍的话，则不仅是大地主，还要以无数的中小地主为对象。

　　所谓"城市中总有一股势力，反对他的思想与行动，希望能剥去他的主心骨"，指的是代表大地主阶级的利益，从正面反对区划整理的贵族院议员们。不仅是大地主，还有中小地主……不对，甚至有时反对得更加厉害的是中小地主，具体来说，是商店主和出租屋的经营者。作为大地主中的大地主的三菱岩崎家族，反而是十分积极地无偿提供土地的。

　　如果要把话说明白的话，那就是，一般的市民与大众，都是强烈反对内务省的区划整理政策的。

　　如果置之不理的话，则东京又会变成原先的模样。因此，社会政策派人士所集中的帝都复兴院，还是想方设法通过了区划整理的方针，以向前迈进。他们不仅在报纸杂志上发言，还举办宣讲会，发行启蒙书籍，甚至站在街头派发相关的传单和小册子。

　　具体的成员有帝都复兴院规划局局长池田宏、建筑局局长佐野利器、技术监督直木伦太郎、土木局局长太田元三、土地整理局局长稻叶健之助，以及支撑着他们的山田博爱、笠原敏郎、武内大藏、伊部贞吉、北泽五郎等人。其核心还是作为内务官僚的池田宏及同时兼任帝国大学建筑学科教授的佐野利器。

我一直都觉得，与其说作为文官与作为技术官的这两人是马车的两轮，不如说是作为后藤新平心腹、都市研究会领导者的池田宏为中心杆，作为技术人士的佐野利器为副杆，才将整座轿子抬了起来。既然池田宏是内务省的高级官僚、大正时代日本城市规划的领导者，佐野利器是抗震结构学方面的建筑技术专家，那么在政府当中的力量，当然应该如此判断。

在很长时间里，我一直觉得多亏了掌握着复兴规划的法律制度和预算的池田宏的努力，才设法压制了贵族院和市民中的反对势力，终于实现了区划整理。

然而，近年为了调查佐野利器的功绩，我重读过去的相关文献，得知了一些新的事情。在区划整理的方针受到世间的质疑与强烈反对之前，佐野利器在帝都复兴院内部议论阶段的讨论中，如此说道：

> 此事是经过详尽研究及审议的产物。即是说，研究从一开始，便在帝都复兴院的内部受到了非常多的议论。其反对论之一，便是动机虽然良好，但是实施非常困难这一点。收购之事十分困难，要整理所有的土地和住房也十分困难，的确曾经有过这种源自实施困难的议论。（佐野利器，《区划整理方案到确立为止的经过》，出自东京市政调查会的《就帝都土地区划整理而论》，大正十三年四月）

在作为震灾复兴核心的帝都复兴院当中，也有预先考虑到实施的困难而不赞成区划整理的考量存在。存在断行派，但也存在慎重派。

断行派的核心乃是佐野利器，慎重派实际上正是池田宏。

被称为"佐野四天王"之一的笠原敏郎，留下了以下这段回忆：

> 由于官方记录等并没有写出来，因此我在这里想说的是，帝都复兴的规划，渐渐变得不只是灾害复原的规划了。所谓的复兴规划所包含的内容，其最基本的特征在于对包括受灾市区在内的所有土地，断然实施区划整理，并以此为基础完成各种设施的建设项目这一点。但是由于当时在国外也没有像这样对市区进行大规模整理的案例，因此是依照向来的做法，通过收购所需要的项目用地来继续推进呢，还是依靠区划整理的方法进行，是决定复兴规划基本方针的重要问题。当时在复兴院内部，意见也难以达成一致，很难做出决定。此时，博士（佐野利器）与当时的前太田土木局局长、十河经理局长等著名理事一同，站在了主张区划整理派的最前线，带着令人惊讶的热情和信念，最终将他们的主张贯彻了下来。对于他们的功绩，作为当时博士部下的一员，我难以忘怀。（笠原敏郎，《帝都复兴与佐野博士》，出自佐野博士追想录编辑委员会编，《佐野利器》，1957年刊行）

在可以预料到的强烈反对面前，池田宏打算"看天气行事"，准备妥协了。费了好大一番力气终于制止了他的，正是佐野利器。《震灾复兴规划》真正的主心骨，并不是高级的内务官僚，而是建筑学者。

知道了这件事情之后，我对佐野利器的看法也有了些许转变，在知道之前，我曾经写道：

> （以建筑界的佐野利器作为领导者的）社会政策派虽然有着巨大的成果，但在其反面，除了喜欢设计的内田（祥三），由于其工程学及行政方面的志向，对设计或历史等艺术和文化领域也造成了无声的压迫。大正四年（1915）推出的《住房抗震结构论》（佐野利器的抗震理论）与《建筑非艺术论》（佐野利器的弟子野田俊彦的论文），在之后的半个多世纪里，都在日本的建筑界投下了长长的阴影。（《日本的现代建筑（下）——大正、昭和篇》，岩波书店，1993年刊行）

我对他们的历史功绩做了功过参半的评价，且态度还稍稍有些冷漠，但即使在建筑史上来说是正确的，在城市规划上却是另外一回事了。我现在甚至觉得，在现代的城市规划中，佐野利器是功劳最大的人之一。

本书于1982年11月，由岩波书店出版发行。底本是同时代馆藏版（1990年3月，岩波书店）。

图版

银座砖城规划

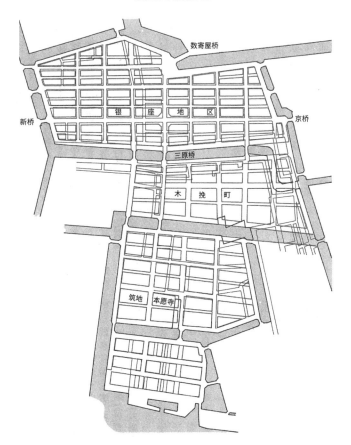

图 1 银座砖城规划图（明治五年三月十八日公布）

在旧町分界线上叠加了新町分界线而成的地图。在江户时代及明治初期，银座的范围，被限定为从京桥到银座四丁目十字路口为止的大街两旁，今天则将前木挽町包括在内，变成了一片广阔的区域。但在本论述中，指的则是新桥、京桥、数寄屋桥、三原桥所围合的范围。新町分界线，在银座地区，主要以旧纹理的整理、补充为主，但在木挽町以东（靠海方向），则有明显的新开辟的道路。

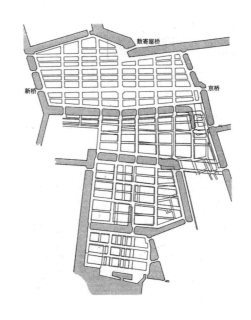

图 2 银座砖城规划建成图（明治十年竣工时）
银座地区虽然按照计划建成，但在木挽町以东，且不论纵向道路，横向道路基本没有建成，还有两处水路的新建也未能完成。

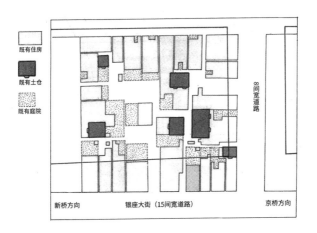

图中文字：

既有住房

既有土仓

既有庭院

8间宽道路

新桥方向　　　　银座大街（15间宽道路）　　　　京桥方向

图 3 竹川町的道路拓宽（明治五年）

与火灾前建筑的布置相比较，标记出了道路究竟拓宽了多少。银座地区内，靠新桥的那一边在火灾中留存了下来，竹川町则是其中一部分，可以很好地理解砖城之前町家的组成结构。外部为店面，内部则为庭院，有实力的人家还会建造土仓。这些在原则上都被清除，在旧址上建造了像图 4—图 11 一样的砖造住房。

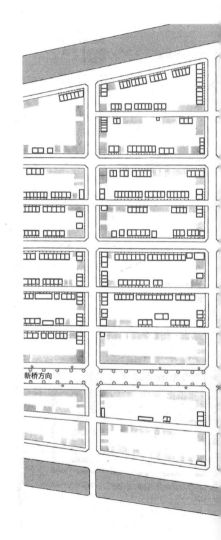

图 4 银座砖城复原图
（明治十年竣工时）

对面朝大街的砖造住房（店面）
进行复原的地图，省略了背后的
侧屋与附属房屋。除银座大街沿
线以外的官建砖造住房，其平面
图得到了保存，本图即据此制成。
虽然也有十字形等奇怪的形状，或
者一店一栋的独立住房，但大多数
都是方盒状的连排房屋，甚至连 3
间宽道路上也执拗地附加了连廊。
两座连排房屋之间的缝隙，乃通往
街区内部的小路。如此大范围的
住房，却由一名建筑师设计而成，
这样的案例在全世界都十分少见。

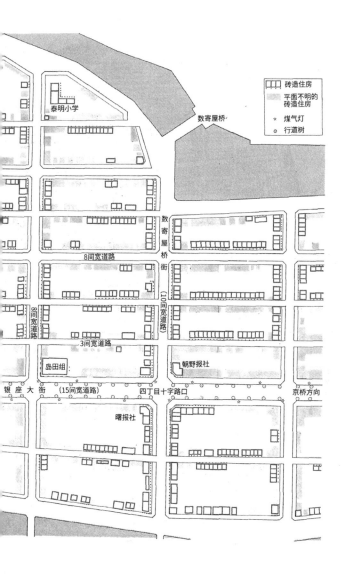

图 5 一级砖造住房的配置范例图
（明治六年竣工）

此乃建于尾张町二丁目二十四、二十五番
地的一级砖造住房，可以列入规模较大的
一类，地块从邻大街一直贯通到后街，外
部为店面，内部由庭院及两边的侧屋与附
属房屋构成，与火灾之前一模一样（参考
图 3）。这种江户以来町屋的组成方式，
几乎一直延续到了关东大地震的时候。在
侧屋、附属房屋中，由砖砌成的占少数，
多数为仓结构或涂屋结构。此外，木结构
的屋面也不少见。

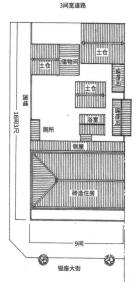

图 6 岛田组大楼
（照片，明治六年竣工）

在岛田组大楼竣工后两年，岛
田组破产，之后则由东京日日
新闻社入驻。

图 7 岛田组大楼平面图
（明治六年竣工）

建于尾张町一丁目十番地（参
考图 4），为砖城最大的建筑。
岛田组的商号称为惠比寿屋，
原本的业务乃江户以来的吴
服店。面积为 131 叠。（"叠"
为日本内装用面积量词，一叠
为一张榻榻米的大小，长 180
厘米、宽 90 厘米，约为 1.62
平方米。——译者注）

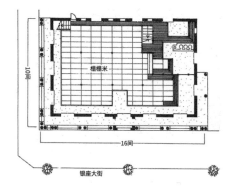

图 8-2 同左图，剖面图

图 8-1 一级砖造住房立面图
从图纸、照片、铜版画等材料中，按照平均外观所复原的
立面图。

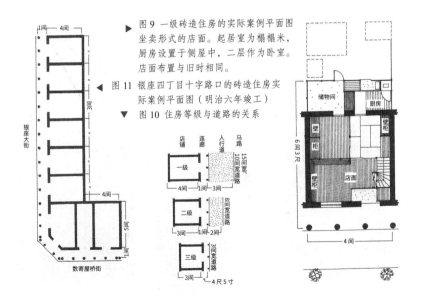

► 图 9 一级砖造住房的实际案例平面图
坐卖形式的店面。起居室为榻榻米，
厨房设置于侧屋中，二层作为卧室。
店面布置与旧时相同。

◄ 图 11 银座四丁目十字路口的砖造住房实
际案例平面图（明治六年竣工）

▼ 图 10 住房等级与道路的关系

357

图 12 银座大街（照片）
明治六年刚刚竣工后的模样。煤气灯位于人行道的一侧，不知为何，松树、樱花树、枫树等行道树却位于车道上。

图 13 银座大街（照片）
竣工后稍有些时日，从靠新桥一端望向竹川町、尾张町二丁目边的景象。招牌与遮阳板开始扰乱乔治王时代风格禁欲的街景。左侧可以窥视远方的岛田组大楼，没有人影，是长时间曝光所造成的。

图 14 朝野报社（上图，照片）

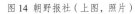

图 15 曙报社（左图，照片）
与上图相同，都竣工于明治
六年，位于银座四丁目的十字
路口。

图 16 科文特花园的现状
（右下图，照片）

图 17 摄政街
（左下图，铜版画）
左右两图中，都包含了伦敦著
名的建筑连廊。

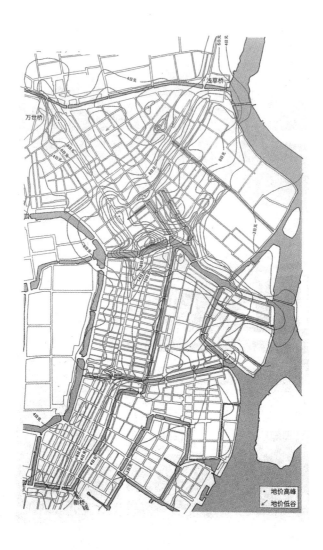

图 18 明治十一年的东京地价等高线地图
地价为每坪价格，等高线以 2 日元为单位。

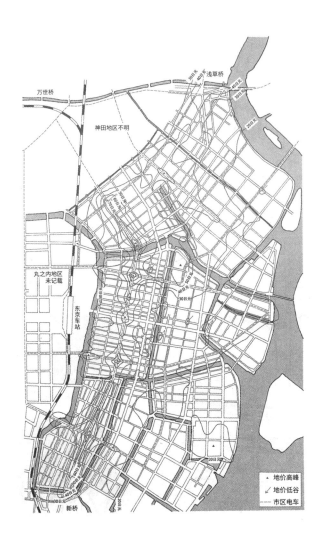

万世桥

神田地区不明

丸之内地区
未记载

东京车站

浅草桥

新桥

▲ 地价高峰
↙ 地价低谷
--- 市区电车

图 19 昭和八年的东京地价等高线地图
地价为每坪价格,等高线以 10 日元为单位。与地形图的使用方法
相同,可以从中解读出城市的各种走向。

防火规划

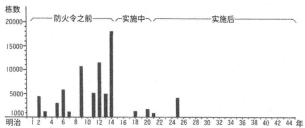

▲ 图 20 东京火灾历年变化图表
在日本桥、京桥、神田区内，被大火（一次烧毁 100 栋以上住房）烧毁的住房栋数。

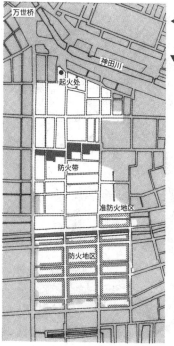

图 22 神田黑门町火灾旧址规划图（明治十一年三月立案）
防火带建成，防火分区却未能实现。

图 21 东京火灾地图
日本桥、京桥、神田区内，在明治元年至十四年遭受了火灾的地区。

362

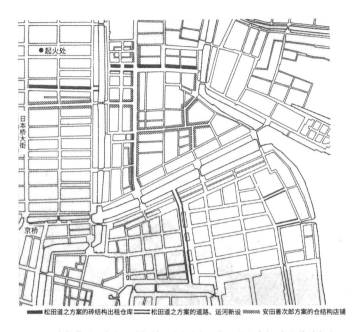

图 23 日本桥箔屋町火灾旧址规划图（明治十三年二月立案） 未能得到实施。

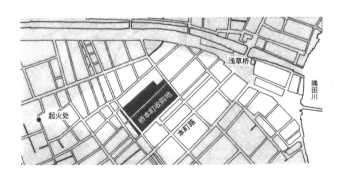

图 24 神田桥本町贫民窟清理规划图（明治十四年一月立案） 同年内实施完成。

图 25 东京防火令图（明治十四年二月二十五日发布）

虽然原本的目的，是确立用防火建筑（砖结构、石结构、仓结构）将主要街道及运河加以巩固的路线防火制度，但水路的新设及道路的拓宽也一并纳入了规划当中，因而超出了单纯的防火规划，具有了作为市区改善规划"先驱"的特征。于明治二十年完工后，大火便绝迹了。所采用的仓结构虽然耐一般的火灾，但在地震时却会造成墙上的土掉落，让大火立刻穿透，在大正十二年的关东大地震时，基本全部倒塌或被烧光了。在此之后，仓结构便逐渐不再采用了。

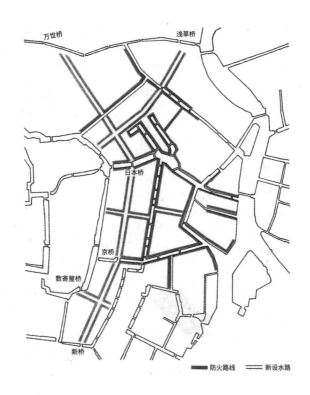

图 26 市区改善规划的市区范围变迁图
明治时代第二个十年的规划所设想的东京极
其之小。大小与江户比肩则是在明治时代第
三个十年。

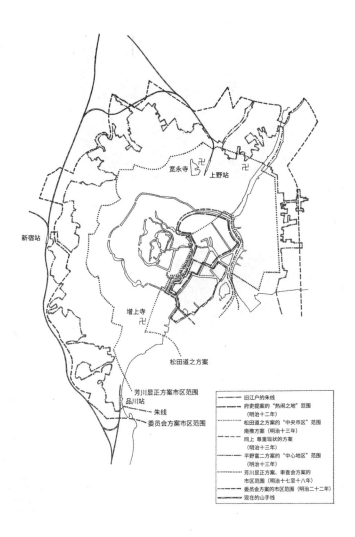

宽永寺

上野站

新宿站

增上寺

松田道之方案

芳川显正方案市区范围
品川站
朱线
委员会方案市区范围

旧江户的朱线
府吏提案的"热闹之地"范围
（明治十二年）
松田道之方案的"中央市区"范围
南推方案（明治十三年）
同上 尊重现状的方案
（明治十三年）
平野富二方案的"中心地区"范围
（明治十三年）
芳川显正方案、审查会方案的
市区范围（明治十七至十八年）
委员会方案的市区范围（明治二十二年）
现在的山手线

市区改善规划

图 27 明治一百七十三年（2040）的东京（明治十九年画）
街景应该参考了巴黎，烟囱应该是向英国的工业城市学的。

图 29 明治六十二年（1929）的日
本桥（明治二十二年画）
日本桥的石拱桥化实现于明治
四十四年，周围的建筑到了明治末
年也都变成了石造或砖造的四五层
建筑。现实中的东京的变化，快得
把想象力都甩在了后面。

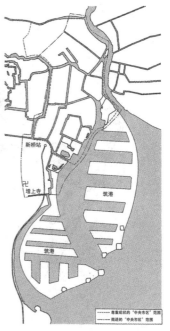

图 28 市区改善松田道之方案（明治十三年五月立案，十一月发表）
《东京中央市区划定之问题》所附带的参考图，显示了中央市区范围和筑港的位置。
筑港位置似乎是挪用了庆应二年幕府海军肥田滨五郎的方案。止于规划方案。

图30 明治六十二年的东京市区（明治二十二年画）

三四层的石造或砖造的楼房林立，电线杆耸立着，不远处穿梭着高架铁路列车。
虽然被认为是明治二十二年时描绘出的最具想象力的未来图，但画中所描绘的这
些内容，在明治末年的丸之内中心街，便已经被分毫不差地实现了（参考图44）。

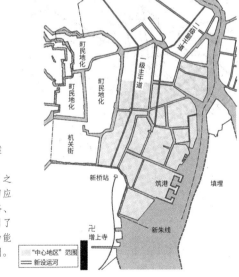

图31 市区改善平野富二方案
（明治十四年四月立案）
作为对市区改善松田道之
方案（参考图28）提出的回应
方案，此方案不仅考虑了道路、
运河等交通规划，还考虑到了
筑港规划，甚至考虑到了功能
分区，是个具有先驱性的规划。
止于规划方案。

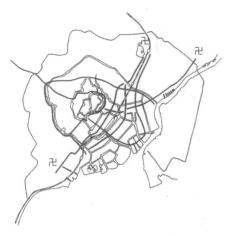

图 33 市区改善芳川显正方案干线道路图
从图 32 中，将一级道路（一类、二类）与三
级的外围道路抽取出来做成的图。

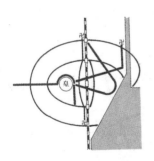

图 34 市区改善芳川显正方案结构模式图
将乍看上去错综无比的芳川显正方案的骨干，
洗练地表示出来（参考图 33），令其最终范式
化之后，便出人意料地呈现了简单明快的结构。
在纵贯铁路的左右加上了两条纵贯道路，与绕
城的外围道路及内围道路相连接，并从中心辐
射出四条道路。以皇居为中心，以宽永寺、增
上寺、浅草寺为边界，维持了旧江户以来的
结构。

旧江

图 32 市区改善芳川显正方案
（明治十七年十一月立案）
将东京设想为比旧的江户小一圈，通过对既有道路的
拓宽、改道或打通，将重点放在将旧的封建城市江户
打开上。四级、五级道路不明。止于规划方案。

道路

一级一类
一级二类
二级
三级

新设铁路
新设运河

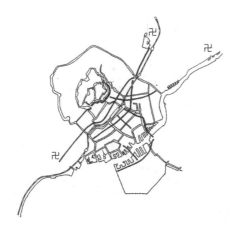

图 36 市区改善审查会方案干线道路图
与芳川显正方案（参考图 33）相比，在皇居
的周边减少了道路，对筑港道路进行了补充。

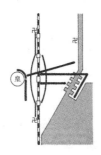

图 37 市区改善审查会方案结构模式图
虽然少量地保留了芳川显正方案（参考图 34）
中皇居的中心性，但将着力点转移到经济领
域上，在西边设置作为国内交通中心的中央
车站，在东边设置作为海外窗口的国际港口，
正中间，则为兜町商务街。

图35 市区改善审查会方案
（明治十八年十月立案）
在以交通为中心的芳川显正方案上，加以筑港、游园、市场、剧场、商法会议所等设施的规划，整体来说以筑港为核心，目标是迈向商业都市化。五级道路予以省略。

填埋地

道路	
━━━	一级一类
━━━	一级二类
━ ━ ━	二级
─ ─ ─	三级
⋯⋯	四级
━━━	新设铁路
━━━	新设水路
⊔⊓	筑港

游园
⊕ 鱼禽畜肉市场
♨ 蔬菜市场
ⓔ 屠宰场
★ 帝国歌剧院
☆ 高等剧场
◎ 商法会议所与公共交易所

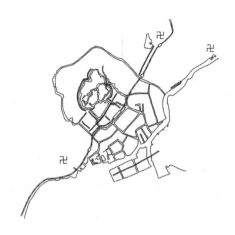

图 39　市区改善委员会方案干线道路图
虽然是交通规划的中心，但并没有芳川显正
方案（参考图 32）那般精彩，以皇居周边的
道路开发为主。

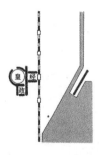

图 40　市区改善委员会方案结构模式图
在开放的交通规划与丰富的设施规划这两点上
来说，明显要劣于之前的两版方案。如果探寻
一下这一方案的特征，那便是在皇居的周边，
将政治中心（霞之关）与经济中心（丸之内）
都各自集中在一整片用地里了。这一特征一直
延续到新设计中，最终得以实现。

372

图 38 市区改善委员会方案
（明治二十二年三月立案并公示）

虽然舍弃了作为审查会方案（参考图 35）核心的筑港，放弃了商业都市化，并倒退为以交通规划为核心的方案，但公园（旧游园）、市场等的设施规划得以保留。五级道路与水道规划则予以省略。本方案的实施虽然得到了法令的保证，但由于着手进行日比谷公园的开设与丸之内的开发而被中止。对此进行改进之后的新设计（参考图41）得到了实现。

道路	公园
━━━ 一级一类	鱼禽畜肉市场
━━━ 一级二类	肉市场
━━━ 二级	蔬菜市场
─ ─ ─ 三级	屠宰场
······· 四级	火葬场
━━━ 新设铁路	墓地
━━━ 新设水路	

填埋地

图 42-1

图 42-2

图 42-3

图 42 市区改善规划中，皇居周边用途的变迁

1 市区改善芳川显正方案（明治十七年）

2 涩泽荣一的主张（明治十八年）

3 市区改善审查会方案（明治十八年）

审查会方案的功能分区制度，虽然在向内务卿汇报的过程中被删除，但在实际上则由委员会方案继承，并按照最初设想得到了实现。

旧江户的

图41 市区改善新设计

（明治三十六年三月立案并公示）

从委员会方案中，选出了"唯独此项请务必实施"的项目，指的便是：皇居周边的道路开设，日本桥大街的拓宽，以及上野—新桥之间的铁路开设。本方案的结构模式图与委员会方案（参考图40）相同，主要特征是将政、经集中在皇居周边。大正三年竣工。本图以出版图为基础制成。

道路		公园
	一级一类	鱼禽畜肉市场
	一级二类	肉市场
	二级	蔬菜市场
	三级	屠宰场
	四级	火葬场
	新设铁路	墓地

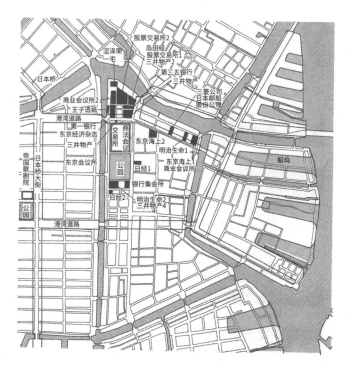

图 43 兜町商务街与审查会方案

图中，位于企业与机构名末尾的数字，1 指的是最初的位置，2 指的是第二代的位置，以此类推。现在，则是证券交易所向我们传达了往日的繁华。

图 44 丸之内办公城中心街
（照片）

到明治三十八年，终于建成了这样与旧日本相去甚远的城区了。左右两边的建筑形式完全相同这一点值得注意。

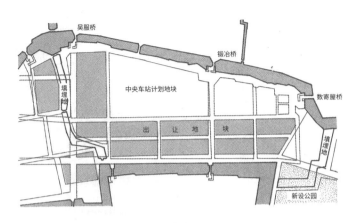

图 45 丸之内办公街规划图（明治二十二年）
遵循市区改善委员会方案、接下了政府出让的三菱，开始建设办公大楼。明
治二十三年动工，到明治四十四年，已经建成了13栋砖结构的办公楼。

图 46 丸之内办公城 "一丁
伦敦"（照片）
办公大楼的建设，从锻冶桥
与马场先门之间的马场先街
开始，在大街北侧（中央
车站一侧）并排坐落着三菱
一号馆（明治二十七年）、
二号馆（明治二十八年）、
大街南侧（数寄屋桥一侧）
坐落着东京府厅（明治
二十七年）、商业会议所（明治
三十二年）等著名建筑。
由于看上去像伦敦一样，于
是被坊间称为一丁伦敦。照
片正面对的是三菱二号馆，
远处则是一号馆。

机关集中规划

图 47 机关集中规划工部省方案
（明治八年立案）
由于是在前本丸旧址中进行的规划，因此也是遵循将政治场所与城市隔绝开来、占据僻远之处的古旧想法的。止于规划方案。

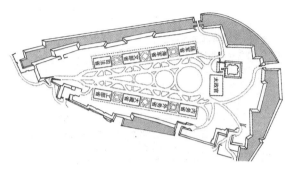

图 48 机关集中规划乔赛亚·康德方案一（明治十八年一月立案）
十分具有中世纪主义者乔赛亚·康德的特点，没有中心轴线，分散配置。像学校一样，从当时城市规划追求威风气派和纪念性的潮流来看，显得颇为奇异。

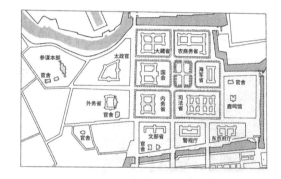

图 49 机关集中规划乔赛亚·康德方案二（明治十八年一月立案）
与方案一比较，由于轴线的出现，增加了统一性与纪念性，但在明治政府首脑的眼中，还是远远不够。

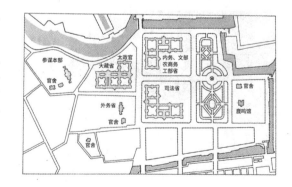

378

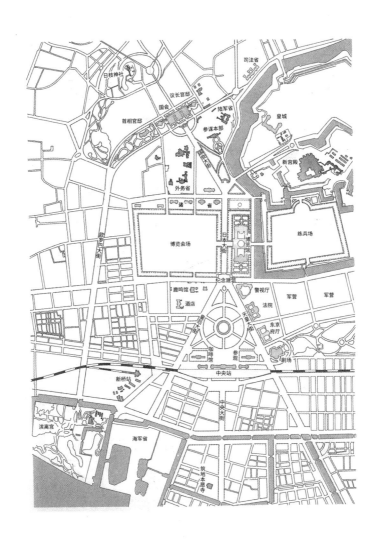

图 50 机关集中规划威廉·伯克曼方案（明治十九年六月立案）
可以认为中心轴线是从筑地本愿寺的大屋顶向霞之关的山丘远望后确定的。

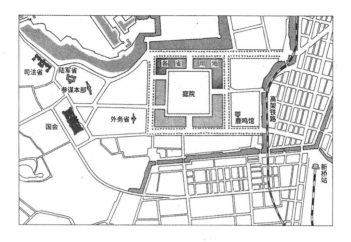

图 51 机关集中规划霍布雷希特方案（明治二十年五月至六月立案）
在日比谷的前练兵场旧址上，以围合的形状，将各机关集中在一起。

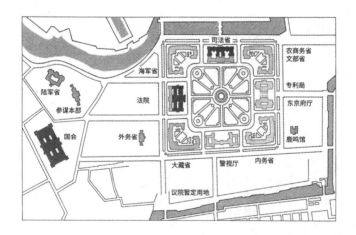

图 52 机关集中规划赫尔曼·恩德方案（明治二十年五月至七月立案）
对霍布雷希特方案以具体的建筑进行填充的设计。在中庭的中央规划了明治天皇的
雕像。虽然开始动工，但在明治二十一年九月，除法院以外全部夭折。

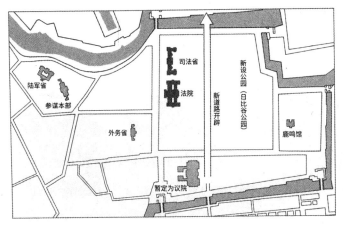

图 53 机关集中规划山尾庸三方案（明治二十一年九月立案）
在赫尔曼·恩德方案（参考图 52）中止后，除了已经开始动工的法院继续建造及将司法省移动位置后继续建造，将靠海的一边设为公园（日比谷公园），中间开辟新的道路。本方案得以实现。

图 54 国会议事堂方案一（明治二十年二月至三月立案）
由赫尔曼·恩德、威廉·伯克曼设计，未建成。

图 55 国会议事堂方案二（明治二十年九月左右立案）
由赫尔曼·恩德、威廉·伯克曼设计，未建成。

图 56 威廉·伯克曼方案鸟瞰图（明治十九年六月立案）

从施工中的博览馆前的上空望向霞之关的山丘。在山丘上，并排矗立着首相官邸、国会（左右为议长公邸）、参谋本部、司法省。山麓上则并列着诸省。面前的左手边展开了圆形的大公园，右手边则架设了拱桥，内城河中有大船驶入。

图 57 法院方案二（明治二十年九月左右立案）
由赫尔曼·恩德、威廉·伯克曼设计。此方案被废弃，最终，法院以纯西式风格于明治二十九年落成。

图 58 司法省方案一透视图（明治二十年二月立案）
由赫尔曼·恩德、威廉·伯克曼设计。此方案经过修改后，于明治二十八年竣工。现为法务省主厅舍。

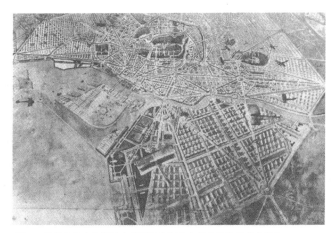

图 59 震灾复兴东京规划中村顺平方案（大正十三年四月立案）
巴洛克式的城市规划被许多近代主义的建筑师传承、延续了下去，此便
为其中之一。

雅众·建筑艺术

《日本近代建筑》　[日]藤森照信
《制造东京》　　　**[日] 藤森照信**

策划机构　雅众文化

策划人　方雨辰

特约编辑　刘苏瑶　蔡加荣

项目统筹　王艺超

策划编辑　李　盈

责任编辑　郭　薇

营销编辑　常同同　周徐铭

装帧设计　typo_d

分享雅众好书，请关注：

新浪微博：@雅众文化 | 豆瓣小站：雅众文化

关注雅众微信公众号

新知 趣味 格调

扫码关注